21 世纪重点大学系列教材

80×86 微机原理及接口技术
——习题解答与实验指导

第 2 版

左国玉　余春暄　韩德强　等编著

U0280596

机械工业出版社

本书是《80×86/Pentium 微机原理及接口技术》的配套教材。全书共分两部分：第一部分为学习指导与习题解答，为配合读者学习或复习微机原理及接口技术课程，首先给出了各章主要内容、重点及难点，通过不同形式的习题与解答，强调基本原理、基本概念，给出其应用的基本方法；第二部分为实验指导，介绍了软件和硬件实验平台及使用方法，并设计了相应的软、硬件实验题目，引导读者通过实验加深对课程内容的理解，掌握应用方法。本书的附录给出了 7 位 ASCII 码编码表和逻辑符号对照表，供读者查阅。

　　本书概念清楚、结构紧凑、详略得当、面向应用，可作为计算机相关专业本、专科学生的参考用书，也可作为学生考研复习的参考资料及教师教学参考用书。

图书在版编目（CIP）数据

80×86 微机原理及接口技术：习题解答与实验指导/左国玉等编著.
—2 版. —北京：机械工业出版社，2017.9（2025.1 重印）
21 世纪重点大学系列教材
ISBN 978 – 7 – 111 – 58112 – 3

Ⅰ.①8… Ⅱ.①左… Ⅲ.①微型计算机 – 理论 – 高等学校 – 教材
②微型计算机 – 接口技术 – 高等学校 – 教材　Ⅳ.①TP36

中国版本图书馆 CIP 数据核字（2017）第 237302 号

机械工业出版社（北京市百万庄大街 22 号　邮政编码 100037）
责任编辑：郝建伟　范成欣　责任校对：任秀丽　李锦莉
责任印制：郜　敏
北京富资园科技发展有限公司印刷
2025 年 1 月第 2 版·第 6 次印刷
184mm×260mm·20 印张·1 插页·487 千字
标准书号：ISBN 978 – 7 – 111 – 58112 – 3
定价：59.00 元

电话服务　　　　　　　　网络服务
客服电话：010-88361066　　机　工　官　网：www.cmpbook.com
　　　　　010-88379833　　机　工　官　博：weibo.com/cmp1952
　　　　　010-68326294　　金　书　网：www.golden-book.com
封底无防伪标均为盗版　机工教育服务网：www.cmpedu.com

出　版　说　明

百年大计，教育为本。习近平总书记在党的二十大报告中强调"教育、科技、人才是全面建设社会主义现代化国家的基础性、战略性支撑"，首次将教育、科技、人才一体安排部署，赋予教育新的战略地位、历史使命和发展格局。

"211 工程"是"重点大学和重点学科建设项目"的简称。进入"211 工程"的高校拥有全国 32% 的在校本科生、69% 的硕士生、84% 的博士生，以及 87% 的有博士学位的教师；覆盖了全国 96% 的国家重点实验室和 85% 的国家重点学科。相对而言，这批高校中的教授、教师有着深厚的专业知识和丰富的教学经验，其中不少教师对我国高等院校的教材建设做过很多重要的工作。为了有效地利用"211 工程"这一丰富资源，实现以重点建设推动整体发展的战略构想，机械工业出版社推出了"21 世纪重点大学系列教材"。

本套教材以重点大学、重点学科的精品教材建设为主要任务，组织知名教授、教师进行编写。教材适用于高等院校计算机及其相关专业，选题涉及公共基础课、硬件、软件、网络技术等，内容紧密贴合高等院校相关学科的课程设备和培养目标，注重教材的科学性、实用性、通用性，在同类教材中具有一定的先进性和权威性。

为了体现建设"立体化"精品教材的宗旨，本套教材为主干课程配备了电子教案、学习指导、习题解答、课程设计、毕业设计指导等内容。

机械工业出版社

前　言

"微机原理及接口技术"这门课程是掌握计算机软、硬件技术的基础课程,是各大专院校大部分信息类、机电类、生物工程等专业的一门计算机技术基础必修课程。该课程知识点多,初学者常感到课程难理解、作业难下手、应用难入门。本书通过对大量典型习题和实验的详尽分析和讲解,循序渐进地加深对计算机基本原理和知识的理解。

全书共分两部分:第一部分为学习指导与习题解答,每章首先给出了本章的主要内容、重点及难点,通过单项选择题、判断题、填空题、简答题、分析程序题及编程题等,强调基本原理、基本概念,给出其应用的基本方法;第二部分为实验指导,首先介绍了汇编语言程序的建立方法,并设计了 11 个软件实验,然后基于 GX-8000 微机原理创新实验系统,设计了基础和综合性硬件接口的 6 个实验,引导读者通过实验加深对课程内容的理解,掌握计算机及接口的软、硬件调试方法和设计方法。在本书的附录中给出了 7 位 ASCII 码编码表和逻辑符号对照表,以方便读者在学习和实验过程中查阅。

本书在上一版的基础上做了如下变动:新增大量习题,使题目涉及的知识范围更广,对知识的考查也更全面。硬件接口实验部分采用了新的实验平台 GX-8000 微机原理创新实验系统,上一版书中的第 2 章和第 4 章 TPC-H 型通用微机接口实验系统相关内容均调整到机械工业出版社的百度网盘(链接见封底的二维码)上,同时也将习题部分的自检试卷放在网盘上,读者均可免费下载使用。另外,本书更正了上一版书中出现的个别错误。

本书主要由左国玉和余春暄编写和统稿,另外,施远征参与了第一部分的编写,韩德强和王宗侠负责 GX-8000 系统实验部分素材的编写和整理。左国玉、余春暄完成本书全部内容的审校,施远征完成部分内容的审校。李锋、李展鹏、彭靖漩、张明杰等同学也在本书的编写过程中做了大量的工作,乔俊飞和邓军老师对本书的编写提出了宝贵的意见和建议。本书在编写与出版过程中,得到了机械工业出版社有关人员的指导与帮助,在此一并表示衷心感谢。

本书部分图片中的软件固有元器件符号可能与国家标准不一致,读者可自行查阅相关资料。

本书是机械工业出版社组织编写的"21 世纪重点大学规划教材"之一。

由于编者的水平有限,书中难免有错误和不妥之处,恳请广大读者提出宝贵意见。

编　者

目　　录

第一部分　学习指导与习题解答

第1章　计算机基础

1.1　学习指导

本章主要内容如下：

1. 计算机的发展

简要介绍计算机冯·诺依曼体系结构的特点和计算机的发展史。

2. 整机概念

计算机由微处理器、存储器、输入/输出接口及三总线（数据总线 DB、地址总线 AB、控制总线 CB）组成，如图 1-1 所示。其中，数据总线为双向三态，地址总线为单向三态，控制总线的各信号线特点各异。

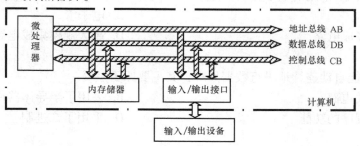

图 1-1　计算机硬件系统组成

3. 计算机中数和编码的表示

1）进制表示及相互之间的转换。计算机中常用的数的进制主要有二进制数、十进制数、十六进制数。

2）有符号数的表示（包括真值、原码、反码、补码）及相互之间的转换。需要注意的内容如下：

- 正数的原码、反码和补码相等。
- 负数的反码等于其原码的符号位不变，其他位求反。
- 负数的补码等于其原码的符号位不变，其他位求反后加一。
- 常用的补码运算规则：

$$[X]_原 = [[X]_补]_补$$

1

$$[X]_\text{原} = [[X]_\text{反}]_\text{反}$$

$$[X \pm Y]_\text{补} = [X]_\text{补} \pm [Y]_\text{补}$$

$$[X \pm Y]_\text{补} = [X]_\text{补} + [\pm Y]_\text{补}$$

3）编码的表示方法包括非压缩型 BCD 码（用 8 位二进制数表示 1 位十进制数，其中高 4 位为 0）、压缩型 BCD 码（用 8 位二进制数表示 2 位十进制数）、ASCII 码（美国信息交换标准代码，参见附录 A）。

4. 微机系统中采用的先进技术

微机系统中采用的先进技术包括流水线技术、高速缓冲存储技术、虚拟存储技术、CISC 和 RISC 技术、多核心技术等。

1.2　单项选择题

1. 从第一代电子计算机到第四代计算机的体系结构都是相同的，都是由运算器、控制器、存储器以及输入/输出设备组成的，称为(　　)体系结构。

  A. 艾伦·图灵　　　　　B. 罗伯特·诺依斯　　　　C. 比尔·盖茨　　　　D. 冯·诺依曼

【解】　D

2. 电子计算机从问世到现在都遵循"存储程序"的概念，最早提出它的是(　　)。

  A. 巴贝奇　　　　　　B. 冯·诺依曼　　　　　　C. 帕斯卡　　　　　　D. 贝尔

【解】　B

3. 目前制造计算机所采用的电子元器件是（　　）。

  A. 晶体管　　　　　　　　　　　　　　　　B. 电子管

  C. 中小规模集成电路　　　　　　　　　　　D. 超大规模集成电路

【解】　D

4. 计算机之所以能自动连续地进行数据处理，其主要原因是（　　）。

  A. 采用了开关电路　　　　　　　　　　　　B. 采用了半导体器件

  C. 具有存储程序的功能　　　　　　　　　　D. 采用了二进制

【解】　C

5. 计算机中存储数据的最小单位是二进制的（　　）。

  A. 位（比特）　　　　　B. 字节　　　　　　　　C. 字长　　　　　　D. 千字节

【解】　A

6. 1 字节包含（　　）个二进制位。

  A. 8　　　　　　　　　B. 16　　　　　　　　　C. 32　　　　　　　　D. 64

【解】　A

7. 二进制数 011001011110B 的十六进制表示为（　　）。

  A. 44EH　　　　　　　B. 75FH　　　　　　　　C. 54FH　　　　　　D. 65EH

【解】　D

8. 二进制数 011001011110B 的八进制表示为（　　）。

  A. 4156Q　　　　　　B. 3136Q　　　　　　　C. 4276Q　　　　　　D. 3176Q

【解】　B

9. 设 $(123)_{16} = (X)_8 = (Y)_2$，其中下标分别表示十六进制、八进制、二进制，则 X 和 Y 应为（　　）。

    A．$X = 246$，$Y = 010101110$
            B．$X = 443$，$Y = 100100011$

    C．$X = 173$，$Y = 01111011$
             D．$X = 315$，$Y = 11001101$

【解】　B

10. 下面 4 个无符号数的大小顺序正确的是（　　）。

    A．0FEH > 250D > 371Q > 01111111B
      B．250D > 0FEH > 371Q > 01111111B

    C．371Q > 0FEH > 250D > 01111111B
      D．01111111B > 0FEH > 250D > 371Q

【解】　A

11. 带符号的八位二进制补码的表示范围是（　　）。

    A．$-127 \sim +127$
            B．$-32768 \sim +32768$

    C．$-128 \sim +127$
            D．$-32768 \sim +32767$

【解】　C

12. 十进制数 -61 的八位二进制原码是（　　）。

    A．00101111B
    B．00111101B
    C．10101111B
    D．10111101B

【解】　D

13. 十进制数 $+121$ 的八位二进制反码是（　　）。

    A．00000110B
    B．01001111B
    C．01111001B

【解】　C

14. 十进制数 -89 的八位二进制补码为（　　）。

    A．B9H
    B．89H
    C．10100111B
    D．00100111B

【解】　C

15. 无符号二进制数 00001101.01B 的真值为（　　）。

    A．13.25
    B．0B.1H
    C．0B.4H
    D．13.01

【解】　A

16. 有符号二进制原码数 10000001B 的真值为（　　）。

    A．01H
    B．-1
    C．128
    D．-127

【解】　B

17. 数 D8H 被看作用补码表示的有符号数时，该数的真值为（　　）。

    A．$-58H$
    B．$-28H$
    C．-40
    D．216

【解】　C

18. 数 4FH 被看作用反码表示的有符号数时，该数的真值为（　　）。

    A．$+30H$
    B．$+79$
    C．$+4FH$

【解】　B

19. 计算机内的溢出是指其运算结果（　　）。

    A．无穷大

    B．超出了计算机内存储单元所能存储的数值范围

    C．超出了该指令所指定的结果单元所能存储的数值范围

    D．超出了运算器的取值范围

【解】 C

20. 两个十六进制补码数进行运算 3AH + B7H，其运算结果（　　　）溢出。

　　A. 有　　　　　　　　　　　　　　B. 无

【解】 B

21. 二进制数 11101110B 转换为压缩 BCD 码为（　　　）。

　　A. 00000010 00110011B　　　　　　　B. 00000010 01010010B

　　C. 00000010 00111000B　　　　　　　D. 00000010 00110010B

【解】 C

22. 键盘输入 1999 时，实际运行的 ASCII 码是（　　　）。

　　A. 41H49H47H46H　　　　　　　　　B. 61H69H67H66H

　　C. 31H39H39H39H　　　　　　　　　D. 51H59H57H56H

【解】 C

23. 一个完整的计算机系统通常应包括（　　　）。

　　A. 系统软件和应用软件　　　　　　　B. 计算机及其外围设备

　　C. 硬件系统和软件系统　　　　　　　D. 系统硬件和系统软件

【解】 C

24. 微型计算机的性能主要由（　　　）来决定。

　　A. 价钱　　　　　　B. CPU　　　　　　C. 控制器　　　　　　D. 其他

【解】 B

25. 通常所说的"裸机"是指（　　　）。

　　A. 只装备有操作系统的计算机　　　　B. 不带输入/输出设备的计算机

　　C. 未装备任何软件的计算机　　　　　D. 计算机主机暴露在外

【解】 C

26. 计算机运算速度的单位是 MI/S（即 MIPS），其含义是（　　　）。

　　A. 每秒钟处理百万个字符　　　　　　B. 每分钟处理百万个字符

　　C. 每秒钟执行百万条指令　　　　　　D. 每分钟执行百万条指令

【解】 C

27. 通常所说的 32 位机是指这种计算机的 CPU（　　　）。

　　A. 是由 32 个运算器组成的　　　　　B. 能够同时处理 32 位二进制数据

　　C. 包含 32 个寄存器　　　　　　　　D. 一共有 32 个运算器和控制器

【解】 B

28. 运算器的主要功能是进行（　　　）。

　　A. 算术运算　　　B. 逻辑运算　　　　C. 算术和逻辑运算　　D. 函数运算

【解】 C

29. 在一般微处理器中包含（　　　）。

　　A. 算术逻辑单元　　　B. 主内存　　　　C. I/O 单元　　　　D. 数据总线

【解】 A

30. 一台计算机实际上是执行（　　　）。

　　A. 用户编制的高级语言程序　　　　　B. 用户编制的汇编语言程序

C. 系统程序 　　　　　　　　　　　　D. 由二进制码组成的机器指令

【解】 D

31. 构成微机的主要部件除 CPU、系统总线、I/O 接口外，还有（　　）。

A. CRT 　　　　　B. 键盘 　　　　　C. 磁盘 　　　　　D. 内存（ROM 和 RAM）

【解】 D

32. 影响 CPU 处理速度的主要因素是字长、主频、ALU 结构以及（　　）。

A. 有无中断功能 　　　　　　　　　　　B. 有无采用微程序控制

C. 有无 DMA 功能 　　　　　　　　　　D. 有无 Cache

【解】 D

33. 计算机的字长是指（　　）。

A. 32 位长的数据

B. CPU 数据总线的宽度

C. 计算机内部一次可以处理的二进制数码的位数

D. CPU 地址总线的宽度

【解】 C

1.3 判断题

1. 汇编语言就是机器语言。（　　）

2. 对于种类不同的计算机，其机器指令系统都是相同的。（　　）

3. 三总线就是数据总线、控制总线、地址总线。（　　）

4. 计算机中所有数据都是以二进制形式存放的。（　　）

5. 在计算机中，数据单位 bit 的意思是字节。（　　）

6. 若 [X]$_原$ = [X]$_反$ = [X]$_补$，则该数为正数。（　　）

7. 补码的求法是：正数的补码等于原码，负数的补码是原码连同符号位一起求反加 1。（　　）

8. 无论何种微机，其 CPU 都具有相同的机器指令。（　　）

9. 与二进制数 11001011B 等值的压缩型 BCD 码是 11001011B。（　　）

10. 十进制数 378 转换成十六进制数是 1710H。（　　）

11. 与十进制小数 0.5625 等值的二进制小数是 1.0011B。（　　）

12. 八进制数的基数为 8，因此在八进制数中可以使用的数字符号是 0、1、2、3、4、5、6、7、8。（　　）

13. 二进制数 00000101 11101111B 转换成十六进制数是 0FE5H。（　　）

14. 如果二进制数 11111B ~ 01111B 的最高位为符号位，则其能表示 31 个十进制数。（　　）

15. 在汉字国标码 GB 2312 - 80 的字符集中，共收集了 6763 个常用汉字。（　　）

【答案】

1. ×	2. ×	3. ✓	4. ✓	5. ×	6. ✓	7. ×	8. ×	9. ×
10. ×	11. ×	12. ×	13. ×	14. ✓	15. ✓			

1.4 填空题

1. 冯·诺依曼原理的基本思想是___(1)___和___(2)___。

【解】 (1) 程序存储 (2) 程序控制

2. 第一代计算机采用的电子元器件是___(1)___。

【解】 (1) 电子管

3. 一个完整的计算机系统应包括___(1)___和___(2)___。

【解】 (1) 硬件系统 (2) 软件系统

4. 计算机中的三总线包括___(1)___、___(2)___和___(3)___。

【解】 (1) 数据总线 (2) 地址总线 (3) 控制总线

5. 计算机系统中数据总线用于传输___(1)___信息,其特点是___(2)___。地址总线用于传输___(3)___信息,其特点是___(4)___。如果 CPU 的数据总线与地址总线采用同一组信号线,那么系统中需要采用___(5)___分离出地址总线。

【解】 (1) 数据 (2) 双向三态 (3) 地址
(4) 单向三态 (5) 锁存器

6. 计算机的软件可以分成两大类,即___(1)___和___(2)___。

【解】 (1) 系统软件 (2) 应用软件

7. 在计算机中的负数以___(1)___方式表示,这样可以把减法转换为加法。

【解】 (1) 补码

8. 在计算机内部,所有信息的存取、处理、传送都是以___(1)___形式进行的。

【解】 (1) 二进制编码

9. 一个字节的带符号数可表示的最大正数为___(1)___、最小负数为___(2)___。

【解】 (1) +127 (2) -128

10. 一个 8 位二进制补码数 10010011B 等值扩展为 16 位二进制数后,其机器数为___(1)___。

【解】 (1) 11111111 10010011B

11. 用补码表示的二进制数 10001000B 转换为对应的十进制数真值为___(1)___。

【解】 (1) -120

12. 设机器字长为 8 位,已知 X = -1,则 [X]$_原$ = ___(1)___,[X]$_反$ = ___(2)___,[X]$_补$ = ___(3)___。

【解】 (1) 81H (2) FEH (3) FFH

13. 字长为 8 位的二进制数 10010100B,若它表示无符号数、原码数或补码数,则该数的真值应分别为___(1)___D、___(2)___D 或___(3)___D。

【解】 (1) 148 (2) -20 (3) -108

14. 将十进制整数 4120 分别转换为对应的二进制数、八进制数和十六进制数,则其转换结果分别为___(1)___、___(2)___、___(3)___。

【解】 (1) 0001 0000 0001 1000B (2) 10030Q (3) 1018H

15. 若 X = -107,Y = +74,则按 8 位二进制可写出:[X]$_补$ = ___(1)___,[Y]$_补$ = ___(2)___,[X + Y]$_补$ = ___(3)___。

【解】 (1) 10010101B (2) 01001010B (3) 11011111B

16. 若 X = −128，Y = −1，机器字长为 16 位，则 [X]$_补$ = ___(1)___，[Y]$_补$ = ___(2)___，[X + Y]$_补$ = ___(3)___。

【解】 (1) FF80H (2) FFFFH (3) FF7FH

17. 将十进制小数 0.65625 转换为对应的二进制数、八进制数和十六进制数，其转换结果分别为 ___(1)___、___(2)___、___(3)___。

【解】 (1) 0.10101B (2) 0.52Q (3) 0.A8H

18. (1234)$_{10}$ = ___(1)___$_{16}$；571.375D = ___(2)___H；1011101.01B = ___(3)___H

【解】 (1) 4D2 (2) 23B.6 (3) 5D.4

19. 将二进制数 1001.101B、八进制数 35.54Q、十六进制数 FF.1H 转换为十进制数，结果分别为 ___(1)___、___(2)___、___(3)___。

【解】 (1) 9.625D (2) 29.6875D (3) 255.0625D

20. 数制转换：247.86 = ___(1)___H = ___(2)___BCD；

【解】 (1) F7.DC (2) 001001000111.10000110

21. 二进制数 11111010B 转换成压缩的 BCD 码的形式为 ___(1)___。

【解】 (1) 250H

22. 16 位的二进制数 0100 0001 0110 0011B，与它等值的十进制数是 ___(1)___；如果是压缩 BCD 码，则表示的数是 ___(2)___。

【解】 (1) 16739 (2) 4163

23. 十进制数 255 的 ASCII 码可以表示为 ___(1)___；用压缩型 BCD 码表示为 ___(2)___；其十六进制数表示为 ___(3)___。

【解】 (1) 32H 35H 35H (2) 00000010 01010101B (3) 0FFH

24. 可将 36.25 用 IEEE 754 的单精度浮点格式表示成 ___(1)___。

【解】 (1) C2110000H

1.5 简答题

1. 冯·诺依曼体系结构有什么特点？

　　【解】 （1）计算机由运算器、控制器、存储器、输入设备和输出设备五大部分组成。（2）数据和程序以二进制编码形式存放。（3）控制器采用根据存放在存储器中的程序串行顺序处理机制来工作。

2. 简述数据总线和地址总线各自具有的特点。如果某 CPU 的数据总线与地址总线采用同一组信号线，则可以采用什么方法将地址总线分离出来？

　　【解】 数据总线的特点为双向三态，其总线位数决定 CPU 与外部一次传输的位数。地址总线的特点为单向三态，其总线位数决定 CPU 对外部寻址的范围。如果某 CPU 的数据总线与地址总线采用同一组信号线，则可以采用锁存器将地址总线分离出来。

3. 试举例说明什么是压缩型（或称组合型）BCD 码？什么是非压缩型（或称非组合型）BCD 码？

　　【解】 压缩型 BCD 码为 1 字节表示两位十进制数，如 36H 表示 36。非压缩型 BCD 码为 1 字节表示 1 位十进制数，其中高 4 位为 0，如 0306H 表示 36。

4. 在计算机中常采用哪几种数制？如何用符号表示？

　　【解】　在计算机中常采用二进制数、八进制数、十进制数、十六进制数等。为了明确所采用的数值，在相应数的末尾都采用对应的符号说明。其中十进制用 D（Decimal）表示可以默认不写；八进制原为 Octonary，为避免与数字 0 混淆，用字母 Q 表示八进制；用 H（Hexadecimal）表示十六进制。

5. 根据 ASCII 码的表示，试写出 0、9、F、f、A、a、CR、LF、$ 等字符的 ASCⅡ码。

　　【解】　字符　　　　0　　9　　F　　f　　A　　a　　CR　　LF　　$
　　　　　　ASCII 码　30H　39H　46H　66H　41H　61H　0DH　0AH　24H

6. 把下列英文单词转换成 ASCII 编码的字符串。

　　① How　　　　　② Great　　　　　③ Wter　　　　　④ Good

　　【解】　① 486F77H，② 4772656174H，③ 5761746572H，④ 476F6F64GH

7. 从键盘输入一个大写字母，如何转换为与其相对应的小写字母？从键盘输入十六进制数字符 0~F，如何转换为其相对应的二进制数（00000000~00001111）？

　　【解】　从键盘输入一大写字母后，将其 ASCII 码加上 20H，就转换成了与其相对应的小写字母。从键盘输入十六进制数字符 0~9 后，将其 ASCII 码值减去 30H，就转换成了与其相对应的二进制数；从键盘输入十六进制数字符 A~F 后，将其 ASCII 码值减去 37H，就转换成了与其相对应的二进制数。

8. 将下列十进制数分别转换成二进制数、八进制数、十六进制数。

　　① 39　　　　② 54　　　　③ 127　　　　④ 119

　　【解】　① 100111B，47Q，27H
　　　　　　② 110110B，66Q，36H
　　　　　　③ 1111111B，177Q，7FH
　　　　　　④ 1110111B，167Q，77H

9. 8 位、16 位二进制数所表示的无符号数及补码的范围是多少？

　　【解】　8 位二进制无符号数表示的范围为 0~255，8 位二进制补码表示的范围为 -128~+127；16 位无符号二进制数表示的范围为 0~65535，16 位二进制补码表示的范围为 -32768~+32767。

10. 8 位、16 位二进制数的原码、补码和反码可表示的数的范围分别是多少？

　　【解】　原码：（-127~+127），（-32767~+32767）；
　　　　　　补码：（-128~+127），（-32768~+32767）；
　　　　　　反码：（-127~+127），（-32767~+32767）

11. 将十进制数 146.25 转换为二进制，小数保留 4 位。

　　【解】　10010010.0100B

12. 将下列二进制数转换为十进制数，小数保留 4 位。

　　① 00001011.1101B　　　② 1000110011.0101B　　　③ 101010110011.1011B

　　【解】　① 11.8125　　　② 563.3125　　　③ 2739.6875

13. 写出二进制数 1101.101B、十六进制数 2AE.4H、八进制数 42.54Q 的十进制数。

　　【解】　1101.101B = 13.625D，2AE.4H = 686.25D，42.57Q = 34.6875D

14. 试判断下列各组数据中哪个数据最大？哪个数据最小？

① $A = 0.1001B$，$B = 0.1001D$，$C = 0.100H$ ②$A = 10111101B$，$B = 1001D$，$C = 111H$

【解】 ①A最大，C最小，②B最大，A最小

15. 简述求原码、反码、补码的规则。

【解】

1）求原码的规则：正数的符号位为0，负数的符号位为1，其他位表示数的绝对值。

2）求反码的规则：正数的反码与其原码相同，负数的反码为原码除符号位以外的各位取反。

3）求补码的规则：正数的补码与其原码相同，负数的补码为反码在最低位上加1。

16. 用补码计算$(-56) - (-17)$。

【解】 此处运用补码加减运算公式$[X \pm Y]_{补} = [X]_{补} + [\pm Y]_{补}$，令$X = -56$，$Y = -17$，且有

$[X]_{原} = 10111000B$、$[X]_{反} = 11000111B$、$[X]_{补} = 11001000B$

$[Y]_{原} = 10010001B$、$[-Y]_{补} = 00010001B$

则

$$[X]_{补} = 11001000B$$
$$+ \quad [-Y]_{补} = 00010001B$$
$$\overline{ [X - Y]_{补} = 11011001B}$$

得$[X - Y]_{原} = 10100111B = -39$

17. 简述计算机在进行有符号补码运算中进位与溢出的区别。

【解】 进位为数据运算时的正常情况，其进位状态通过CPU中进位状态位的状态体现。溢出为运算结果超出了所能表示的数据范围，数据侵占了符号位。

18. 简述进行有符号补码运算判断是否产生溢出的方法。

【解】 判断溢出的方法有以下两种。

1）双进位法：两个进位位分别为次高位向最高位的进位和最高位向进位位的进位。如果两个进位均有或均无，则无溢出。如果两个进位中1个有进位而另1个无进位，则一定有溢出。

2）符号法：同号相减无溢出，同号相加时结果符号与加数符号相反有溢出，相同则无溢出。异号相加无溢出，异号相减时结果符号与减数符号相同有溢出，相反则无溢出。

19. 用8位二进制补码计算$(-56) + (-117)$，并判断运算结果是否有溢出。

【解】 令$X = -56$，$Y = -117$

$[X]_{原} = 10111000B$、$[X]_{反} = 11001000B$、$[X]_{补} = 11001001B$

$[Y]_{原} = 11110101B$、$[Y]_{反} = 10001010B$、$[Y]_{补} = 10001011B$

则

$$[X]_{补} = 11001000B$$
$$+ \quad [Y]_{补} = 10001011B$$
$$\overline{ [X]_{补} + [Y]_{补} = 01010011B}$$

得$[X]_{补} + [Y]_{补} = [X + Y]_{补} = 01010011B$，$X + Y = [[X + Y]_{补}]_{补} = 01010011B = +83$

从上面的运算式中可以看到，次高位向最高位无进位，而最高位向进位位有进位，所以

运算结果有溢出。从另一个角度来看，两个负数相加，结果为正数，其符号与减数的符号相反，所以运算结果有溢出。$(-56)+(-117)=-173\neq+83$，运算结果不正确，这是因为运算结果有溢出，也就是运算结果的数据位超出了所能表示的范围，侵占了符号位。

20. 试将 0.0875 用 IEEE – 754 的单精度浮点格式表示。

【解】

$0.0875 = 0.0001011001100110011001100110011B = 1.011001100110011001100110011B\times2^{-100B}$

尾数 L = 0110011001100110011001100110011B

阶码 = 01111111B – 100B = 01111011B

0.0875 的浮点表示 = 0 01111011 01100110011001100110011 B = 3DB33333H

第 2 章 微 处 理 器

2.1 学习指导

本章主要内容如下：

1. 8086/8088 微处理器的内部结构与工作原理

8086/8088 微处理器的内部分为执行单元（EU）和总线接口单元（BIU）两部分。执行单元负责完成指令的执行工作，总线接口单元负责完成预取指令和数据传输的工作。这两部分既相互独立工作，又相互配合。这种结构的优点是可以实现流水作业，在执行指令的同时取下一条指令，提高了微处理器的工作效率。

2. 8086/8088 的内部寄存器

8086/8088 具有 14 个 16 位寄存器，包括 8 个通用寄存器（4 个数据寄存器 AX、BX、CX、DX，4 个指针寄存器 SP、BP、SI、DI），4 个段寄存器（CS、SS、DS、ES），1 个指令指针寄存器 IP 和 1 个状态控制寄存器 FR。每个寄存器都具有各自的特点。

1）4 个数据寄存器具有双重性，可以存储 16 位数据（AX、BX、CX、DX），也可以拆成 8 个 8 位寄存器（AL、AH、BL、BH、CL、CH、DL、DH）进行 8 位运算。

2）16 位的状态控制寄存器 FR 中有 9 位有效位，其中 6 位是状态标志（进位状态位 CF、辅助进位状态位 AF、符号状态位 SF、零状态位 ZF、奇偶状态位 PF 和溢出状态位 OF），3 位是控制标志（中断允许、方向、单步）。

3）16 位的指令指针寄存器 IP 专为微处理器使用，不能通过指令进行访问。代码段寄存器 CS 只能读出，不能通过指令赋值。

4）只有 BX、BP、SI、DI 可以作访问内存单元的地址指针。

3. 工作模式与引脚

1）8086 CPU 和 8088 CPU 的主要特点见表 2-1。

表 2-1 8086 CPU 和 8088 CPU 的主要特点

		8088	8086
相同点		内部数据总线为 16 位,寄存器和指令系统完全兼容	
不同点	1	外部数据总线为 8 位	外部数据总线为 16 位
	2	指令队列缓冲器为 4 字节	指令队列缓冲器为 6 字节
	3	无$\overline{BHE}$控制线 存储器和 I/O 选择控制线为 IO/$\overline{M}$	有高 8 位数据线传输控制线$\overline{BHE}$ 存储器和 I/O 选择控制线为 M/$\overline{IO}$

2）8086/8088 微处理器具有以下两种工作模式：最小工作模式和最大工作模式。

最小工作模式：即为构成单微处理器的简单系统，全部信号线均由 8086/8088 CPU 提供，引脚 MN/$\overline{\text{MX}}$接 +5V 电压。

最大工作模式：即为构成多处理器的复杂系统。一般所构成的系统中除有一个主微处理器 8086/8088 外，还有两个协处理器：用于数值运算处理的 8087 和用于输入/输出设备服务的 8089，从而大大提高了主处理器的运行效率。在这种工作模式下，部分控制信号线是由 8288 总线控制器提供的，而不是由 8086/8088 CPU 直接提供全部信号线。引脚 MN/$\overline{\text{MX}}$接地。

3）8086/8088 为 40 引脚 DIP 芯片，其中部分引脚采用了复用技术，包括分时复用（即在一些时刻提供一种信息，而在另一些时刻提供另一种信息）和分状态复用（即输入与输出定义不同、高电平与低电平定义不同、不同模式下定义不同）等。分时复用的信号可以通过锁存器实现分离。另外，8086 与 8088 中有部分引脚定义不同，主要引脚包括（以 8086 为例）AD0 ~ AD15、A16/S3 ~ A19/S6、MN/$\overline{\text{MX}}$、ALE、$\overline{\text{BHE}}$、RESET、$\overline{\text{RD}}$、$\overline{\text{WR}}$、M/$\overline{\text{IO}}$ 等。8086/8088 对存储器或 IO 操作信号如图 2-1 所示。

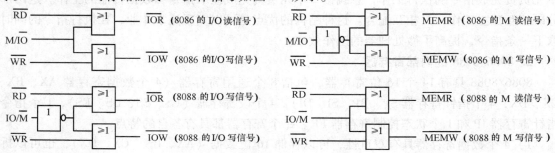

图 2-1　8086/8088 对存储器或 IO 操作信号

4. 存储器组织

8086/8088 采用分段管理的概念。

1）所有的数据以字节形式存放在存储单元中，每一个单元均占一个地址，任何两个相邻字节都可以构成一个字（word），占用两个地址。用地址值较小的那个字节单元地址作为这个字单元的地址。一个 16 位字中低 8 位数据存在较小地址的单元中，而高 8 位数据存在地址较高的单元中。

2）每一个单元均有一个唯一的 20 位地址，称为物理地址。

3）在软件中 8086/8088 对存储器采用分段描述的方法，即将整个存储区划分很多的段，每一个段的大小可各不相同，但均 ≤64KB，各段之间可以是紧密连接、可以是部分或完全重叠、也可以是不相关，每个存储单元可用不唯一的逻辑地址描述（段基值：偏移量）。

4）物理地址与逻辑地址的关系为：物理地址（20 位）= 段基值（16 位）× 16 + 偏移量（16 位）。

5）8086 的存储器为了满足既可以 16 位操作又可以 8 位操作，采用奇、偶两个存储体的结构。

5. 堆栈组织

堆栈是一个特定的存储区，它的特点是：一端是固定的，另一端是活动的，而所有的信息存取都在活动的一端进行。堆栈操作的原则是后进先出。栈操作包括的内容如下：

1）设置栈指针（设置 SS、SP）和栈容量（栈长度）。

2）数据进栈操作（PUSH 指令）。

3）数据出栈操作（POP 指令）。

8086/8088 的栈区操作为 16 位数据操作，且默认通过 SS：SP 访问，进栈操作时栈指针 SP 减 2，出栈操作时栈指针 SP 加 2。

6. 时序

处理器的周期状态可以分为 3 种：时钟周期（处理器完成一个微操作所需的时间，也就是处理器的基本时间计量单位）、总线周期（处理器完成一个基本操作所用的时间）和指令周期（处理器执行一条指令所需的时间）。最基本的读/写总线周期由 4 个时钟周期组成。

2.2 单项选择题

1. 关于 8088 CPU 和 8086 CPU 的对比，错误的叙述是（   ）。

   A. 8088 CPU 和 8086 CPU 的地址线数量相同

   B. 8088 CPU 和 8086 CPU 的片内数据线数量相同

   C. 8088 CPU 和 8086 CPU 的片外数据线数量相同

   D. 8088 CPU 和 8086 CPU 的寄存器数量相同

【解】 C

2. 关于 8088 CPU 和 8086 CPU 的对比，正确的叙述是（   ）。

   A. 8088 CPU 和 8086 CPU 的地址线位数不相同

   B. 8088 CPU 和 8086 CPU 的片内数据线位数不相同

   C. 8088 CPU 和 8086 CPU 的片外数据线位数不相同

   D. 8088 CPU 和 8086 CPU 的寄存器数量不相同

【解】 C

3. 8086 为 16 位的 CPU，说明（   ）。

   A. 8086 CPU 内有 16 条数据线   B. 8086 CPU 内有 16 个寄存器

   C. 8086 CPU 外有 16 条地址线   D. 8086 CPU 外有 16 条控制线

【解】 A

4. 80386 微型计算机是 32 位机，根据是它的（   ）。

   A. 地址线是 32 位的   B. 数据线为 32 位的

   C. 寄存器是 32 位的   D. 地址线和数据线都是 32 位的

【解】 D

5. 下列不是 8086/8088 CPU 数据总线作用的为（   ）。

   A. 用于传送指令机器码   B. 用于传送立即数

   C. 用于传送偏移地址量   D. 用于传送控制信号

【解】 D

6. 关于 8088 CPU 叙述不正确的是（   ）。

   A. 片内有 14 个 16 位寄存器   B. 片内有 1MB 的存储器

   C. 片内有 4 字节队列缓冲器   D. 片外有 8 位数据总线

【解】 B

7. 8086/8088 CPU 的地址总线宽度为 20 位，它对存储器的寻址范围为（　　　）。

    A. 20KB   B. 64KB   C. 1MB   D. 20MB

【解】 C

8. 8086/8088 CPU 的地址总线宽度为 20 位，它对 I/O 接口的寻址范围为（　　　）。

    A. 20KB   B. 64KB   C. 1MB   D. 20MB

【解】 B

9. 8086/8088 CPU 从功能结构上看是由（　　　）组成的。

    A. 控制器和运算器   B. 控制器、运算器和寄存器

    C. 控制器和 20 位物理地址加法器   D. 执行单元和总线接口单元

【解】 D

10. 8086/8088 CPU 内部具有（　　　）个 16 位寄存器。

    A. 4   B. 8   C. 14   D. 20

【解】 C

11. 8086/8088 CPU 内部具有（　　　）个 8 位寄存器。

    A. 4   B. 8   C. 14   D. 20

【解】 B

12. 8086/8088 CPU 的标志寄存器 FR 中有（　　　）个有效位。

    A. 1   B. 3   C. 6   D. 9

【解】 D

13. 8086/8088 CPU 的标志寄存器 FR 中状态标志位有（　　　）位。

    A. 1   B. 3   C. 6   D. 9

【解】 C

14. 8086/8088 CPU 的标志寄存器 FR 中控制标志位有（　　　）位。

    A. 1   B. 3   C. 6   D. 9

【解】 B

15. 有符号数溢出时，判断依据是（　　　）。

    A. CF = 1   B. OF = 1   C. AF = 1   D. SF = 1

【解】 B

16. 8086/8088 CPU 有（　　　）个 16 位的段寄存器。

    A. 2   B. 4   C. 8   D. 16

【解】 B

17. 指令指针寄存器 IP 的作用是（　　　）。

    A. 保存将要执行的下一条指令所在的位置

    B. 保存 CPU 要访问的内存单元地址

    C. 保存运算器的运算结果

    D. 保存正在执行的一条指令所在的位置

【解】 A

18. 8088 CPU 的指令队列缓冲器由（　　　）组成。

A. 1 字节移位寄存器　　　　　　　　　　B. 4 字节移位寄存器

C. 6 字节移位寄存器　　　　　　　　　　D. 8 字节移位寄存器

【解】 B

19. 8086 CPU 的指令队列缓冲器由（　　　）组成。

A. 1 字节移位寄存器　　　　　　　　　　B. 4 字节移位寄存器

C. 6 字节移位寄存器　　　　　　　　　　D. 8 字节移位寄存器

【解】 C

20. 指令队列具有（　　　）的作用。

A. 暂存操作数地址　　　　　　　　　　　B. 暂存操作数

C. 暂存指令地址　　　　　　　　　　　　D. 暂存预取指令

【解】 D

21. 8086/8088 CPU 对存储器采用分段管理的方法，每个存储单元均拥有（　　　）两种地址。

A. 实地址和虚拟地址　　　　　　　　　　B. 20 位地址和 16 位地址

C. 逻辑地址和物理地址　　　　　　　　　D. 段基址和偏移地址

【解】 C

22. 在 8086 系统中，每个逻辑段的存储单元数最多为（　　　）。

A. 1MB　　　　　B. 256B　　　　　C. 64KB　　　　　D. 根据需要而定

【解】 C

23. 在 8086/8088 CPU 中，由逻辑地址形成存储器物理地址的方法是（　　　）。

A. 段基值 + 偏移地址　　　　　　　　　　B. 段基值 ×16 + 偏移地址

C. 段基值 ×16H + 偏移地址　　　　　　　D. 段基值 ×10 + 偏移地址

【解】 B

24. 在 8086/8088 CPU 中，确定下一条指令的物理地址应为（　　　）。

A. CS ×16 + IP　　　B. DS ×16 + SI　　　C. SS ×16 + SP　　　D. ES ×16 + DI

【解】 A

25. 8086/8088 CPU 上电和复位后，下列寄存器的值正确的是（　　　）。

A. CS = 0000H，IP = 0000H　　　　　　　B. CS = 0000H，IP = FFFFH

C. CS = FFFFH，IP = 0000H　　　　　　　D. CS = FFFFH，IP = FFFFH

【解】 C

26. RESET 信号有效后，8086 CPU 将执行的第一条指令地址为（　　　）。

A. 00000H　　　B. 0FFFFH　　　C. 0FFFF0H　　　D. 0FFFFFH

【解】 C

27. 当 RESET 信号为高电平时，寄存器初值为 FFFFH 的是（　　　）。

A. CS　　　　　B. ES　　　　　C. IP　　　　　D. BP

【解】 A

28. 在 8086/8088 系统中，某存储单元的物理地址为 24680H，与其不对应的逻辑地址为（　　　）。

A. 4680H：2000H　　　　　B. 2468H：0000H　　　　　C. 2460H：0080H

  D. 2400H：0680H   E. 2000H：4680H

【解】　A

29. 若某指令存放在代码段为 CS = 789A H、指令指针为 IP = 2345H 处，则该指令存放单元的物理地址是（　　　）。

  A. 0H   B. 7ACE5H   C. 2ACEAH   D. 9BDF01H

【解】　B

30. 若某 8 位数据存放在 2300H：2300H 处，则该 8 位数据存放单元的物理地址是（　　　）。

  A. 23000H   B. 23230H   C. 23023H   D. 25300H

【解】　D

31. 若某存储单元的物理地址为 ABCDEH，则（　　　）不是其相应的逻辑地址。

  A. ABCDH：000EH   B. ABC0H：00DEH

  C. AB00H：0CDEH   D. A000H：0CDEH

【解】　D

32. 下列逻辑地址中对应不同的物理地址的是（　　　）。

  A. 0400H：0340H   B. 0420H：0140H

  C. 03E0H：0740H   D. 03C0H：0740H

【解】　C

33. 8086/8088 CPU 存放当前指令的存储单元的逻辑地址为（　　　）。

  A. DS：BX   B. SS：SP   C. CS：PC   D. CS：IP

【解】　D

34. 对微处理器而言，它的每条指令都有一定的时序，其时序关系是（　　　）。

  A. 一个时钟周期包括几个机器周期，一个机器周期包括几个指令周期

  B. 一个机器周期包括几个指令周期，一个指令周期包括几个时钟周期

  C. 一个指令周期包括几个机器周期，一个机器周期包括几个时钟周期

  D. 一个指令周期包括几个时钟周期，一个时钟周期包括几个机器周期

【解】　C

35. 在 8086/8088 CPU 中，时钟周期、指令周期和总线周期按费时长短的排列是（　　　）。

  A. 时钟周期 > 指令周期 > 总线周期   B. 时钟周期 > 总线周期 > 指令周期

  C. 指令周期 > 总线周期 > 时钟周期   D. 总线周期 > 指令周期 > 时钟周期

【解】　C

36. 8086/8088 CPU 的地址有效发生在总线周期的（　　　）时刻。

  A. T1   B. T2   C. T3   D. T4

【解】　A

37. 8086/8088 CPU 的读数据操作发生在总线周期的（　　　）时刻。

  A. T1   B. T1, T2   C. T2, T3   D. T3, T4

【解】　D

38. 8086/8088 CPU 的写数据操作发生在总线周期的（　　　）时刻。

  A. T1   B. T2   C. T2, T3   D. T2, T3, T4

【解】　D

39. 当控制线 READY =0 时，应在（　　　）插入等待周期 Tw。
   A. T1 和 T2 间　　　　B. T2 和 T3 间　　　　C. T3 和 T4 间　　　　D. 任何时候
【解】　C

40. CPU 对 INTR 中断请求响应过程是执行（　　　）INTA 总线周期。
   A. 1 个　　　　　　B. 2 个　　　　　　C. 3 个　　　　　　D. 4 个
【解】　B

41. 下列说法中属于最小工作模式特点的是（　　　）。
   A. CPU 提供全部的控制信号　　　　　B. 由编程进行模式设定
   C. 不需要 8286 收发器　　　　　　　　D. 需要总线控制器 8288
【解】　A

42. 下列器件中在 8086 CPU 最小模式下不需要的是（　　　）。
   A. 时钟发生器　　　B. 地址锁存器　　　C. 总线控制器　　　D. 总线驱动器
【解】　C

43. 下列说法中属于最大工作模式特点的是（　　　）。
   A. CPU 提供全部的控制信号　　　　　B. 由编程进行模式设定
   C. 需要 8286 收发器　　　　　　　　　D. 需要总线控制器 8288
【解】　D

44. 在 8088/8086 系统中，读/写一个字时，A0、$\overline{BHE}$ 应该分别为（　　　）。
   A. 0、0　　　　　　B. 0、1　　　　　　C. 1、0　　　　　　D. 1、1
【解】　A

45. 当 8086 CPU 的控制线 $\overline{BHE}$ =0、地址线 A0 =0 时，将实现（　　　）。
   A. 传送地址为偶地址的 8 位内存数据　　　B. 传送地址为偶地址的 16 位内存数据
   C. 传送地址为奇地址的 8 位内存数据　　　D. 传送地址为奇地址的 16 位内存数据
【解】　B

46. 当 8086 CPU 的控制线 $\overline{BHE}$ =0、地址线 A0 =1 时，将实现（　　　）。
   A. 传送地址为偶地址的 8 位内存数据　　　B. 传送地址为偶地址的 16 位内存数据
   C. 传送地址为奇地址的 8 位内存数据　　　D. 传送地址为奇地址的 16 位内存数据
【解】　C

47. 数据总线驱动电路采用的基本逻辑单元是（　　　）。
   A. 反相器　　　　　B. 触发器　　　　　C. 三态门　　　　　D. 译码器
【解】　C

48. 8086/8088 CPU 数据总线和部分地址总线采用分时复用技术，系统中可通过基本逻辑单元（　　　）获得稳定的地址信息。
   A. 译码器　　　　　B. 触发器　　　　　C. 锁存器　　　　　D. 三态门
【解】　C

49. 在 8088 CPU 构成的系统中，需要（　　　）片 8286 数据总线收发器。
   A. 1　　　　　　　　B. 2　　　　　　　　C. 8　　　　　　　　D. 16
【解】　A

50. 在 8086 CPU 构成的系统中，需要（　　　）片 8286 数据总线收发器。

A. 1   B. 2   C. 8   D. 16

【解】 B

51. 在 8086/8088 CPU 中，控制线$\overline{RD}$和$\overline{WR}$的作用是（   ）。

     A. CPU 控制数据传输的方向   B. CPU 实现存储器存取操作控制

     C. CPU 实现读或写操作时的控制线   D. CPU 实现读地址/数据线分离控制

【解】 C

52. 在 8086/8088 CPU 中，控制线 DT/$\overline{R}$的作用是（   ）。

     A. 数据传输方向的控制   B. 存储器存取操作控制

     C. 数据传输有效控制   D. 地址/数据线分离控制

【解】 A

53. 在 8086/8088 CPU 中，控制线 ALE 的作用是（   ）。

     A. CPU 发出的数据传输方向控制信号

     B. CPU 发出的数据传输有效控制信号

     C. CPU 发出的存储器存取操作控制信号

     D. CPU 发出的地址有效信号

【解】 D

54. 在 8086/8088 CPU 中，控制线$\overline{DEN}$的作用是（   ）。

     A. CPU 发出的数据传输方向控制信号

     B. CPU 发出的数据传输有效控制信号

     C. CPU 发出的存储器存取操作控制信号

     D. CPU 发出的地址有效信号

【解】 B

55. 在 8086/8088 CPU 中，可屏蔽中断请求的控制线是（   ）。

     A. NMI   B. HOLD   C. INTR   D. $\overline{INTA}$

【解】 C

56. 在 8086/8088 CPU 中，可屏蔽中断响应的控制线是（   ）。

     A. NMI   B. HOLD   C. INTR   D. $\overline{INTA}$

【解】 D

57. 在 8086/8088 CPU 中，非屏蔽中断请求的控制线是（   ）。

     A. NMI   B. HOLD   C. INTR   D. $\overline{INTA}$

【解】 A

58. 在 8086/8088 CPU 中，与 DMA 操作有关的控制线是（   ）。

     A. NMI   B. HOLD   C. INTR   D. $\overline{INTA}$

【解】 B

59. 当 8086/8088 CPU 为最小工作方式时，控制线 MN/$\overline{MX}$应接（   ）。

     A. 低电平   B. 高电平   C. 下降沿脉冲   D. 上升沿脉冲

【解】 B

60. 若 8086 CPU 访问 I/O 端口时，控制线 M/$\overline{IO}$应输出（   ）。

     A. 低电平   B. 高电平   C. 下降沿脉冲   D. 上升沿脉冲

61. 8086 CPU 可访问（　　　）个字节 I/O 端口。

    A. 1KB   B. 32KB   C. 64KB   D. 1MB

【解】 C

62. 8086 CPU 可访问（　　　）个字 I/O 端口。

    A. 1K   B. 32K   C. 64K   D. 1M

【解】 B

63. 当 8088 CPU 从存储器单元读数据时，有（　　　）。

    A. $\overline{RD}=0$、$IO/\overline{M}=0$ B. $\overline{RD}=0$、$IO/\overline{M}=1$

    C. $\overline{RD}=1$、$IO/\overline{M}=0$ D. $\overline{RD}=1$、$IO/\overline{M}=1$

【解】 A

64. 当 8088 CPU 向 I/O 端口输出数据时，有（　　　）。

    A. $\overline{WR}=0$、$IO/\overline{M}=0$ B. $\overline{WR}=1$、$IO/\overline{M}=0$

    C. $\overline{WR}=0$、$IO/\overline{M}=1$ D. $\overline{WR}=1$、$IO/\overline{M}=1$

【解】 C

65. 对堆栈进行数据存取的原则是（　　　）。

    A. 先进先出   B. 后进先出   C. 随机存取   D. 都可以

【解】 B

66. 8086/8088 CPU 将数据压入堆栈时，栈区指针的变化为（　　　）。

    A. SS 内容改变、SP 内容不变   B. SS 内容不变、SP 内容加 2

    C. SS 内容不变、SP 内容减 2   D. SS 和 SP 内容都改变

【解】 C

67. 8086/8088 CPU 将数据从堆栈中弹出时，栈区指针的变化为（　　　）。

    A. SS 内容改变、SP 内容不变   B. SS 内容不变、SP 内容减 2

    C. SS 内容不变、SP 内容加 2   D. SS 和 SP 内容都改变

【解】 C

2.3 判断题

1. 8086 CPU 中包含了寄存器和存储器。（　　　）

2. 寄存器寻址比存储器寻址的运算速度快。（　　　）

3. 存储器是计算机系统中不可缺少的部分。（　　　）

4. 8086/8088 CPU 的片内数据线和片外数据线的宽度均为 16 位。（　　　）

5. 8086/8088 CPU 为 16 位处理器，一次可并行传送 8 位或 16 位二进制信息。（　　　）

6. 8086 CPU 的数据总线和地址总线都是 20 位。（　　　）

7. 80486 CPU 的数据总线和地址总线都是 32 位。（　　　）

8. 8086/8088 CPU 对外部存储器和 I/O 端口的寻址范围为 1MB。（　　　）

9. 8086/8088 CPU 内部分为两个功能模块：执行单元 EU 和总线接口单元 BIU。（　　　）

10. 8086/8088 CPU 的 EU 直接通过外部总线读取指令后执行。（　　　）

11. 8086 CPU 的 BIU 直接经外部总线读取数据。（　　）

12. 8086/8088 CPU 的 BIU 中包含一个 6 字节指令队列。（　　）

13. 8086/8088 CPU 在执行转移指令时，指令队列中的原内容不变。（　　）

14. 8086/8088 CPU 指令队列满足先进后出的原则。（　　）

15. 8086/8088 CPU 的 BIU 中包含一个 16 位的地址加法器。（　　）

16. 因为 8086 存储单元的段基值和偏移地址均为 16 位，所以 8086 存储单元的地址线为 32 位。（　　）

17. 8086/8088 CPU 中为用户提供了 14 个 16 位的可读/写的寄存器。（　　）

18. 8086/8088 CPU 可以通过改变指令指针 IP 的内容来改变指令执行顺序。（　　）

19. 在 8086/8088 系统中，用户可以通过指令改变指令指针 IP 的内容。（　　）

20. 8086/8088 CPU 的 16 位标志寄存器 FR 中的每位均有确定含义。（　　）

21. 在 8086/8088 CPU 中，当两个数的运算结果为零时，状态标志位 ZF = 0。（　　）

22. 在 8086/8088 CPU 中，当两个数做加减运算，结果有进位时，状态标志位 CF = 1。（　　）

23. 在 8086/8088 CPU 中，当两个符号数的运算结果产生溢出时，状态标志位 OF = 1。（　　）

24. 在 8086/8088 CPU 中，当两个数做加减运算后，结果最高位为 1 时，状态标志位 SF = 1。（　　）

25. 8086/8088 CPU 的基本读/写总线周期由 4 个时钟周期组成。（　　）

26. 8086/8088 CPU 在总线周期的 T1 时刻，从地址/数据提供数据信息。（　　）

27. 在总线周期中，等待状态周期 Tw 仅能出现在 T3 状态和 T4 状态之间。（　　）

28. 在总线周期中，空闲状态周期 Tt 仅能出现在 T3 状态之后。（　　）

29. 当控制线 READY 输出低电平时，等待状态周期 Tw 才会出现。（　　）

30. 8086/8088 CPU 在一个存储单元中，可存入 8 位数据或者 16 位数据。（　　）

31. 在 8086/8088 系统中，每个存储单元均具有唯一的物理地址和逻辑地址。（　　）

32. 8086/8088 CPU 允许多个逻辑段重叠或交叉。（　　）

33. 8088 CPU 将 1MB 的存储空间分为奇地址存储体和偶地址储存体。（　　）

34. 8086 CPU 将 1MB 的存储空间分为两个 512KB 的存储体。（　　）

35. 在 8086 系统中，若地址线 A0 = 0，则 512KB 的偶存储体操作有效。（　　）

36. 在 8086 系统中，字数据的低 8 位存放在偶存储体，高 8 位存放在奇存储体。（　　）

37. 在 8086/8088 系统中，存储器奇地址存储体的片选有效控制信号由控制线 $\overline{\text{BHE}}$ 提供。（　　）

38. 在 8086 系统中，若 $\overline{\text{BHE}}$ = 0、A0 = 0，则一个总线周期可完成 16 位数据的操作。（　　）

39. 在 8086/8088 系统的字存储中，低地址存字的高 8 位，高地址存字的低 8 位。（　　）

40. 8086/8088 CPU 有 16 根地址/数据分时复用引脚。（　　）

41. 8086/8088 CPU 的地址/数据复用线可通过缓冲器分离出地址信息。（　　）

42. 在 8086/8088 CPU 中，可利用地址有效控制线 ALE 对地址/数据复用线进行锁存，获取地址信息。（　　）

43. 8086/8088 CPU 的控制线 $\overline{\text{DEN}}$ 提供数据传输有效信号。（　　）

44. 8086/8088 CPU 的控制线 $\overline{RD}$ 和 $\overline{WR}$ 提供对芯片外部实现读/写操作信号。（　　　）

45. 8086/8088 CPU 响应可屏蔽中断 INTR 的条件是标志位 IF 置 1。（　　　）

46. 8086/8088 CPU 响应不可屏蔽中断 NMI 请求的条件是标志位 IF 置 0。（　　　）

47. 8086/8088 CPU 可屏蔽中断 INTR 的中断请求信号为高电平有效。（　　　）

48. 8086/8088 CPU 在上电或 RESET 有效时，所有寄存器为 0000H。（　　　）

49. 堆栈操作的原则是后进先出。（　　　）

50. 堆栈指针 SP 总是指向堆栈的栈顶。（　　　）

51. 8086/8088 系统中的进栈操作时栈指针 SP 加 2，出栈操作时栈指针 SP 减 2。（　　　）

52. 在 8086/8088 系统中，在执行调用指令或中断响应时，断点会自动进栈加以保护。（　　　）

53. 存储器和 I/O 统一编址时，不需要单独的 I/O 操作指令。（　　　）

【答案】

1. ×	2. √	3. √	4. ×	5. ×	6. ×	7. √	8. ×	9. √
10. ×	11. √	12. ×	13. ×	14. ×	15. ×	16. ×	17. ×	18. √
19. √	20. √	21. √	22. √	23. √	24. √	25. √	26. ×	27. √
28. ×	29. √	30. ×	31. √	32. √	33. √	34. √	35. √	36. ×
37. ×	38. √	39. √	40. √	41. √	42. √	43. √	44. √	45. √
46. ×	47. √	48. ×	49. √	50. √	51. ×	52. √	53. √	

2.4　填空题

1. 8086/8088 CPU 的内部由两个功能单元组成，即＿＿（1）＿＿和＿＿（2）＿＿。

【解】（1）执行单元 EU　　　　（2）总线接口单元 BIU

2. 在 8086 CPU 中，由于 BIU 和 EU 分开，因此＿＿（1）＿＿和＿＿（2）＿＿可以重叠操作，提高了 CPU 的利用率。

【解】（1）取指令　　　　（2）执行指令

3. 在 8086 中，BIU 部件完成＿＿（1）＿＿功能，EU 部件完成＿＿（2）＿＿功能。

【解】（1）总线接口　　　　（2）指令的译码及执行

4. 8086 CPU 的指令队列由＿＿（1）＿＿移位寄存器组成，8088 CPU 的指令队列由＿＿（2）＿＿移位寄存器组成。指令队列的作用是＿＿（3）＿＿。

【解】（1）6 字节　　　　（2）4 字节　　　　（3）存放预取的指令

5. 8086 CPU 的内部数据总线宽度为＿＿（1）＿＿位、外部数据总线宽度为＿＿（2）＿＿位。8088 CPU 的内部数据总线宽度为＿＿（3）＿＿位、外部数据总线宽度为＿＿（4）＿＿位。

【解】（1）16　　　　（2）16　　　（3）16　　　（4）8

6. 在 8086/8088 CPU 中，执行单元 EU 中的运算单元 ALU 完成的工作是＿＿（1）＿＿运算、＿＿（2）＿＿运算和＿＿（3）＿＿运算。

【解】（1）算术　　　　（2）逻辑　　　　（3）16 位段内偏移地址

7. 8086/8088 CPU 中有＿＿（1）＿＿个＿＿（2）＿＿位的寄存器。其中，称 AX、BX、CX 和 DX 为＿＿（3）＿＿寄存器，称 SP、BP、SI 和 DI 为＿＿（4）＿＿寄存器，称 CS、DS、SS 和 ES 为＿＿（5）＿＿寄存器，称 IP 为＿＿（6）＿＿寄存器，称 FR 为＿＿（7）＿＿寄存器。

【解】 (1) 14　　　　　　　(2) 16　　　　　　　(3) 通用数据　　　(4) 通用地址
　　　(5) 段　　　　　　　(6) 指令指针　　　(7) 标志

8. 8086/8088 CPU 中有 8 个用于 8 位运算的通用寄存器,它们是___(1)___、___(2)___、
___(3)___、___(4)___、___(5)___、___(6)___、___(7)___、___(8)___。

【解】 (1) AH　　(2) AL　　(3) BH　　(4) BL　　(5) CH　　(6) CL　　(7) DH　　(8)
DL

9. 8086/8088 CPU 常用于定义堆栈段的寄存器为___(1)___,用___(2)___寄存器作堆栈指
针。

【解】 (1) SS　　　　　　　(2) SP

10. 8086/8088 CPU 可用于存放存储单元偏移量的寄存器为___(1)___、___(2)___、___(3)___、
___(4)___。

【解】 (1) SI　　　(2) DI　　　(3) BX　　　(4) BP

11. 8086/8088 CPU 在串操作指令中时,规定___(1)___寄存器存放源操作数的段基值、
___(2)___寄存器存放目标操作数的段基值、___(3)___寄存器作为源操作数的指针、
___(4)___寄存器作为目的操作数的指针。

【解】 (1) DS　　　(2) ES　　　(3) SI　　　(4) DI

12. 8086/8088 CPU 对存储单元地址的描述有以下两种:一种是在总线上唯一的___(1)___,
用___(2)___位二进制或___(3)___位十六进制数表示;另一种是在程序中多样化的
___(4)___,用___(5)___和___(6)___表示。

【解】 (1) 物理地址　　(2) 20　　　　　　　　(3) 5
　　　(4) 逻辑地址　　(5) 16 位二进制数的段基值　　(6) 16 位二进制数的偏移量

13. 在 8086/8088 系统中,若某存储器单元的物理地址为 2ABCDH,且该存储器单元所在的
段基值为 2A12H,则该存储器单元的偏移地址应为___(1)___。

【解】 (1) 0AADH

14. 在 8086/8088 系统中,字数据存放在___(1)___个存储单元中,以___(2)___地址作为
该字数据的地址。

【解】 (1) 2　　　　　(2) 较小

15. 在 8086 系统中,如果字数据 8BF0H 存放在偶地址开始的 2 个存储单元内,则可以通过
___(1)___个总线周期实现 16 位字数据访问。如果字数据 8BF0H 存放在奇地址开始的
存储单元内,则需要___(2)___个总线周期数完成 16 位字数据读取操作。

【解】 (1) 1　　　　(2) 2

16. 8086/8088 CPU 在上电或复位后,寄存器中的值处于初始态,此时 CS = ___(1)___, IP
= ___(2)___, DS = ___(3)___。

【解】 (1) FFFFH　　　　　(2) 0000H　　　　　　　(3) 0000H

17. 8086/8088 构成的系统,在开机或复位时,第一条执行的指令所在存储单元的物理地址
为___(1)___。

【解】 (1) FFFF0H

18. 8086/8088 CPU 的标志寄存器 FR 中有 3 个控制标志位,分别是___(1)___、___(2)___、
___(3)___;有 6 个状态标志位,分别是___(4)___、___(5)___、___(6)___、___(7)___、

$\underline{\quad(8)\quad}$、$\underline{\quad(9)\quad}$、

【解】（1）IF　　　（2）DF　　　（3）TF　　　（4）AF　　　（5）CF

　　　　（6）OF　　　（7）SF　　　（8）ZF　　　（9）PF

19. 8086/8088 CPU 中与中断操作有关的控制标志位是 $\underline{\quad(1)\quad}$ ，与串操作有关的控制标志位是 $\underline{\quad(2)\quad}$ ，与单步调试操作有关的控制标志位是 $\underline{\quad(3)\quad}$ 。

【解】（1）IF　　　　　　（2）DF　　　　　　　　　（3）TF

20. 若 AL = 4AH、BL = 86H，试问在执行 ADD AL、BL 指令后 CF = $\underline{\quad(1)\quad}$ 、AF = $\underline{\quad(2)\quad}$ 、SF = $\underline{\quad(3)\quad}$ 、ZF = $\underline{\quad(4)\quad}$ 、OF = $\underline{\quad(5)\quad}$ 、PF = $\underline{\quad(6)\quad}$ 。

【解】（1）0　　　（2）1　　　（3）1　　　（4）0　　　（5）0　　　（6）0

21. 8086/8088 CPU 将所能寻址的 1MB 存储空间分为 $\underline{\quad(1)\quad}$ 段，每段存储容量最多为 $\underline{\quad(2)\quad}$ 。

【解】（1）若干个　　　（2）64KB

22. 8086CPU 有 $\underline{\quad(1)\quad}$ 根地址线，可直接寻址的存储器容量为 $\underline{\quad(2)\quad}$ 字节，在访问 I/O 端口时，使用地址线 $\underline{\quad(3)\quad}$ ，最多可寻址 $\underline{\quad(4)\quad}$ 个 I/O 端口。

【解】（1）20　　　（2）1M　　　（3）16 条　　　（4）64K

23. 8086 CPU 执行存储器读/写指令时，控制线 M/$\overline{\text{IO}}$ 输出 $\underline{\quad(1)\quad}$ 电平，执行输入/输出指令时，控制线 M/$\overline{\text{IO}}$ 输出 $\underline{\quad(2)\quad}$ 电平。

【解】（1）高　　　（2）低

24. 32 位的逻辑地址 589AH：3210H 表示的 20 位物理地址为 $\underline{\quad(1)\quad}$ 。

【解】（1）5BBB0H

25. 8086 CPU 的堆栈操作原则为 $\underline{\quad(1)\quad}$ ，指令队列操作原则为 $\underline{\quad(2)\quad}$ 。

【解】（1）后进先出　　　（2）先进先出

26. 若堆栈栈顶指针 SP = 2000H，则执行 5 条入栈指令和 2 条出栈指令后，SP = $\underline{\quad(1)\quad}$ 。

【解】（1）1FFAH

27. 在计算机系统中，对 I/O 端口地址的编码方式有 $\underline{\quad(1)\quad}$ 和 $\underline{\quad(2)\quad}$ 两种方式。

【解】（1）统一编址　　　（2）独立编址

28. 8086 CPU 地址/数据复用线可通过 $\underline{\quad(1)\quad}$ 分离出地址信息，此时控制线 ALE 应输出 $\underline{\quad(2)\quad}$ 电平。

【解】（1）锁存器　　　（2）高

29. 若 8086/8088 CPU 工作于最小工作方式，则控制线 MN/$\overline{\text{MX}}$ 应接 $\underline{\quad(1)\quad}$ 电平；若 8086/8088 CPU 工作于最大工作方式，则控制线 MN/$\overline{\text{MX}}$ 应接 $\underline{\quad(2)\quad}$ 电平。

【解】（1）高　　　（2）低

30. 8086 中引脚 $\overline{\text{BHE}}$ 信号有效的含义表示 $\underline{\quad(1)\quad}$ 。

【解】（1）高 8 位数据线 D15 ~ D8 有效

31. 当 8086/8088 CPU 访问外部数据时，控制线 $\overline{\text{DEN}}$ 应输出 $\underline{\quad(1)\quad}$ 电平；在从外部读入数据时，控制线 DT/$\overline{\text{R}}$ 应输出 $\underline{\quad(2)\quad}$ 电平；再将数据输出到外部时，控制线 DT/$\overline{\text{R}}$ 应输出 $\underline{\quad(3)\quad}$ 电平。

【解】（1）低　　　（2）低　　　（3）高

32. 当 8086/8088 CPU 在进行写数据操作时，控制线 $\overline{\text{RD}}$ 应输出 $\underline{\quad(1)\quad}$ 电平，控制线 $\overline{\text{WR}}$

应输出____(2)____电平。

【解】 （1）高　　　　　　　（2）低

33. 8086 微处理机在最小模式下，用____(1)____来控制输出地址是访问内存还是访问 I/O。

【解】 （1）$M/\overline{IO}$

34. 8086 CPU 可访问的存储器空间为____(1)____，可访问字节 I/O 空间为____(2)____，可访问字 I/O 空间为____(3)____。

【解】 （1）1MB　　　　　（2）64KB　　　　　（3）32KB

35. 8086 CPU 的 MN/$\overline{MX}$引脚的作用是____(1)____。

【解】 （1）决定 CPU 工作在什么模式（最小/最大）

36. 8086 CPU 中典型总线周期由____(1)____个时钟周期组成，其中 T1 期间，CPU 输出____(2)____信息；如有必要时，可以在____(3)____两个时钟周期之间插入 1 个或多个 T_W 等待周期。

【解】 （1）4　　　　　　（2）地址　　　　　（3）T3 和 T4

37. 当存储器的读取时间大于 CPU 的读出时间时，8086 CPU 根据控制线 READY 的状态，应在周期____(1)____状态间插入____(2)____周期。若 8086 CPU 不执行总线操作时，则应在周期____(3)____后插入____(4)____周期。

【解】 （1）T3 与 T4　　（2）等待（Tw）　　（3）T4　　　　（4）空闲 T_I

38. 80386 以上的微处理器所支持的 3 种工作模式是：____(1)____、____(2)____和____(3)____。

【解】 （1）实模式　　　　（2）保护模式　　　（3）虚拟 86 模式

2.5　简答题

1. 简述 CPU 执行程序的过程。

　　【解】 当程序的第一条指令所在的地址送入程序计数器后，CPU 就进入取指阶段准备取第一条指令。在取指阶段，CPU 从内存中读出指令，并把指令送至指令寄存器 IR 暂存。在取指阶段结束后，机器就进入执行阶段，这时由指令译码器对指令译码，再经控制器发出相应的控制信号，控制各部件执行指令所规定的具体操作。当一条指令执行完毕以后，就转入了下一条指令的取指阶段。以上步骤周而复始地循环，直到遇到停机指令。

2. 在计算机中，CPU 地址线的位数与访问存储器单元范围的关系是什么？

　　【解】 在计算机中，若 CPU 的地址线位数为 N（即有 N 条地址线），则访问存储器单元的数量为 2^N 个，访问存储器单元的范围为 $0 \sim 2^N - 1$。

3. 试对 8086 CPU 和 8088 CPU 的主要特点进行比较。

　　【解】 8086 CPU 和 8088 CPU 的主要特点见表 2-2。

表 2-2　8086 CPU 和 8088 CPU 的主要特点

		8088	8086
相同点		内部数据总线为 16 位、寄存器和指令系统完全兼容	
不同点	1	外部数据总线为 8 位	外部数据总线为 16 位
	2	指令队列缓冲器为 4 字节	指令队列缓冲器为 6 字节
	3	无BHE控制线 存储器和 I/O 选择控制线为 IO/$\overline{M}$	有高 8 位数据线传输控制线$\overline{BHE}$ 存储器和 I/O 选择控制线为 $M/\overline{IO}$

4. 8086/8088 CPU 由哪两个功模块构成？简述它们之间的关系。

【解】 8086/8088 CPU 为实现指令的流水线操作，将内部划分为执行单元 EU 和总线接口单元 BIU 两个模块。EU 和 BIU 的工作既相互独立，又相互配合。其中，EU 负责执行指令，BIU 负责通过外部总线读/写 CPU 的外部数据。BIU 经总线从存储器中读取指令后存入指令队列缓冲器，以便 EU 从指令队列中获取指令。当 EU 需要从外部获取数据时，便通知 BIU，BIU 经总线操作获得数据后，通过内部总线提供给 EU。

5. 简述 8086/8088 CPU 中指令队列的功能和工作原理。

【解】 8086/8088 CPU 中指令队列的功能是完成指令的流水线操作，其操作原则为先进先出。BIU 单元经总线从程序存储器中读取指令后存入指令队列缓冲器，EU 单元从指令队列缓冲器中获取先存入的指令并执行。在 EU 执行指令的同时 BIU 又可以继续取指令，由此实现取指令和执行指令同时操作，提高了 CPU 的效率。

6. 8086 系统中存储器的逻辑地址由哪两部分组成？物理地址由何器件生成？如何生成？每个段的逻辑地址与寄存器之间有何对应关系？

【解】 8086 系统中存储器的逻辑地址由段地址（段首址）和段内偏移地址（有效地址）两部分组成；存储单元的物理地址由地址加法器生成，寻址时，CPU 首先将段地址和段内偏移地址送入地址加法器，地址加法器将段地址左移 4 位并与段内偏移地址相加，得到一个 20 位的物理地址。数据段的段地址在 DS 寄存器中，段内偏移地址可能在 BX、BP、SI 或 DI 寄存器中。代码段的段地址在 CS 寄存器中，段内偏移地址在 IP 寄存器中。堆栈段的段地址在 SS 寄存器中，段内偏移地址在 SP 寄存器中。扩展段的段地址在 ES 寄存器中，段内偏移地址可能在 BX、BP、SI 或 DI 寄存器中。

7. 简述何谓物理地址？何谓逻辑地址？

【解】 物理地址：完成对存储器单元或 I/O 端口寻址的实际地址称为物理地址，其具有唯一性，且根据 CPU 型号不同，地址线位数不同，寻址范围不同。例如，8080 CPU 的物理地址为 16 位，寻址范围是 64KB。8086 CPU 的物理地址为 20 位，寻址范围是 1MB。80286 CPU 的物理地址为 24 位，寻址范围是 16MB。

逻辑地址为在程序中对存储器的寻址。例如，8086 CPU 中存储单元的逻辑地址由两个 16 位分量描述，即 16 位段基值和 16 位偏移量。逻辑地址不唯一。

8. 已知两个 16 位的字数据 268AH 和 357EH，它们在 8086 存储器中的地址分别为 00120H 和 00124H，试画出它们的存储示意图。

【解】 数据的存储示意图见图 2-2。

9. 找出字符串 "Pentium" 的 ASCII 码，将它们依次存入从 00510H 开始的字节单元中，画出它们存放的内存单元示意图。

【解】 存储示意图见图 2-3。

10. 8086/8088 CPU 具有哪些寄存器？可存放段基值的寄存器有哪些？可存放存储器单元的偏移地址分量的寄存器有哪些？存放状态和控制信息的寄存器有哪些？

【解】 8086/8088 CPU 具有 14 个 16 位的寄存器，包括 AX、BX、CX、DX、SI、DI、SP、BP、CS、DS、ES、SS、FR 和 IP。

可存放段基值的寄存器有 CS、DS、ES、SS。

可存放存储器单元的偏移地址分量的寄存器有 SI、DI、BX、BP。

存放状态和控制信息的寄存器为 FR。

8AH	00120H		50H	00510H
26H	00121H		65H	00511H
	00122H		6EH	00512H
	00123H		74H	00513H
7EH	00124H		69H	00514H
35H	00125H		75H	00515H
			6DH	00516H

图 2-2 数据的存储示意图   图 2-3 字符的存储示意图

11. 8086/8088 CPU 的标志寄存器 FR 具有几个有效位？几个状态标志位？几个控制标志位？

【解】

8086/8088 CPU 的标志寄存器 FR 具有 9 个有效位，包括 6 个状态标志位（CF、OF、ZF、SF、AF、PF）和 3 个控制标志位（IF、DF、TF）。

12. 8086/8088 CPU 的标志寄存器 FR 中状态标志位的作用是什么？控制标志位的作用是什么？

【解】 1）8086/8088 CPU 的标志寄存器 FR 具有 6 个状态标志位，分别为 CF、AF、ZF、SF、OF 和 PF，其作用如下：

CF 为进位或借位标志，当算术运算无进位或借位时，CF = 0；当算术运算有进位或借位时，CF = 1。

AF 为辅助进位标志（或称半进位位标志），若 D_3 位向 D_4 位无进位（或无借位）时，则 AF = 0；若 D_3 位向 D_4 位有进位（或有借位）时，AF = 1。

ZF 为零标志位，若运算结果为 0，则 ZF = 1，否则 ZF = 0。

SF 为符号位。对于有符号数运算，运算结果为正时 SF = 0，运算结果为负时 SF = 1。实际上，SF 的状态反映运算结果的最高位的状态。

OF 为溢出标志，对于有符号数运算，运算结果无溢出时 OF = 0，有溢出时 OF = 1。

PF 为奇偶校验标志，若运算结果低 8 位中 1 的个数为奇数，则 PF = 0；若运算结果低 8 位中 1 的个数为偶数时，则 PF = 1。

2）8086/8088 CPU 的标志寄存器 FR 具有 3 个控制标志位是 IF、DF 和 TF，其作用如下：

IF 为允许 CPU 响应可屏蔽中断的控制位，当 IF = 1 时，允许 CPU 响应可屏蔽中断请求，当 IF = 0 时，禁止 CPU 响应可屏蔽中断请求。

DF 为增量方向控制位，在数据串操作时，当 DF = 0 时，地址将会自动加 1 或 2；当 DF = 1 时，地址将会自动减 1 或 2。

TF 为指令单步调试陷阱控制位，当 TF = 0 时，无指令单步调试操作；当 TF = 1 时，有指令单步调试操作。

13. 简述 8086/8088 CPU 的最小和最大工作模式的主要区别。

【解】 8086/8088 CPU 的最小和最大工作模式的主要区别见表 2-3。

表 2-3 8086/8088 CPU 最小和最大工作模式的主要区别

		最小工作模式	最大工作模式
主要区别	1	构成单处理器的简单系统	构成多处理器的复杂系统
	2	全部信号由 8086/8088 CPU 提供	部分信号由 8288 总线控制器提供
	3	MN/$\overline{\text{MX}}$ 接高电平	MN/$\overline{\text{MX}}$ 接低电平

14. 8088CPU 工作在最小模式下时：

（1）当 CPU 访问存储器时，要利用哪些信号？

（2）当 CPU 进行 I/O 操作时，要利用哪些信号？

（3）当 HOLD 有效并得到响应时，CPU 的哪些信号置高阻态？

【解】

（1）要利用的信号线包括 $\overline{WR}$、$\overline{RD}$、$IO/\overline{M}$、ALE、AD0 ~ AD7、A8 ~ A19。

（2）同（1）。

（3）所有三态输出的地址信号、数据信号和控制信号均置为高阻态。

15. 在总线周期中，什么情况下要插入 T_W 等待周期？插入 T_W 周期的个数取决于什么因素？

【解】 在每个总线周期的 T3 的开始处，若 READY 为低电平，则 CPU 在 T3 后插入一个等待周期 T_W。在 T_W 的开始时刻，CPU 还要检查 READY 状态，若仍为低电平，则再插入一个 T_W。此过程一直进行到某个 T_W 开始时，READY 已经变为高电平，这时下一个时钟周期才转入 T4。可以看出，插入 T_W 周期的个数取决于 READY 电平维持的时间。

16. 什么叫总线周期？在 CPU 读/写总线周期中，数据在哪个机器状态时出现在数据总线上？

【解】 CPU 完成一次存储器访问或 I/O 端口操作所需要的时间称为一个总线周期，由几个 T 状态组成。在读/写总线周期中，数据在 T2 ~ T4 状态出现在数据总线上。

17. 什么是堆栈？简述堆栈在微型计算机中的作用。

【解】 堆栈是计算机中按照先进后出原则组织的一块特殊的存储区域。堆栈的作用：存放临时数据和地址，保护断点和现场等。

18. 简述 8086/8088 CPU 的堆栈操作原理。

【解】 8086/8088 CPU 的堆栈是一段特殊定义的存储区，用于存放 CPU 堆栈操作时的数据。在执行堆栈操作前，需先定义堆栈段 SS、堆栈深度（栈底）和堆栈栈顶指针 SP。数据的入栈、出栈操作类型均为 16 位二进制数，入栈操作时，栈顶指针值先自动减 2（即 SP = SP – 2），然后 16 位数据从栈顶处入栈；出栈操作时，16 位数据先从栈顶处出栈，然后栈顶指针值自动加 2（即 SP = SP + 2）。

19. 在 8086/8088 系统中，存储器为什么要分段？一个段最大为多少字节？最小为多少字节？

【解】 分段的主要目的是便于存储器的管理，使得可以用 16 位寄存器来寻址 20 位的内存空间。一个段最大为 64KB，最小为 16B。

20. 设当前数据段位于存储器的 A8000H ~ B7FFFH，DS 段寄存器的内容应是什么？

【解】 因为 A8000H ~ B7FFFH 之间的地址范围大小为 64KB，未超出一个段的最大范围。故要访问此地址范围的数据，数据段的起始地址（即段首地址）应为 A8000H，则 DS 段寄存器为 A800H。

21. 设 AX = 2875H，BX = 34DFH，SS = 1307H，SP = 8H，依此执行 PUSH AX、PUSH BX、POP AX、POP CX 后栈顶指针变为多少？AX = ？BX = ？CX = ？

【解】 当前栈顶指针 = SS * 10H + SP = 13070H + 8H = 13078H，依此执行 PUSH AX，PUSH BX，POP AX，POP CX 后栈顶指针仍为 13078H。AX = 34DFH，BX = 34DFH，CX = 2875H。

22. 8086/8088 CPU 的 1MB 存储空间可分为多少个逻辑段？每段的寻址范围是多少？

【解】 8086/8088 CPU 的 1MB 存储空间可分为任意个逻辑段，段与段之间可以连续也可以不连续，可以重叠也可以相交。但每个逻辑段的寻址范围不能大于 64KB。

23. 在 8086 系统中，存储器采用什么结构？用什么信号来选中存储体？

【解】 在 8086 系统中，存储器采用分体结构，1MB 的存储空间分成两个存储体：偶地址存储体和奇地址存储体，各为 512KB。使用 A0 和 $\overline{BHE}$ 来区分两个存储体。当 A0 = 0 时，选中偶地址存储体，与数据总线低 8 位相连，从低 8 位数据总线读/写 1 字节。当 $\overline{BHE}$ = 0 时，选中奇地址存储体，与数据总线高 8 位相连，从高 8 位数据总线读/写 1 字节。当 A0 = 0，$\overline{BHE}$ = 0 时，同时选中两个存储体，读/写一个字。

24. 8086 CPU 控制线 $\overline{BHE}$ 和地址线 A_0 对存储器访问的控制作用是什么？

【解】 8086 CPU 对存储器进行组织时，每一存储单元地址中仅能存放 8 位二进制数据，所以 8086 在进行 16 位数据操作时需同时访问两个 8 位的存储单元。8086 为了能实现既能传输 8 位数据也能传输 16 位数据，将存储空间分成两部分：奇存储体连接 16 位数据总线的高 8 位，即 $D_{15} \sim D_8$，由控制线 $\overline{BHE}$ 参与选通控制；偶存储体连接 16 位数据总线的低 8 位，即 $D_7 \sim D_0$，由 A_0 参与选通控制。用 $\overline{BHE}$ 和 A_0 不同的状态组态，实现对存储区中任意 8 位或 16 位数据的访问，见表 2-4。

表 2-4　$\overline{BHE}$ 与 A_0 信号的作用

$\overline{BHE}$	A_0	操　作	所用的数据线
0	0	读/写一个偶地址字	$AD_{15} \sim AD_0$
0	1	读/写一个奇地址字节	$AD_{15} \sim AD_8$
1	0	读/写一个偶地址字节	$AD_7 \sim AD_0$
1	1	无	无

25. 在 8086/8088 CPU 中，控制线 ALE 的作用是什么？

【解】 8086/8088 CPU 在地址/数据复用线上提供地址信息时，地址有效控制线 ALE 为高电平，除此之外，地址有效控制线 ALE 为低电平无效状态。在用 8086/8088 CPU 构成系统时，常用地址有效控制线 ALE 控制地址锁存器来获取稳定的地址信息。

26. 在 8086 CPU 中，控制线 $\overline{RD}$、$\overline{WR}$ 和 $M/\overline{IO}$ 的作用是什么？

【解】 控制线 $\overline{RD}$、$\overline{WR}$ 的作用是完成存储器单元或 I/O 端口的数据读/写控制。当 $\overline{RD}$ = 0、$\overline{WR}$ = 1 时，CPU 经数据总线从选中的存储器单元或 I/O 端口中读取数据，当 $\overline{RD}$ = 1、$\overline{WR}$ = 0 时，CPU 经数据总线向选中的存储器单元或 I/O 端口中写入数据。

控制线 $M/\overline{IO}$ 的作用是确定在某一时刻 CPU 对存储器操作，还是对 I/O 端口操作。当 $M/\overline{IO}$ = 0 时，CPU 对 I/O 端口操作有效；当 $M/\overline{IO}$ = 1 时，CPU 对存储器操作有效。

8086 CPU 控制线 $\overline{RD}$、$\overline{WR}$ 和 $M/\overline{IO}$ 的不同组态，可以产生对存储器读信号 $\overline{MEMR}$、对存储器写信号 $\overline{MEMW}$、对 I/O 端口读信号 $\overline{IOR}$ 和对 I/O 端口写信号 $\overline{IOW}$，如图 2-4 所示。

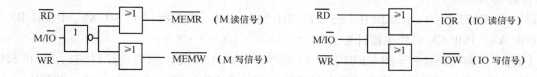

图 2-4　8086 对存储器或 IO 操作信号

27. 在 8086/8088 CPU 中，控制线 $\overline{\text{DEN}}$、DT/$\overline{\text{R}}$ 的作用是什么？

【解】 8086/8088 CPU 通过控制线 $\overline{\text{DEN}}$ 和 DT/$\overline{\text{R}}$ 提供其数据传输及数据流方向信息。在用 8086/8088 CPU 构成系统时，可用控制线 $\overline{\text{DEN}}$ 和 DT/$\overline{\text{R}}$ 完成对双向数据缓冲器芯片的控制。当控制线 $\overline{\text{DEN}}$ =0 时，数据缓冲器片选有效。控制线 DT/$\overline{\text{R}}$ 的作用是数据缓冲器中数据传送方向控制，当 DT/$\overline{\text{R}}$ =0 时，数据从数据总线上流入 CPU。当 DT/$\overline{\text{R}}$ =1 时，CPU 经数据总线流出数据。

28. 什么是统一编址？什么是独立编址？各有何特点？

【解】 在计算机中，I/O 端口的编制方式分为统一编址和独立编址。

统一编址的存储器单元地址和 I/O 端口地址在同一个地址空间。由于 I/O 端口地址占用存储器单元地址，减少了存储器的寻址空间，因此访问存储器单元和 I/O 端口可用相同的指令。

独立编址的存储器单元地址和 I/O 端口地址具有不同的地址空间。存储器和 I/O 端口都具有独立的且较大的寻址空间，CPU 用不同的控制线来区别，采用不同的指令访问存储器单元或 I/O 端口。

29. 直接端口寻址、间接端口寻址的特点是什么？

【解】 8086/8088 CPU 在对 I/O 端口访问时有以下两种寻址方式：直接寻址和寄存器间接寻址。当 I/O 端口地址为 8 位地址（A7 ~ A0）表示时，可以采用直接寻址，即在 IN/OUT 指令中，直接给出 8 位端口地址。当 I/O 端口地址为 16 位地址（A15 ~ A0）表示时，必须采用寄存器间接寻址方式，即 16 位端口地址应先赋给寄存器 DX，在 IN/OUT 指令中仅出现寄存器 DX。

30. 什么是规则字？什么是非规则字？

【解】 在 8086 CPU 的存储系统中，规定每个存储单元仅存放 8 位二进制信息。而 8086 CPU 的数据总线宽度为 16 位，即可以实现同时将两个存储单元中的数据经数据总线传输。当 16 位字数据按规则字存放在存储器中时（即偶地址存放 16 位字数据的低 8 位、奇地址存放 16 位字数据的高 8 位），则用一个总线周期可以完成 16 位数据的传送。若 16 位字数据按非规则字存放在存储器中时（即偶地址存放 16 位字数据的高 8 位、奇地址存放 16 位字数据的低 8 位），则需两个总线周期才可以完成 16 位数据的传送。

31. 写出当 8088 CPU 执行下列指令时，CPU 控制总线上的 IO/$\overline{\text{M}}$、$\overline{\text{RD}}$、$\overline{\text{WR}}$ 信号线的状态：

    MOV AL   , BH

    MOV [BX]   , CL

【解】 MOV AL   , BH；由于该指令是在 CPU 内工作，因此无任何信号线有效。

       MOV [BX]   , CL；执行该指令时存储器写信后有效，即 IO/$\overline{\text{M}}$ =0，$\overline{\text{WR}}$ =0。

32. 8086CPU 的最小模式系统配置包括哪几部分？

【解】 8086 最小模式系统配置包括 8086CPU、存储器、I/O 接口芯片、1 片 8284 时钟发生器、3 片 8282 地址锁存器、2 片 8286 双向数据总线收发器。

第 3 章　80×86 指令系统

3.1　学习指导

本章主要内容和要求如下：

1. 指令中包含的信息

指令中一般包含的信息有操作码和操作数。其中操作数可以处在计算机的指令中、CPU 内部的寄存器中、存储器中和 I/O 端口中。

2. 寻址方式

寻址方式即寻找操作数或操作数所在位置的方式。操作数在计算机中所处的位置不同，寻址方式也不同。8086/8088 CPU 的寻址方式如下：

1）隐含寻址方式，即指令中隐含规定了操作数所在位置。

2）数据型操作数寻址方式。

- 立即数寻址：操作数在指令中。
- 寄存器寻址：操作数在寄存器中。
- 直接寻址
- 寄存器间接寻址
- 基址寻址和变址寻址
- 基址变址寻址

操作数在存储器中，其逻辑地址 = 段寄存器：[EA]，其中：

$$EA = \begin{Bmatrix} BX \\ BP \end{Bmatrix} + \begin{Bmatrix} SI \\ DI \end{Bmatrix} + \begin{Bmatrix} 0 \\ n_8 \\ n_{16} \end{Bmatrix}$$

- 串操作寻址：操作数在存储器中，源操作数为 DS：[SI]，目标操作数为 ES：[DI]。
- I/O 端口寻址：操作数在 I/O 端口中，分为 8 位地址直接寻址和 16 位地址 DX 间接寻址。

80386 和更高档的微处理器还包含比例变址方式的数据寻址。

3）目标地址寻址方式，包括相对程序寻址、直接程序寻址、间接程序寻址。

3. 8086/8088 指令系统

要求了解指令的格式、特点、用法、对状态控制寄存器 FR 的影响。常用指令要熟练掌握。注意隐含规定的各种寻址规则。8086/8088 指令系统包括的主要指令如下。

1）数据传送指令：

MOV	dest, src	LEA	dest, src	XCHG	dest, src	XLAT
PUSH	src	POP	dest	PUSHF		POPF
LDS	dest, src	LES	dest, src	LAHF		SAHF
IN	dest, src	OUT	dest, src			

2）算术运算指令：

ADD	dest, src ;	ADC	dest, src ;	AAA	;	DAA
SUB	dest, src ;	SBB	dest, src ;	AAS	;	DAS

MUL	src	;	IMUL	src	;	AAM	;	CBW
DIV	src	;	IDIV	src	;	AAD	;	CWD
CMP	dest, src	;	INC	dest	;	DEC dest	;	NEG dest

3）逻辑运算指令：

AND	dest, src	;	OR	dest, src	;	NOT	dest	;	XOR	dest, src
TEST	dest, src									

4）位移指令：

SHL	dest, 1	;	SHR	dest, 1	;	SAL	dest, 1	;	SAR	dest, 1
ROL	dest, 1	;	ROR	dest, 1	;	RCL	dest, 1	;	RCR	dest, 1
SHL	dest, CL	;	SHR	dest, CL	;	SAL	dest, CL	;	SAR	dest, CL
ROL	dest, CL	;	ROR	dest, CL	;	RCL	dest, CL	;	RCR	dest, CL

5）串操作指令：

MOVS	dest, src	;	CMPS	dest, src	;	SCAS	dest	;	LODS	src
STOS	dest									

重复前缀——REP、REPE、REPNE

6）控制转移指令：

JMP	dest	;	Jxx	dest	;	CALL	dest		RET	（n）
INT	n		IRET							

7）处理器控制指令：

CLC	;	STC	;	CLD	;	STD
CLI	;	STI	;	CMC	;	NOP
HLT	;					

3.2 单项选择题

1. 8086/8088 CPU 内部具有（　　）个寄存器可以装载内存操作数的偏移地址信息。

    A. 4   B. 8   C. 14   D. 20

【解】　A

2. 8086/8088 CPU 内部（　　）寄存器可以装载内存操作数的偏移地址信息。

    A. AX, BX, CX, DX   B. SI, DI, SP, BP

    C. BX, BP, SI, DI   D. AX, BX, CX, DX, SP, BP, SI, DI

【解】　C

3. 确定一个内存单元有效地址 EA 是由几个地址分量组合而成的，这些分量不包括（　　）。

    A. 位移量   B. 基地址   C. 逻辑地址   D. 变址地址

【解】　C

4. 在寄存器间接寻址方式中，操作数的有效地址 EA 可以通过寄存器（　　）间接得到。

    A. AX   B. BP   C. CX   D. SP

【解】　B

5. 常用来获取内存单元偏移量的指令是（　　）。

A. LAHF   B. LEA   C. LES   D. LDS

【解】 B

6. 在寄存器间接寻址方式下，在 EA 中使用寄存器（ ）时默认段寄存器为 SS。

  A. BX   B. BP   C. SI   D. DI

【解】 B

7. 当基地址变址寻址时，可以与基址寄存器 BP 作变址寄存器的是( )。

  A. BX   B. SS   C. SI   D. DS

【解】 C

8. 在程序运行过程中，下一条指令的物理地址的计算表达式是( )。

  A. CS * 10H + IP B. DS * 10H + BX C. SS * 10H + SP D. SS * 10H + BP

【解】 A

9. MOV AX，[BP][SI] 的源操作数的物理地址是( )。

  A. 10H × DS + BP + SI   B. 10H × ES + BP + SI

  C. 10H × SS + BP + SI   D. 10H × CS + BP + SI

【解】 C

10. 指令 MOV CX，1245H 中的源操作数存放在( )。

  A. DS：1245H 所指明的内存中 B. 该指令中

  C. 某个寄存器中   D. 都不是

【解】 B

11. 8088/8086 的字乘法指令的乘积在（ ）寄存器对中。

  A. BX：AX   B. AX：BX   C. AX：DX   D. DX：AX

【解】 D

12. 在 8086/8088 乘法指令中的两个操作数，其中有一个操作数一定存放在( )中。

  A. AL 或 AX   B. BL 或 BX   C. CL 或 CX   D. DL 或 DX

【解】 A

13. 设 AL 的内容为 4FH，执行指令 "TEST AL，05H" 后，AL 的内容为（ ）。

  A. 01H   B. 05H   C. 45H   D. 4FH

【解】 D

14. 对于算术左移指令 SAL AL，1，若 AL 中的带符号数在指令执行后符号有变，则可以通过( )来确认。

  A. OF = 1   B. OF = 0   C. CF = 1   D. CF = 0

【解】 A

15. 8086/8088 的移位类指令若需移动多位时，则应该先将移动位数置于( )。

  A. AL   B. AH   C. CL   D. CH

【解】 C

16. 如果要实现正确返回，则 CALL 指令和（ ）指令两者必须成对出现，且属性相同。

  A. MACRO   B. JMP   C. RET   D. END

【解】 C

17. 条件转移指令 JNZ 的转移条件是（ ）。

A. CF = 1　　　　B. ZF = 0　　　　C. OF = 0　　　　D. ZF = 1

【解】　B

18. JMP WORD PTR［DI］是（　　　）。

A. 段内间接转移　　B. 段间间接转移　　C. 段内直接转移　　D. 段间直接转移

【解】　A

19. 指令 LOOPNE/LOOPNZ 循环的条件是（　　　）。

A. ZF = 1 且 CX = 0　　　　　　　　　B. ZF = 0 且 CX ≠ 0

C. ZF = 0 且 CX = 0　　　　　　　　　D. ZF = 1 且 CX ≠ 0

【解】　B

20. 指令 REPNE SCASB 执行以后，如果 ZF = 1，则表示（　　　）。

A. 在此字符串中，没有找到指定字符　　B. 已经找到要查找的字符

C. 两个字符串相等　　　　　　　　　　D. 此字符串是由同一字符组成的

【解】　B

21. 不能实现 AX = BX − CX 功能的指令是（　　　）。

A. SUB　BX, CX　　　　　　　　B. SUB　AX, BX
　　MOV　AX, BX　　　　　　　　　　 SUB　AX, CX

C. XCHG AX, BX　　　　　　　　D. MOV AX, BX
　　SUB　AX, CX　　　　　　　　　　 SUB　AX, CX

【解】　B

22. 在 8086/8088 指令中，下述寻址方式不正确的是（　　　）。

A.［BX］［SI］　　B.［BP + DI + 25］　　C.［BX + BP］　　D.［BX + DI］

【解】　C

23. AND、OR、XOR、NOT 为 4 条逻辑运算指令，下面（　　　）解释有误。

A. 它们都是按位操作的

B. 指令 XOR AX, AX 执行后，结果不变，但是影响标志位

C. 指令 AND AL, 0FH 执行后，使 AL 的高 4 位清零，低 4 位不变

D. 若 DL = 09H, CH = 30H, 则执行 OR DL, CH 后，结果为 DL = 39H

【解】　B

24. 下列语句中有语法错误的是（　　　）。

A. MOV AX,［BX］［BP］　　　　　B. ADD AX,［BP］

C. CMP［BX + DI］, 0FH　　　　　D. LEA SI, SS: 20H［BX］

【解】　A

25. 下列指令中有语法错误的是（　　　）。

A. MOV［SI］,［DI］　　　　　　　B. IN　　AL, DX

C. JMP　WORD PTR［BX + 8］　　　D. PUSH［BX + DI − 10H］

【解】　A

26. 下列指令出现语法错误的指令有（　　　）。

A. MOV［BX + SI］, AL　　　　　　B. MOV　AX,［BP + DI］

C. MOV DS, AX　　　　　　　　　　D. MOV CS, AX

【解】 D

27. 下面的数据交换指令中，错误的操作是（　　　　）。

  A. XCHG　AX, DI　 B. XCHG　BX, [BP + DAT]

  C. XCHG　DS, SS　 D. XCHG　BUF, DX

【解】 C

28. 在 8086/8088 微机系统中，将 AL 内容送到 I/O 接口中，使用的指令是（　　　　）。

  A. IN AL, 端口地址　 B. MOV AL, 端口地址

  C. OUT AL, 端口地址　 D. OUT 端口地址，AL

【解】 D

29. 下列语句中，语法有错误的是（　　　　）。

  A. IN　AL, DX　 B. OUT　AX, DX

  C. IN　AX, DX　 D. OUT　DX, AL

【解】 B

30. 两个非压缩型 BCD 码数据相减后，执行减法调整指令 AAS 时，将自动测试是否满足（　　　），从而决定是否需要校正。

  A. AL 中的数值 >9，且 AF = 1　 B. AL 中低 4 位数 >9，且 AF = 1

  C. AL 中的数值 >9，或 AF = 1　 D. AL 中低 4 位数 >9，或 AF = 1

【解】 D

31. 用 REPNE CMPSB 指令实现两个字符串比较，如果在指令完成后 CX = 0，其原因是（　　　）。

  A. 出现两个相同位置字符相等的情况

  B. 出现两个相同位置字符不等的情况

  C. 两个字符串长度不等

  D. 字符串大小不同

【解】 B

32. 在执行 STD 和 MOVSW 指令后，SI 和 DI 的变化是（　　　　）。

  A. 加 1　 B. 减 1　 C. 加 2　 D. 减 2

【解】 D

33. 将 DX 的内容除以 2，正确的指令是（　　　）。

  A. DIV　2　 B. DIV DX, 2　 C. SAR DX, 1　 D. SHL DX, 1

【解】 C

34. AL 的内容实现算术右移 4 位的正确指令是（　　　）。

  A. SHR AL, 4　 B. MOV CL, 4　 C. SAR AL, 4　 D. MOV CL, 4

         SHR AL, CL　 SAR AL, CL

【解】 D

35. 指令 RET 8 是 NEAR 过程的返回语句，执行之后，SP 的值增加（　　　）。

  A. 6　 B. 8　 C. 10　 D. 12

【解】 C

36. 执行 PUSH AX 指令时将自动完成（　　　）。

A. ① SP←SP − 1, SS：[SP] ←AL　　　B. ① SP←SP − 1, SS：[SP] ←AH

　② SP←SP − 1, SS：[SP] ←AH　　　② SP←SP − 1, SS：[SP] ←AL

C. ① SP←SP + 1, SS：[SP] ←AL　　　D. ① SP←SP + 1, SS：[SP] ←AH

　② SP←SP + 1, SS：[SP] ←AH　　　② SP←SP + 1, SS：[SP] ←AL

【解】 B

37. 执行 POP AX 指令时将自动完成（　　　）。

　A. ① AH←SS：[SP], SP←SP + 1　　　B. ① SP←SP + 1, AH←SS：[SP]

　　② AL←SS：[SP], SP←SP + 1　　　② SP←SP + 1, AL←SS：[SP]

　C. ① AL←SS：[SP], SP←SP + 1　　　D. ① SP←SP + 1, AL←SS：[SP]

　　② AH←SS：[SP], SP←SP + 1　　　② SP←SP + 1, AH←SS：[SP]

【解】 C

38. 执行以下指令后，SP 寄存器的值应是（　　　）。

　　　MOV　SP, 100H

　　　PUSH　AX

　A. 00FFH　　　　　B. 00FEH　　　　　C. 0101H　　　　　D. 0102H

【解】 B

39. 假定 SS = 1000H, SP = 0100H, AX = 2107H, 执行指令 PUSH AX 后，存放数据07H 的内存物理地址是（　　　）。

　A. 10102H　　　　　B. 10101H　　　　　C. 100FEH　　　　　D. 100FFH

【解】 C

40. 若 AL = − 79, BL = − 102, 当执行 ADD AL, BL 后，进位 CF 和溢出位 OF 的状态为（　　　）。

　A. CF = 0, OF = 1　B. CF = 1, OF = 1　C. CF = 0, OF = 0　D. CF = 1, OF = 0

【解】 B

41. INC 和 DEC 指令不影响标志位（　　　）的状态。

　A. OF　　　　　B. CF　　　　　C. SF　　　　　D. ZF

【解】 B

42. 完成下列程序段操作后，各状态位的状态为（　　　）。

　　　MOV　AL, 1AH

　　　MOV　BL, 97H

　　　ADD　AL, BL

　A. ZF = 0, SF = 1, CF = 0, AF = 0, PF = 1, OF = 0

　B. ZF = 0, SF = 1, CF = 0, AF = 1, PF = 1, OF = 0

　C. ZF = 0, SF = 0, CF = 1, AF = 0, PF = 1, OF = 1

　D. ZF = 0, SF = 0, CF = 1, AF = 1, PF = 0, OF = 1

【解】 B

43. 完成将累加器 AX 清零，但不影响进位标志位 CF 状态的指令是（　　　）。

　A. SUB AX, AX　　　　　　　　　B. XOR AX, AX

　C. MOV AX, 00H　　　　　　　　　D. AND AX, 00H

【解】 C

44. 完成将累加器 AL 清零，并将进位标志 CF 清零，下面错误的指令是（　　）。

    A. MOV AL, 00H   B. AND AL, 00H

    C. XOR AL, AL   D. SUB AL, AL

【解】 A

45. 下列指令分别执行后，将总是使 CF = 0 和 OF = 0 的指令为（　　）。

    A. MOV   B. OR   C. NEG   D. INC

【解】 B

46. 对状态标志位 CF 产生影响的指令是（　　）。

    A. INC AX   B. NOT AX   C. NEG AX   D. DEC AX

【解】 C

47. 下列指令助记符中影响标志寄存器中进位位 CF 的指令有（　　）。

    A. MOV   B. ADD   C. DEC   D. INC

【解】 B

48. 使状态标志位 CF 置零的不正确指令是（　　）。

    A. SUB AX, AX   B. CLC   C. NEG AX   D. XOR AX, AX

【解】 C

49. 执行中断服务程序返回指令 RETI 时，返回地址来自于（　　）。

    A. ROM 区   B. 程序计数器   C. 堆栈区   D. 中断向量表

【解】 C

50. 将 BUF 字节单元内容算术左移一位，以下指令不正确的是（　　）。

    A. MOV BX, OFFSET BUF   B. MOV BL, BUF

        SAL BX, 1   SAL BL, 1

    C. SAL BUF, 1   D. LEA BX, BUF

                                        SAL ［BX］, 1

【解】 A

51. 完成下列操作以后，传送到寄存器 AL, BL, CL, DL 中的数，正确的是（　　）。

    MOV AL, 41H

    MOV BL, 92

    MOV CL, ′B′

    MOV DL, 01111111B

    A. AL = 41H   B. AL = 41H   C. AL = 65   D. AL = 01000001B

       BL = 5CH   BL = 92   BL = 134   BL = 1011100B

       CL = 42H   CL = B   CL = 66   CL = 00001011B

       DL = 7FH   DL = 3FH   DL = 127   DL = 01111111B

【解】 A

52. 将寄存器 BX 的内容求反，不正确的操作是（　　）。

    A. NOT BX   B. XOR BX, 0FFFFH   C. AND BX, 0FFFFH

【解】 C

53. 下面指令组完成将字单元 BUF1 和 BUF2 的内容互换，错误的操作为（　　　　）。

A. MOV　AX，BUF1
　　MOV　BX，BUF2
　　XCHG AX，BX
　　MOV　BUF1，AX
　　MOV　BUF2，BX

B. MOV　AX，BUF1
　　MOV　BX，BUF2
　　MOV　BUF2，AX
　　MOV　BUF1，BX

C. MOV　AX，BUF1
　　XCHG AX，BUF2
　　　MOV BUF，AX

D. XCHG BUF1，BUF2

【解】　D

54. 当前 BX = 0003H，AL = 03H，DS = 2000H，（20003H）= 0ABH，（20004H）= 0CDH，（20005H）= 0ACH，（20006H）= 0BDH，则执行了 XLAT 指令后，AL 中的内容是（　　　　）。

A. 0ABH　　　　　　B. 0ACH　　　　　　C. 0CDH　　　　　　D. 0BDH

【解】　D

55. 将字变量 BUF 的偏移地址存入寄存器 BX，正确的操作是（　　　　）。

A. LEA BX，BUF　　B. MOV BX，BUF　　C. LDS BX，BUF　　D. LES BX，BUF

【解】　A

56. 下列串操作指令中，一般不加重复前缀（如 REP）的指令是（　　　　）。

A. STOSW　　　　　B. CMPSW　　　　　C. LODSW　　　　　D. SCASW

【解】　C

57. SAR 和 SHR 两条指令执行后，结果完全相同的情况是（　　　　）。

A. 目的操作数最高位为 0　　　　　　B. 目的操作数最高位为 1
C. 目的操作数为任意的情况　　　　　D. 任何情况下都不可能相同

【解】　A

58. 在 POP［BX］指令中，目的操作数的段地址和偏移地址分别在（　　　　）。

A. 没有段地址和偏移地址　　　　　　B. DS 和 BX 中
C. ES 和 BX 中　　　　　　　　　　　D. SS 和 SP 中

【解】　B

59. 对寄存器 BX 内容求补运算，下面错误的指令是（　　　　）。

A. NEG BX

B. NOT BX
　　INC　BX

C. XOR BX，0FFFFH
　　INC　BX

D. MOV AX，0
　　SUB　AX，BX

【解】　D

60. 指令 LOOPZ 的循环执行条件是（　　　　）。

A. CX≠0，并且 ZF = 0　　　　　　B. CX≠0，或 ZF = 0
C. CX≠0，并且 ZF = 1　　　　　　D. CX≠0，或 ZF = 1

【解】　C

61. LDS SI，ES：［1000H］指令的功能是（　　　　）。

A. 把地址 1000H 送 SI

B. 把地址 ES：［1000H］字单元内容送 SI

C. 把地址 ES：［1000H］字单元内容送 SI，把地址 ES：［1002H］字单元内容送 DS

D. 把地址 ES：［1000H］字单元内容送 DS，把地址 ES：［1002H］字单元内容送 SI

【解】　C

62. 当下列程序执行时，屏幕上显示的内容是（　　　　）。

MOVDL，30H

MOVAH，2

INT 21H

A. 30　　　　　　　B. 0　　　　　　　C. 30H　　　　　　　D. 无任何显示

【解】　B

63. DOS 系统功能调用中的 1 号功能是：从键盘输入的字符并存放在（　　　　）。

A. AL　　　　　B. BL　　　　　C. CL　　　　　D. DL

【解】　A

64. DOS 系统功能调用中的 2 号功能是：在屏幕上显示（　　　　）字符。

A. AL 中 ASCII 码所表示的　　　　　　　B. DL 中 ASCII 码所表示的

C. DS 和 DX 所指明的内存中一串　　　　D. DS 和 BX 所指明的内存中一串

【解】　B

3.3　判断题

1. 立即数寻址方式只能用于源操作数。（　　　　）

2. 立即数不允许用作目的操作数。（　　　　）

3. 对于所有的存储器寻址方式，都可以采用段超越前缀。（　　　　）

4. 指令指针寄存器 IP 是不能通过指令访问的。（　　　　）

5. 代码段寄存器 CS 的内容可以被压入栈区，也可以将堆栈中的数据弹出至 CS 中。（　　　　）

6. 数据段寄存器 DS 只能读出信息，不能写入信息。（　　　　）

7. CS 和 IP 中的内容是不能通过指令随意改变的，也就是 CS 和 IP 都不能用作目的操作数。（　　　　）

8. INC 和 DEC 指令不影响 CF 的状态。（　　　　）

9. AND、OR、XOR 指令执行后，会使 CF 状态为 0。（　　　　）

10. 压缩型 BCD 码和非压缩型 BCD 码均有加减运算调整指令。（　　　　）

11. 压缩型 BCD 码和非压缩型 BCD 码均有乘除运算调整指令。（　　　　）

12. NOT 指令的操作数不能是立即数。（　　　　）

13. 在条件转移指令中，只能用 8 位的位移量 −128 ~ +127。（　　　　）

14. CALL 指令和 JMP 指令的区别在于前者转移时需要保存返回地址，而后者不需要。（　　　　）

15. 中断指令与 CALL 指令的不同之处在于，中断指令还要将标志寄存器 FR 压入堆栈。（　　　　）

16. DOS 所有的功能子程序调用是利用 INT 21H 中断指令。（　　　　）

17. MOV AX，［BP］ 的源操作数的物理地址 = SS ＊16 + BP。（   ）

18. 段内转移要改变 IP、CS 的值。（   ）

19. 条件转移指令只能用于段内直接短转移。（   ）

20. 立即寻址方式不能用于目的操作数字段。（   ）

21. 不能给段寄存器直接赋立即数。（   ）

22. MOV 指令执行时会影响标志位状态。（   ）

23. CF 位可以用来表示有符号数的溢出。（   ）

24. DIV 指令在执行字节除法时，运算后的商存放在 AH 中，余数存放在 AL 中。（   ）

25. 堆栈存取操作是以字节为单位的。当堆栈存入数据时，SP 减 1；当从堆栈取出数据时，SP 加 1。（   ）

26. 判断下列指令是否正确，若错误，请指出指令的错误之处。

1）MOV   AH，CX

2）MOV   33H，AL

3）MOV   AX，［SI］［DI］

4）MOV   ［BX］，［SI］

5）ADD   BYTE PTR ［BP］，256

6）MOV   DATA ［SI］，ES：AX

7）JMP   BYTE PTR ［BX］

8）OUT   230H，AX

9）MOV   DS，BP

10）MUL   39H

27. 判断下列指令是否正确，若错误，请指出指令的错误之处。

1）POP   CS

2）MOV   DS，2000H

3）PUSH   FLAG

4）MOV   BP，AL

5）LEA   BX，2000H

6）ADD   AL，［BX + DX + 10］

7）AND   ［BX］［BP］，AX

8）SAR   AX，5

9）CMP   ［DI］，［SI］

10）IN   AL，180H

11）MUL   25

12）INC   IP

28. 指出下列指令的正误，说明原因并改正。

1）LEA   BX，AX

2）XCHG   BL，100

3）IN   AL，300H

4）TEST   AL，100H

5）MOVS   ［BX］，［SI］

29. 指出下列传送指令的正误，并说明原因。

    1）POP   AL

    2）MOV   CS, AX

    3）OUT   310, AL

    4）MOV   [BX + CX], 2130H

    5）ADD   [BX], [SI]

30. 设 VAR1、VAR2 为字变量，LAB 为标号，判断下列指令的正误，若指令有误，请加以改正。

    1）ADD   AR1, VAR2

    2）MOV   AL, VAR2

    3）SUB   AL, VAR1

    4）JMP   LAB [SI]

    5）JNZ   VAR1

    6）JMP   NEAR LAB

【答案】

1. √   2. √   3. ×   4. √   5. ×   6. ×   7. √   8. √   9. √

10. √ 11. × 12. √ 13. √ 14. √ 15. × 16. √ 17. √ 18. ×

19. √ 20. √ 21. √ 22. × 23. × 24. × 25. ×

26. 1）×。两操作数字长不相等。

    2）×。MOV 指令不允许目标操作数为立即数。

    3）×。在间接寻址中，不允许两个间址寄存器同时为变址寄存器。

    4）×。MOV 指令不允许两个操作数同时为存储器操作数。

    5）×。ADD 指令要求两操作数等字长。

    6）×。源操作数形式错，寄存器操作数不加段重设符。

    7）×。转移地址的字长至少应是 16 位的。

    8）×。对输入/输出指令，当端口地址超出 8 位二进制数的表达范围（即寻址的端口超出 256 个）时，必须采用间接寻址。

    9）√。

    10）×。MUL 指令不允许操作数为立即数。

27. 1）×。禁止对 CS 寄存器赋值。

    2）×。段寄存器不能直接赋值。

    3）×。无此指令，可改用 PUSHF。

    4）×。源操作数和目标操作数的尺寸不一致。

    5）×。LEA 指令的源操作数必须是内存操作数。

    6）×。存储器寻址的有效地址描述只能使用 BX、BP、SI、DI，不能使用 DX。

    7）×。BX 和 BP 不能同时使用，BX 只能与 SI 或 DI 相搭配。

    8）×。8086/8088 的移位指令，当移位超过 1 位时，就必须将移动位数赋给 CL。

    9）×。不允许在存储单元之间比较。

    10）×。端口地址超过 255 必须要放入 DX，采用寄存器 DX 间接寻址。

11）×。8086/8088 的 MUL 指令源操作不允许为立即数。

12）×。不能对指令指针 IP 进行任何操作。

28. 1）×。本条指令取存储单元有效地址，源操作数必须是存储单元而不能是寄存器 AX。
目标操作数必须是通用寄存器之一。　　　　　　　　　　改：LEA BX，［SI］

2）×。不能与立即数进行交换。　　　　　　　　　改：XCHG BL，［100］

3）×。300H > 255，I/O 地址由 DX 给出。　　　　　改：MOV DX，300H
　　　　　　　　　　　　　　　　　　　　　　　　　　IN　AL，DX

4）×。操作数尺寸不匹配，AL 是 8 位寄存器，100H 不是 8 位数据。
　　　　　　　　　　　　　　　　　　　　　　改：TEST AX，100H

5）×。串操作指令中的目标操作数只能是 ES：［DI］。改：MOV ES：［DI］，DS：［SI］

29. 1）×。出栈指令为字操作。

2）×。CS 不能作目标操作数。

3）×。因为 310 > 255，所以端口地址应放入 DX。

4）×。CX 不能用作偏移地址寄存器。

5）×。内存单元间不能直接运算。

30. 1）×。两个操作数不能都为存储单元，可改为
　　MOV AX，VAR2
　　ADD VAR1，AX

2）×。数据类型不匹配，可改为 MOV AX，VAR2

3）×。数据类型不匹配，可改为 SUB AX，VAR1

4）×。寄存器相对寻址形式中不能用标号做位移量，可改为 JMP VAR1［SI］

5）×。条件跳转指令只能进行段内短跳转，所以后面只能跟短标号，可改为 JNZ LAB。

6）×。缺少运算符 PTR，可改为 JMP NEAR PTR LAB。

3.4　填空题

1. 一条指令中一般包含有＿＿（1）＿＿和＿＿（2）＿＿两部分信息。

【解】（1）操作码　　　（2）操作数

2. 计算机中操作数可以在＿＿（1）＿＿中、＿＿（2）＿＿中、＿＿（3）＿＿中和＿＿（4）＿＿中。

【解】（1）指令　　　（2）寄存器　　　　（3）存储器单元　　　　（4）I/O 端口

3. 对内存操作数寻址其有效地址 EA 由＿＿（1）＿＿、＿＿（2）＿＿和＿＿（3）＿＿3 部分分量之和
来表示。

【解】（1）基址寄存器　　　（2）变址寄存器　　　（3）位移量

4. BX、BP 被称为＿＿（1）＿＿寄存器，用它们寻址称为＿＿（2）＿＿；将 SI、DI 称为＿＿（3）＿＿
寄存器，用其寻址称为＿＿（4）＿＿。

【解】（1）基址　　　（2）基址寻址　　　（3）变址　　　（4）变址寻址

5. 可以用于间接寻址的寄存器有＿＿（1）＿＿、＿＿（2）＿＿、＿＿（3）＿＿和＿＿（4）＿＿。

【解】（1）BX　　　（2）BP　　　（3）SI　　　（4）DI

6. 当采用寄存器间接寻址时，使用通用寄存器 BX，DI，SI 时，可以默认不写的段寄存器是

___(1)___；当使用通用寄存器 BP 时，可以默认不写的段寄存器是___(2)___。

【解】　(1) DS　　　　(2) SS

7. 指令 MOV [BX + SI + 10H]，AX 中存储器操作数所使用的寻址方式为___(1)___寻址。

【解】　(1)（相对的）基址加变址

8. 指令 MOV AX，[BX][SI] 中，目标操作数在___(1)___中，源操作数在___(2)___中，此时源操作数隐含使用的段寄存器为___(3)___。

【解】　(1) 寄存器 AX　　　(2) 内存单元　　　(3) DS

9. 指令 ADD [BP]，AL 执行时，操作的结果在___(1)___段中，此时计算目的操作数物理地址的表达式是___(2)___。

【解】　(1) 堆栈　　　(2) SS * 16 + BP

10. 在串寻址中，使用了一种隐含的变址寄存器寻址，分别使___(1)___和___(2)___指向源串和目的串，实现字符串操作。

【解】　(1) SI　　　(2) DI

11. 串处理指令规定源串指针寄存器必须使用___(1)___，源串默认为在___(2)___段中，也可以在其他段，但必须指明；目的串指针寄存器必须使用___(3)___，目的串只能在___(4)___段中。

【解】　(1) SI　　　(2) DS　　　(3) DI　　　(4) ES

12. 操作数在 I/O 端口时，当端口地址___(1)___时，必须先把端口地址放在___(2)___中，类似于存储器寻址中的寄存器间接寻址。

【解】　(1) ≥256　　　(2) DX

13. 对于乘法、除法指令，其目的操作数一定在___(1)___或___(2)___中，而其源操作数可以在___(3)___中。

【解】　(1) AX　　　(2) DX 和 AX　　　(3) 寄存器或存储单元

14. 当 AL < 80H 时，执行 CBW 后，AH =___(1)___；当 AL≥80H 时，执行 CBW 后，AH = __(2)___。

【解】　(1) 00H　　　　　　(2) 0FFH

15. 算术右移指令 SAR 可用于实现___(1)___数除 2，而逻辑右移指令 SHR 则可以用来实现___(2)___数除 2。

【解】　(1) 对带符号　　　(2) 对无符号

16. 如果 TABLE 为数据段中 0032H 单元的符号名，其中存放的内容为 1234H，当执行指令 MOV　AX，TABLE 后，AX =___(1)___；当执行指令 LEA　AX，TABLE 后，AX = ___(2)___。

【解】　(1) 1234H　　　　　　(2) 0032H

17. 已知 BX = 7830H，CF = 1，执行指令 ADC　BX，87CFH 之后，BX = ___(1)___，标志位的状态分别为 CF = ___(2)___，ZF = ___(3)___，OF = ___(4)___，SF = ___(5)___。

【解】　(1) 0000H　　(2) 1　　(3) 1　　(4) 0　　(5) 0

18. 设当前的 SI = 1000H，DS = 5000H，内存字单元（51000H）= 1234H，则执行指令 MOV BX，[SI] 后，BX = ___(1)___，执行指令 LEA　BX，[SI] 后，BX = ___(2)___。

【解】　(1) 1234H　　　(2) 1000H

19. 假设 DS = B000H，ES = A000H，BX = 080AH，DI = 1200H，（0B080AH）= 05AEH，（0B080CH）= 4000H，当执行指令 LES DI，[BX] 后，DS = ___(1)___，ES = ___(2)___，DI = ___(3)___。

【解】 （1）B000H　　　　（2）4000H　　　　（3）05AEH

20. 使用查表指令 XLAT 之前，要求 ___(1)___ 寄存器指向表所在的段，___(2)___ 寄存器指向表的首地址，___(3)___ 寄存器中存放待查项在表中的位置与表首址的距离。

【解】 （1）DS　　　　（2）BX　　　　（3）AL

21. 读取标志位指令 LAHF 和设置标志位指令 SAHF 均只对标志寄存器 FR 中的 ___(1)___ 标志操作。

【解】 （1）低 8 位

22. 条件转移指令是一种短转移，其转移范围为 ___(1)___ 字节。

【解】 （1）－128 ～ +127

23. 条件转移指令的目标地址应在本条件转移指令的下一条指令地址的 ___(1)___ 字节内。

【解】 （1）－128 ～ +127

24. 子程序的调用与返回分段内和段间两种情况，对于段内调用与返回仅需修改 ___(1)___ 的值，对于段间调用与返回需要同时修改 ___(2)___ 和 ___(3)___ 的值。执行指令 CALL 时，这些值均自动保存在 ___(4)___ 中。

【解】 （1）IP　　　　（2）CS　　　　（3）IP　　　　（4）堆栈

25. 近过程（NEAR）的返回指令 RET 把当前栈顶的一个字弹出到 ___(1)___；远过程（FAR）的返回指令 RET 将先弹出一个字到 ___(2)___ 后，又弹出一个字到 ___(3)___；IRET 是 ___(4)___ 指令，它从堆栈栈顶顺序弹出 3 个字分别送到 ___(5)___、___(6)___ 和 ___(7)___ 中。

【解】 （1）IP　　　（2）IP　　　（3）CS　　　（4）中断返回　　　（5）IP　　　（6）CS　　　（7）标志寄存器 FR

26. 段内和段间的转移指令寻址方式有 ___(1)___ 和 ___(2)___ 两种。

【解】 （1）直接寻址　　　　（2）间接寻址

27. 用 CMP 指令对无符号数比较（A－B），当 A＜B 时，可判断标志 CF = ___(1)___。用 CMP 指令对带符号数比较（A－B），当 A＜B 时，可判断标志 SF ___(2)___ 0。

【解】 （1）1　　　　（2）≠

28. 在 4 条逻辑运算指令 AND、OR、XOR、NOT 中，___(1)___ 指令对标志位均无影响，而其他 3 条指令除对标志位 SF、ZF、PF 有影响外，还使 ___(2)___ 和 ___(3)___ 总是置"0"，AF 不确定。

【解】 （1）NOT　　　　（2）CF　　　　（3）OF

29. 如果要对 1 字节或一个字的数求反，则可用指令 ___(1)___；要对寄存器或存储单元内容中的指定位求反，则可运用 ___(2)___ 指令。

【解】 （1）NOT　　　　（2）XOR

30. 清除 CF 标志的指令为 ___(1)___，设置 DF = 1 的指令为 ___(2)___。

【解】 （1）CLC　　　　（2）STD

31. 根据要求写出相应的指令。

　　1）将附加段 200H 偏移地址中的数据送到 BX 中。___(1)___

2）将 DH 中的高 4 位求反，低 4 位保持不变。　(2)

3）将 CL 的符号位（D7 位）置 1，保持其他位不变。　(3)

【解】　（1）　MOV　　BX，ES：〔200H〕

（2）　XOR　　DH，0F0H

（3）　OR　　　CL，80H

32. 压缩型 BCD 码加法调整指令为　(1)　，非压缩型 BCD 码加法调整指令为　(2)　，压缩型 BCD 码减法调整指令为　(3)　，非压缩型 BCD 码减法调整指令为　(4)　。

【解】　（1）DAA　　　　（2）AAA　　　　（3）DAS　　　　（4）AAS

33. 下面一段程序：

```
MOV     AX, 0
MOV     AL, 09H
ADD     AL, 04H
```

1）若要获得 AX = 13H，则在 ADD 指令后面加一条指令　(1)　。

2）若要获得 AX = 0103H，则在 ADD 指令后面加一条指令　(2)　。

【解】　（1）DAA　　　　（2）AAA

34. 试填空完善下面一段程序，使之完成对 100 个字单元的缓冲区清零，设缓冲区为 2000H：0800H。

```
MOV     AX, 2000H
MOV     ES, AX
MOV     DI, 0800H
        (1)
MOV     AL, 00H
CLD
REP     STOSB
```

【解】　（1）MOV　　CX，100

35. 试完成下面的子程序，使其实现利用 DOS 功能调用 INT 21H，将一个 DL 中的字节数据的低 4 位以 ASCII 码的形式显示出来。

```
DISPL   PROC  NEAR
            (1)
CMP     DL, 9
JBE     NEXT
ADD     DL, 7
NEXT：  ADD     DL, 30H
            (2)
            (3)
RET
DISPL       (4)
```

【解】　（1）　AND　　DL，0FH　　　（2）　MOV　　AH，2　　　（3）　INT　21H

（4）　ENDP

36. 试完成下面的程序段，使其完成将存储单元 DA1 中压缩型 BCD 码拆成两个非压缩型 BCD 码，低位放入 DA2 单元，高位放入 DA3 单元，并分别转换为 ASCII 码。

```
        STRT：   MOV    AL，DA1
                 MOV    CL，4
                  (1)
                 OR     AL，30H
                 MOV    DA3，AL
                 MOV    AL，DA1
                  (2)
                 OR     AL，30H
                 MOV    DA2，AL
```

【解】（1）SHR　AL，CL　　　（2）　AND　AL，0FH

37. 分析下列程序段，程序段执行后 AX = ___(1)___ ，CF = ___(2)___ 。

```
        MOV    AX，0099H
        MOV    BL，88H
        ADD    AL，BL
        DAA
        ADC    AH，0
```

【解】（1）0187H　　　　（2）0

38. 分析下列程序段，程序段执行后 AX = ___(1)___ ，BX = ___(2)___ ，CF = ___(3)___ 。

```
        MOV    AX，5C8FH
        MOV    BX，0AB8FH
        XOR    AX，BX
        XOR    AX，BX
```

【解】（1）5C8FH　　　　（2）0AB8FH　　　　（3）0

39. 分析下列程序段，程序段执行后 AX = ___(1)___ ，BX = ___(2)___ ，CF = ___(3)___ 。

```
        XOR    AX，AX
        INC    AX
        NEG    AX
        MOV    BX，3FFFH
        ADC    AX，BX
```

【解】（1）3FFFH　　　　（2）3FFFH　　　　（3）1

40. 源程序如下：

```
        MOV    AH，0
        MOV    AL，9
        MOV    BL，8
        ADD    AL，BL
        AAA
        AAD
        DIV AL
```

   结果 AL = ___(1)___ ，AH = ___(2)___ ，BL = ___(3)___ 。

【解】（1）01H　　（2）00H　　（3）08H

41. 分析下列程序段，在横线上填上适当的内容。

```
   1）MOV    AL，0FH
```

```
        MOV      BL, 0C3H
        XOR      AL, BL
```
则有 AL = ___(1)___ , BL = ___(2)___ , CF = ___(3)___

2)
```
        MOV      BL, 93H
        MOV      AL, 16H
        ADD      AL, BL
        DAA
```
则有 AL = ___(4)___ , CF = ___(5)___ , AF = ___(6)___

3)
```
        MOV      AX, BX
        NOT      AX
        ADD      AX, BX
```
则有 AX = ___(7)___ , CF = ___(8)___

4)
```
        MOV      AL, 88H
        MOV      BL, 5AH
        XOR      AL, BL
        XOR      AL, BL
```
则有 AL = ___(9)___ , CF = ___(10)___

【解】 (1) 0CCH (2) 0C3H   (3) 0 (4) 09H   (5) 1
      (6) 0   (7) 0FFFFH   (8) 0 (9) 88H   (10) 0

42. 源程序如下:
```
        MOV      CL, 4
        MOV      AX, [2000H]
        SHL      AL, CL
        SHR      AX, CL
        MOV      2000H], AX
```
1) 若程序执行前, 数据段内 [2000H] = 09H, [2001H] = 03H, 则执行后有 [2000H] = ___(1)___ , [2001H] = ___(2)___ 。

2) 本程序段的功能___(3)___ 。

【解】 (1) 39H (2) 00H (3) 将 (2000H), (2001H) 两相邻单元中存放的未组合型 BCD 码压缩成组合型 BCD 码, 并存入 (2000H) 单元, 0→ (2001H)。

43. 源程序如下:
```
        MOV      AL, 0B7H
        AND      AL, 0DDH
        XOR      AL, 81H
        OR       AL, 33H
        JPL      AB1
        JMP      LAB2
```
1) 执行程序后, AL = ___(1)___ 。

2) 程序将转到___(2)___ 执行。

【解】 (1) 37H (2) LAB2

44. 源程序如下:

```
        MOV     CX, 9
        MOV     AL, 01H
        MOV     SI, 1000H
LP：MOV        ［SI］, AL
        INC     SI
        SHL     AL, 1
        LOOP    LP
```

1）执行本程序后，AL = ___(1)___, SI = ___(2)___, CX = ___(3)___。

2）本程序的功能是___(4)___。

【解】 （1）0 （2）1009H （3）0 （4）对数据段内 1000H~1008H 单元置数，依次送入 1，2，4，8，16，32，64，128，0 共 9 个。

45. 执行完下列程序后，回答指定的问题。

```
        MOV     AX, 0
        MOV     BX, 2
        MOV     CX, 50
LP：ADD        AX, BX
        ADD     BX, 2
        LOOP    LP
```

问：1）该程序的功能是___(1)___。

2）程序执行完成后，［AX］= ___(2)___。

【解】 （1）完成 0~100 间所有偶数求和的功能 （2）2550

3.5 简答题

1. 简述一条指令中一般包含的信息。

【解】 一般一条指令中包含操作码和操作数两部分信息。

2. 简述计算机中操作数可能存放的位置。

【解】 计算机中操作数可能存放在指令中、寄存器中、存储单元中和 I/O 接口中。

3. 名词解释：操作码、操作数、立即数、寄存器操作数、存储器操作数。

【解】

1）操作码：给出指令要完成的操作。

2）操作数：给出参与操作的对象。

3）立即数：要参与操作的数据在指令中。

4）寄存器操作数：要参与操作的数据，存放在指定的寄存器中。

5）存储器操作数：要参与操作的数据，存放在指定的存储单元中。

4. 什么是寻址方式？

【解】 指令中用以描述操作数所在位置的方法称为寻址方式。

5. 内存操作数的逻辑地址表达式为——段基值：偏移量，试写出偏移量的有效地址 EA 的计算通式。

【解】 偏移量的有效地址 EA 的计算通式：EA = 基址值 + 变址值 + 位移量。

其中，基址值为 BX 或 BP 的内容，变址值为 SI 或 DI 的内容，位移量为 8 位 disp8 或 16 位 disp16 数据。

6. 指出下列各指令目的操作数所在的位置，并写出相应的地址。
   1）ADD   [SI]，AX
   2）MOV   CL，BUF
   3）DEC   [BP + 50H]
   4）OUT   20H，AL
   5）JMP   2000H：0100H
   6）JMP   [BX]
   7）JMP   BX

【解】
   1）目的操作数在内存单元中，其逻辑地址为 DS：[SI]，其物理地址 = DS * 16 + SI。
   2）目的操作数在寄存器 CL 中。
   3）目的操作数在内存单元中，其逻辑地址为 SS：[BP + 50H]，其物理地址 = SS * 16 + BP + 50H。
   4）目的操作数在端口中，端口地址为 20H。
   5）目的操作数在指令中。
   6）目的操作数在内存单元中，其逻辑地址为 DS：[BX]，其物理地址 = DS * 16 + BX。
   7）目的操作数在寄存器 BX 中。

7. 两个逻辑段地址分别为 2345H：0000H 和 2000H：3450H，它们对应的物理地址是多少？说明了什么？

   【解】 这两个逻辑段对应的物理地址均为 23450H，说明对应同一个物理地址可以有不同的逻辑地址，即物理地址是唯一的，逻辑地址不唯一。

8. 设 DS = 3000H，BX = 2000H，[SI] = 1000H，MAX = 1230H，则指令 MOV AX，MAX [BX][SI]的源操作数物理地址为多少？

   【解】 源操作数物理地址 = DS * 16 + BX + SI + MAX = 30000H +（2000H + 1000H + 1230H）= 34230H。

9. 设 [DS] = 6000H，[ES] = 2000H，[SS] = 1500H，[SI] = 00A0H，[BX] = 0800H，[BP] = 1200H，数据变量 VAR 为 0050H，请分别指出下列各条指令源操作数的寻址方式？它的物理地址是多少？
   1）MOV   AX，BX
   2）MOV   DL，80H
   3）MOV   AX，VAR
   4）MOV   AX，VAR [BX][SI]
   5）MOV   AL，'B'
   6）MOV   DI，ES：[BX]
   7）MOV   DX，[BP]
   8）MOV   BX，20H [BX]

【解】
   1）寄存器寻址。因为源操作数是寄存器，所以寄存器 BX 就是操作数的地址。

2）立即寻址。操作数 80H 存放于代码段中指令码 MOV 之后。

3）直接寻址。

4）基址变址相对寻址。操作数的物理地址 = DS×16 + SI + BX + VAR = 60000H + 00A0H + 0800H + 0050H = 608F0H。

5）立即寻址。

6）寄存器间接寻址。操作数的物理地址 = ES×16 + BX = 20000H + 0800H = 20800H。

7）寄存器间接寻址。操作数的物理地址 = SS×16 + BP = 15000H + 1200H = 16200H。

8）寄存器相对寻址。操作数的物理地址 = DS×16 + BX + 20H = 60000H + 0800H + 20H = 60820H。

10. 试说明指令 MOV BX，5［BX］与指令 LEA BX，5［BX］的区别。

【解】 前者是数据传送类指令，表示将数据段中以（BX + 5）为偏移地址的 16 位数据送寄存器 BX；后者是取偏移地址指令，执行的结果是 BX = （BX + 5）。

11. 设当前 BX = 0158H，DI = 10A5H，位移量 = 1B57H，DS = 2100H，SS = 1100H，BP = 0100H，段寄存器默认，写出以下各寻址方式的物理地址。

1）直接寻址。

2）寄存器间接寻址（设采用 BX）。

3）寄存器相对寻址（设采用 BP）。

4）基址变址寻址（设采用 BX 和 DI）。

5）相对基址变址寻址（设采用 BP、DI 和位移量）。

【解】

1）物理地址 = DS＊16 + 位移量 = 21000H + 1B57H = 22857H。

2）物理地址 = DS＊16 + BX = 21000H + 0158H = 21158H。

3）物理地址 = SS＊16 + BP = 11000H + 0100H = 11100H。

4）物理地址 = DS＊16 + BX + DI = 21000H + 0158H + 10A5H = 221FDH。

5）物理地址 = SS＊16 + BP + DI = 11000H + 0100H + 10A5H + 1B57H = 13CFCH。

12. 在转移类指令中，对转移的目标地址的寻址方式有几种？段内转移的范围是多大？段间转移的范围是多大？条件转移的范围是多大？

【解】 在转移类指令中，对转移的目标地址的寻址方式有段内直接转移、段内间接转移、段间直接转移和段间间接转移。段内直接转移的范围为 −32768 ~ +32767，段内短转移是在当前 IP 偏移值的 −128 ~ +127 字节的范围内（又称为相对寻址）。段间转移的范围可以在 1MB 范围内。条件转移指令均为段内短转移，其转移的范围为 IP 当前值的 −128 ~ +127 字节的偏移量范围内。

13. 条件转移指令均为相对近转移指令，请解释"相对近转移"的含义。若需往较远处进行条件转移，则应怎么做？

【解】 "相对"是指相对于指令指针寄存器 IP 的当前值进行的转移。相对近转移范围为 −128 ~ +127。若转移的目标地址较远，超出指令要求的范围，则可在相对转移的目标地址处放置一条无条件转移指令，从而实现较远距离的转移。

14. 试比较无条件转移指令、条件转移指令、调用指令和中断指令有什么异同？

【解】

1）无条件转移指令的操作是无条件地使程序转移到指定的目标地址，并从该地址开始执行新的程序段，其转移的目标地址既可以是在当前逻辑段，也可以是在不同的逻辑段。

2）条件转移指令是在满足一定条件下使程序转移到指定的目标地址，其转移范围很小，在当前逻辑段的 $-128 \sim +127$ 地址范围内。

3）调用指令用于调用程序中常用到的功能子程序，是在程序设计中就设计好的。根据所调用过程入口地址的位置，可将调用指令分为段内调用（入口地址在当前逻辑段内）和段间调用。在执行调用指令后，CPU 要保护断点。对段内调用是将其下一条指令的偏移地址压入堆栈，对段间调用则要保护其下一条指令的偏移地址和段基地址，然后将子程序入口地址赋给 IP（或 CS 和 IP）。

4）中断指令是因一些突发事件而使 CPU 暂时中止它正在运行的程序，转去执行一组专门的中断服务程序，并在执行完后返回原被中止处继续执行原程序。它是随机的。在响应中断后 CPU 不仅要保护断点（即 INT 指令下一条指令的段地址和偏移地址），还要将标志寄存器 FLAGS 压入堆栈保存。

15. 已知 DS = 5000H，CS = 6000H，BX = 1278H，SI = 345FH，（546D7H）= 0，（546D8H）= 80H。在分别执行下面两条段内转移指令后，实际转移的目标物理地址是多少？

    1）JMP   BX   2）JMP   ［BX + SI］

【解】

1）段内转移的目标地址存放在寄存器 BX 中，故实际的转移地址是 6000H：1278H，其物理地址 = CS * 16 + BX = 60000H + 1278H = 61278H。

2）段内转移的目标地址存放在内存单元中，该单元的物理地址 = DS * 16 + BX + SI = 50000H + 1278H + 345FH = 546D7H，故实际的转移地址是 6000H：8000H，其物理地址 = CS * 16 + 8000H = 60000H + 8000H = 68000H。

16. 若一个堆栈段的起始地址为 3520H：0000H，栈区的长度为 0100H，当前 SP 的内容为 0020H，试问：

    1）栈顶的物理地址是什么？

    2）栈底的物理地址是什么？

    3）栈区中已有字节数为多少？

    4）存入数据 1234H 和 5678H 后 SP 的内容是多少？

【解】 堆栈的最高地址叫栈底，堆栈指针 SP 总是指向栈顶。

1）栈顶的物理地址 = SS * 10H + SP = 3520H * 10H + 0020H = 35220H。

2）栈底的物理地址 = SS * 10H + 0120H = 35320H。

3）栈区中已有字节数 = 100H。

4）8086/8088 的堆栈操作为字操作。在压入两个字数据 1234H 和 5678H 后，SP 减 4，所以 SP 的内容为 SP −（字数 * 2）= 0020H − 2 * 2 = 001CH，SS 的内容不变。

17. 简述 RET 指令与 IRET 指令的异同点。

【解】 RET 指令与 IRET 指令的异同见表 3-1。

表 3-1 RET 指令与 IRET 指令的异同

	RET	IRET
返回指令	为子程序返回指令	为中断返回指令
放置位置	放置在子程序的末尾	放置在中断服务程序的末尾
功能	从栈顶处弹出断点地址,使 CPU 返回到主程序的断点处继续执行	控制从栈顶处顺序弹出程序断点送回 CS 和 IP 中,弹出保存的断点时的标志寄存器内容送回 FR 中,使 CPU 返回到中断时的断点处继续执行后续程序
返回情况	分段内返回(断点地址只有 IP 值)和段间返回(断点地址为 CS 和 IP)两种情况	—
参数值	还可以带参数值,即 RET n 形式	—

18. 按下列要求写出相应的指令或程序段。

1)写出两条使 AX 内容为 0 的指令。

2)使 BL 寄存器中的高 4 位和低 4 位互换。

3)屏蔽 CX 寄存器的 b11、b7 和 b3 位。

4)测试 DX 中的 b0 和 b8 位是否为 1。

【解】

```
1) MOV   AX, 0
   XOR   AX, AX      ; AX 寄存器自身相异或,可使其内容清 0
2) MOV   CL, 4
   ROL   BL, CL      ; 将 BL 内容循环左移 4 位,可实现其高 4 位和低 4 位的互换
3) AND   CX, 0F777H  ; 将 CX 寄存器中需屏蔽的位"与"0。也可用"或"指令实现
4) AND   DX, 0101H   ; 将需测试的位"与"1,其余"与"0 屏蔽掉
   CMP   DX, 0101H   ; 与 0101H 比较
   JZ    ONE         ; 若相等,则表示 b0 和 b8 位同时为 1
```

19. 采用最少的指令,实现下述要求的功能。

1)AH 的高 4 位清 0。

2)将 AH 中的非压缩型 BCD 码转化成 ASCII 码。

3)AL 的高 4 位取反。

4)AL 的高 4 位移到低 4 位,高 4 位清 0。

【解】

```
1) AND   AH, 0FH
2) OR    AH, 30H
3) XOR   AL, 0F0H
4) MOV   CL, 4
   SHR   AL, CL
```

20. 试比较 SUB   AL, 09H 与 CMP   AL, 09H 这两条指令的异同,若 AL = 08H,写出执行两条指令后,对 6 个状态标志位的影响。

【解】 SUB   AL, 09H 与 CMP   AL, 09H 指令功能的对比见表 3-2。

表 3-2　SUB　AL，09H 与 CMP　AL，09H 指令功能的对比

SUB　AL，09H	CMP　AL，09H
dest←dest − src	dest − src 不回送结果，只影响状态标志位
双字节指令	双字节指令
AL = 08H − 09H = − 01H = FFH	AL = 08H
状态标志位影响相同 OF　SF　ZF　AF　PF　CF 　0　　1　　0　　1　　1　　1	对状态标志位影响相同 OF　SF　ZF　AF　PF　CF 　0　　1　　0　　1　　1　　1

21. 阅读下面 8086 程序段，指出该程序段的功能。

```
    AGN1：MOV    AL，[DI]
          INC    DI
          TEST   AL，04H
          JE     AGN1
          …
    AGN2：…
```

【解】　当 AL 的 D2 位为 0 时，程序转至 AGN2。

22. 分析下面的程序段，分析 AL 满足什么条件程序将转到 LOP 标号执行？

```
          CMP    AL，0FFH
          JNL    LOP
          …
    LOP：…
```

【解】　指令 JNL　NEXT 为对两个带符号数比较后的状态进行判断，实现转移的条件转移指令。因此，只有当 AL 中的带符号数不小于（即大于等于）0FFH（即为 − 1）时，满足条件才能转至标号 NEXT 处执行。故 AL⩾ − 1。

23. 把首地址为 BLOCK 的字数组的第 6 个字传送到 CX 寄存器中。试写出该指令序列，要求使用两种寻址方式。

【解】　1）以 BX 的寄存器间接寻址：

```
    MOV  BX，BLOCK + 10
    MOV  CX，[BX]          ；将 BLOCK 开始的第 6 个字的地址存入 CX
```

2）用 BX、SI 的基址变址寻址：

```
    LEA  BX，BLOCK
    MOV  SI，10
    MOV  CX，[BX + SI]     ；将 BLOCK 开始的第 6 个字的地址存入 CX
```

24. 下列指令完成了什么功能？

1）ADD　　AL，DH

2）ADC　　BX，CX

3）SUB　　AX，2710H

4）DEC　　BX

5）NEG　　CX

6）INC　　BL

7）MUL　　BX

8）DIV　　CL

【解】

1）AL + DH→AL

2）BX + CX + CF→BX

3）AX − 2710H→AX

4）BX − 1→BX

5）0 − CX→CX

6）BL + 1→BL

7）AX * BX→DX，AX

8）AX/CL 商→AL，余数→AH

25. 已知 AX = 789AH，BP = 0F4A2H，CF = 1，写出下列指令单独执行后的结果及 CF 状态。

1）ADD　　AX，0800H　　　　　2）ADC　　AX，5

3）DEC　　AX　　　　　　　　4）SUB　　AX，5678H

5）AND　　AX，00FFH　　　　　6）OR　　　AX，8888H

7）SAR　　AX，1　　　　　　　8）RCR　　AX，1

9）SBB　　BP，0A034H

【解】

1）AX = 809AH，CF = 0　　　　2）AX = 78A0H，CF = 0

3）AX = 7899H，CF = 1　　　　4）AX = 2222H，CF = 0

5）AX = 009AH，CF = 0　　　　6）AX = 0F89AH，CF = 0

7）AX = 3C4DH，CF = 0　　　　8）AX = 0BC4DH，CF = 0

9）BP = 546DH、CF = 0

26. 写出满足下列各要求的指令：

1）将有效地址为 1000H 的内存单元内容送到 BX 寄存器中。

2）将偏移地址为 1000H 的内存单元的有效地址送到 BX 寄存器中。

3）将源操作数为 SI 间接寻址方式中的数据送到 SI 寄存器中。

4）从偏移地址为 1000H 开始的内存中取出双字送入 BX 和 DS 中。

【解】

1）MOV　　BX，［1000H］　　　　2）LEA　　BX，［1000H］

3）MOV　　SI，［SI］　　　　　　4）LDS　　BX，［1000H］

27. 写出把首地址为 BLOCK 的字数组的第 6 个字送到 DX 寄存器的指令。要求使用以下几种寻址方式：

1）寄存器间接寻址。

2）寄存器相对寻址。

3）基址变址寻址。

【解】

1）使用寄存器间接寻址，把首地址为 BLOCK 的字数组的第 6 个字送到 DX 寄存器的指令为

```
MOV    BX, BLOCK
ADD    BX, 12
MOV    DX, [BX]
```

2）使用寄存器相对寻址，把首地址为 BLOCK 的字数组的第 6 个字送到 DX 寄存器的指令为

```
MOV    BX, BLOCK
MOV    DX, [BX + 12]
```

3）使用基址变址寻址，把首地址为 BLOCK 的字数组的第 6 个字送到 DX 寄存器的指令为

```
MOV    BX, BLOCK
MOV    SI, 12
MOV    DX, [BX + SI]
```

28. 设 DS＝2000H，BX＝0100H，SI＝0002H，（21200H）＝4C2AH，（21202H）＝8765H。试求执行以下各条指令以后，AX 寄存器的内容是什么？

1）MOV   AX, 1200H
2）MOV   AX, [1200H]
3）MOV   AX, 1100[BX]
4）MOV   AX, 1100[BX][SI]

【解】

1）AX＝1200H
2）AX＝4C2AH
3）AX＝4C2AH
4）AX＝8765H

29. 已知 DS＝1000H，BX＝0200H，SI＝02H，内存 10200H～10205H 单元的内容分别为 10H，2AH，3CH，46H，59H，6BH。下列每条指令执行完后 AX 寄存器的内容各是什么？

1）MOV   AX, 0200H
2）MOV   AX, [200H]
3）MOV   AX, BX
4）MOV   AX, 3 [BX]
5）MOV   AX, [BX + SI]
6）MOV   AX, 2 [BX + SI]

【解】

1）0200H
2）2A10H
3）0200H
4）5946H
5）463CH
6）6B59H

30. 试写出下面程序段中每条指令执行后 AL 的值及 OF、SF、ZF、CF、AF 和 PF 等状态标志的变化。

54
```
```

```
        XOR     AL, AL
        MOV     AL, 7FH
        ADD     AL, 1
        ADD     AL, 80H
        MOV     AH, 2
        SUB     AL, AH
```

【解】

```
        XOR     AL, AL      ; AL = 00H、OF = 0、SF = 1、ZF = 1、CF = 0、AF = 0、PF = 1
        MOV     AL, 7FH     ; AL = 7FH、OF = 0、SF = 1、ZF = 1、CF = 0、AF = 0、PF = 1
        ADD     AL, 1       ; AL = 80H、OF = 1、SF = 1、ZF = 0、CF = 0、AF = 1、PF = 0
        ADD     AL, 80H     ; AL = 00H、OF = 1、SF = 1、ZF = 1、CF = 1、AF = 0、PF = 1
        MOV     AH, 2       ; AL = 00H、OF = 1、SF = 1、ZF = 1、CF = 1、AF = 0、PF = 1
        SUB     AL, AH      ; AL = 0FEH、OF = 0、SF = 1、ZF = 0、CF = 1、AF = 1、PF = 0
```

31. 设 AX = AA55H，写出下面程序段中每条指令执行后 AX = ？CF = ？

```
        SHR     AL, 1
        RCL     AX, 1
        MOV     CL, 3
        SAL     AX, CL
        ROL     AH, 1
        SAR     AL, 1
        ROR     AL, CL
        SHL     AX, 1
        RCR     AH, CL
```

【解】

```
        SHR     AL, 1       ; AX = AA2AH, CF = 1
        RCL     AX, 1       ; AX = 5455H, CF = 1
        MOV     CL, 3       ; AX = 5455H, CF = 1
        SAL     AX, CL      ; AX = A2A8H, CF = 0
        ROL     AH, 1       ; AX = 45A8H, CF = 1
        SAR     AL, 1       ; AX = 45D4H, CF = 0
        ROR     AL, CL      ; AX = 459AH, CF = 1
        SHL     AX, 1       ; AX = 8B34H, CF = 0
        RCR     AH, CL      ; AX = D134H, CF = 0
```

32. 已知 AX = AA55H，BX = 55AAH，在执行下列各指令后，AX = ？

1）NOT   AX   2）NEG   AX
3）AND   AX, BX   4）OR   AX, BX
5）XOR   AX, BX   6）CMP   AX, BX
7）TEST   AX, 80H   8）OR   AX, 80H
9）AND   AX, 0FH   10）XOR   AX, 0FH

【解】

1）55AAH   2）55ABH   3）0000H   4）FFFFH
5）FFFFH   6）AA55H   7）AA55H   8）AAD5H
9）0005H   10）AA5AH

33. 已知 AX = 8060H，DX = 03F8H，端口 PORT1 的地址是 48H，内容为 40H；PORT2 的地址是 84H，内容为 85H。请指出下列指令执行后的结果。

    1）OUT   DX，AL

    2）IN   AL，PORT1

    3）OUT   DX，AX

    4）IN   AX，48H

    5）OUT   PORT2，AX

【解】

    1）将 60H 输出到地址为 03F8H 的端口中。

    2）从 PORT1 读入一个字节数据，执行结果：[AL] = 40H。

    3）将 AX = 8060H 输出到地址为 03F8H 的端口中。

    4）由 48H 端口读入 16 位二进制数。

    5）将 8060H 输出到地址为 84H 的端口中。

34. 在下列程序段的括号中分别填入以下指令

    1）LOOP   NEXT

    2）LOOPE   NEXT

    3）LOOPNE NEXT

试说明在这 3 种情况下，程序段执行完后，AX、BX、CX、DX 的内容分别是什么。

```
START：MOV     AX，01H
       MOV     BX，02H
       MOV     DX，03H
       MOV     CX，04H
NEXT： INC     AX
       ADD     BX，AX
       SHR     DX，1
       (    )
```

【解】

    1）AX = 05H，BX = 10H，CX = 0，DX = 0

    2）AX = 02H，BX = 04H，CX = 03H，DX = 01H

    3）AX = 03H，BX = 07H，CX = 02H，DX = 0

35. 试写出能完成下列各操作功能的指令或程序段。

    1）将累加器 AX 清零，同时进位标志 CF 清零。

    2）将 DS：[1000H] 字节单元内容与寄存器 CL 内容相加后存入 DS：[2000H] 字节单元。

    3）不用立即数，也不用存储单元，完成 AL←0FFH，BL←0，CL←1。

    4）取 AX 的低 4 位。

    5）将 BX 的高 8 位置 1，其他位不变。

    6）把标志寄存器中溢出位 OF 变反。

【解】

    1）XOR   AX，AX 或者   AND AX，0

    2）ADD   CL，DS：[1000H]

```
        MOV     DS：[2000H]，CL
    3）XOR     CL，CL              ；CL = 0，CF = 0
        MOV     BL，CL              ；BL = 0
        MOV     AL，CL              ；AL = 0
        NOT     AL                  ；AF = FFH
        INC     CL                  ；CF = D1H
    4）AND     AX，000FH
    5）OR      BX，0FF00H
    6）PUSHF
        POP     AX
        XOR     AX，800H
        PUSH    AX
        POPF
```

36. 根据下列各要求，写出程序段。

1）判断 AL 为负，则转至 NEXT。

2）判断字节变量 DA1 为 0，则转至 NEXT。

3）判断 AL 的 D1 位为 1，则转至 NEXT。

4）判断字变量 DA1 的 D1 位为 0，则转至 NEXT。

5）比较 AH 与字节变量 DA1 中的数，若 AH 不等于 DA1，则转至 NEXT。

6）比较字节变量 DA1 与字符"A"，若 DA1 ≥ "A"，则转至 NEXT。

【解】

```
1）OR      AL，AL          2）CMP     DA1，0
    JS      NEXT               JZ      NEXT
3）TEST    AL，2          4）TEST    DA1，0002H
    JNZ     NEXT               JZ      NEXT
5）CMP     AH，DA1        6）CMP     DA1，'A'
    JNE     NEXT               JAE     NEXT
```

3.6 分析程序题

1. 试判断下列程序执行后，BX 中的内容。

```
        MOV     CL，3
        MOV     BX，0B7H
        ROL     BX，1
        ROR     BX，CL
```

【解】 该程序段是首先将 BX 内容不带进位循环左移 1 位，然后循环右移 3 位。即相当于将原 BX 内容不带进位循环右移 2 位，故结果为 BX = 0C02DH

2. 写出下面每条指令执行以后，有关寄存器的内容。

```
        XOR     AX，AX
        MOV     AX，0ABCDH
```

```
        INC     AX
        MOV     CL, 4
        SHR     AL, CL
        XOR     AX, 0FFFH
        OR      AX, 6000H
        MOV     SP, 0100H
        PUSH    AX
        POP     BX
```
【解】
```
        AX = 0000H
        AX = 0ABCDH
        AX = 0ABCEH
        CL = 04H
        AX = 0ABCH
        AX = 0543H
        AX = 6543H
        SP = 0100H
        SP = 00FEH
        BX = 6543H
```
3. 设初值 AX = 1234H，CX = 0004H，在执行下列程序段后，AX = ?
```
        AND     AX, AX
        JZ      DONE
        SHL     CX, 1
            ROR     AX, CL
            JMP     LP
            DONE: ROL     AX, CL
    LP:     NOP
```
【解】
```
        AND     AX, AX          ; AX = 1234H, OF = 0, PF = 0, ZF = 0, CF = 0, AF = 0, SF = 0
        JZ      DONE            ; 为零, 转 DONE; 非零, 则顺序执行
        SHL     CX, 1           ; CX = 0008H
        ROR     AX, CL          ; AX = 3412H
        JMP     LP
    DONE: ROL   AX, CL          ; AX = 2341H
    LP:   NOP
```
     程序段运行后，AX = 3412H
4. 阅读下面程序后，回答问题。
```
        LEA     SI, BUF
        MOV     CX, 100
        CLD
LP1：    LODSB
        CMP     AL, 39H
```

```
          JE      LP2
          LOOP    LP1
          JMP     LP3
    LP2：…
```

问：1）该程序完成的功能是什么？

2）程序执行完后，若 CX≠0，则程序转移到哪里？

3）程序执行完后，如果 CX=0，则程序转移到哪里？

【解】

1）查找 BUF 起始的 100 字节数据中有无 39H，有则转到 LP2，无则转到 LP3。

2）若 CX≠0，则程序转移到 LP2 去执行。

3）如果 CX=0，则程序转移到 LP3 去执行。

5. 阅读下面子程序后，回答指定问题。

```
SUB1    PROC    FAR
        TEST    AL, 80H
        JE      LP1
        TEST    BL, 80H
        JNE     LP2
        JMP     LP3
LP1：   TEST    BL, 80H
        JE      LP2
LP3：   XCHG    AL, BL
LP2：   RET
SUB1    ENDP
```

问：

1）子程序的功能是什么？

2）如调用前 AL=88H，BL=77H，则在返回时，AL=？BL=？

【解】

1）该子程序的功能是测试 AL 和 BL 内容是否为异号数。若是，则互相交换；若不是，则不改变。

2）若在调用前 AL=88H，BL=77H，则在返回时，AL=77H，BL=88H。

6. 源程序如下：

```
        MOV     AX, SEG TABLE    ; TABLE 为表头
        MOV     ES, AX
        MOV     DI, OFFSET TABLE
        MOV     AL, '0'
        MOV     CX, 100
        CLD
        REPNE   SCASB
```

问：1）该段程序完成什么功能？

2）该段程序执行完毕之后，ZF 和 CX 有几种可能的数值？各代表什么含义？

【解】

1）从目的串中查找是否包含字符"0"，若找到则停止，否则继续重复搜索。

2）ZF＝1，说明已找到字符；ZF＝0，说明未找到字符；CX≠0，说明中途已找到字符退出；CX＝0，且 ZF＝0，说明串中无字符"0"。

7. 源程序如下：

```
        CMP     AX, BX
        JNC     L1
        JZ      L2
        JNS     L3
        JNO     L4
        JMP     L5
```

设 AX＝74C3H，BX＝95C3H，则程序最后将转到哪个标号处执行？试说明理由。

【解】　因为 74C3H－95C3H＝DF00H，且 CF＝1，ZF＝0，SF＝1，OF＝1，所以程序将转到 L5 标号处执行。

8. 阅读程序段，说明程序段执行后转移到哪里？

```
        MOV     AX, 1379H
        MOV     BX, 8ACEH
        ADD     AX, BX
        JNO     L1
        JNC     L2
        JMP     L3
```

【解】　本题意为 AX＋BX 无溢出，则程序转到 L1，有溢出但没进位程序将转移到 L2，否则程序转移到 L3。由于 1379H＋8ACEH 无溢出，则程序转到 L1。

9. 阅读程序段，说明程序段执行后转移到哪里？

```
        MOV     AX, 8765H
        MOV     BX, 1234H
        SUB     AX, BX
        JNO     L1
        JNC     L2
        JMP     L3
```

【解】　本题意为 AX－BX 无溢出，则程序转到 L1，有溢出但没进位程序将转移到 L2，否则程序转移到 L3。由于 AX－BX＝8765H－1234H＝7531H，OF＝1（有溢出），CF＝0（无借位），因此程序段执行后转 L2。

10. 阅读程序段，说明程序段的功能。

```
START：  LEA     BX, CHAR
        MOV     AL, 'A'
        MOV     CX, 26
LOP1：   MOV     [BX], AL
        INC     AL
        INC     BX
        LOOP    LOP1
```

```
        HLT
```

【解】　程序段的功能是在 CHAR 开始的 26 个字节单元中依次存放 A ~ Z。

11. 阅读下面程序段，请指出各程序段的功能。

```
    1)  MOV    CX, 10
        CLD
        LEA    SI, First
        LEA    DI, Second
        REP    MOVSB
    2)  CLD
        LEA    DI, [0404H]
        MOV    CX, 0080H
        XOR    AX, AX
        REP    STOSW
    3)  MOV    CX, 10
        MOV    AL, 0
        MOV    BL, AL
LP:     ADD    AL, BL
        INC    BL
        LOOP   LP
```

【解】

　　1）将 First 开始的 10 字节传送到 Second 处。

　　2）将偏移量为 0404H 开始 80H 个字单元清 0。

　　3）计算 0 ~ 9 之和，结果为 55。

3.7　编程题

1. 有 3 个无符号数分别在 AL、BL、CL 中，其中有两个相同，编写一程序找出不相同的数
　　并送入 DL 中。

【解】

```
        CMP    AL, BL      ; AL 与 BL 比较
        JNZ    L1          ; AL≠BL, 转去 L1
        MOV    DL, CL      ; AL = BL, 则 CL 一定是不同数, 将 CL 存入 DL
        JMP    L3          ; 转结束
    L1: CMP    AL, CL      ; AL 与 CL 比较
        JNZ    L2          ; AL≠BL, 且 AL≠CL, 则 AL 一定是不同数
        MOV    DL, BL      ; AL≠BL, 但 AL = CL, 则 BL 一定是不同数, 将 BL 存入 DL
        JMP    L3          ; 转结束
    L2: MOV    DL, AL      ; 将 AL 存入 DL
    L3: HLT
```

2. 设在 DA 开始的单元中存放有一个 4 字节的有符号补码数，高字节存在较高地址单元。试
　　编写一个程序段，完成求出此 4 字节的有符号补码数的绝对值，并存入 ABS 开始的单元。

【解】 分析：将4字节的有符号补码数从内存取出后，首先判符号位，正数的绝对值就是其本身，负数的绝对值需要求出相应的原码，去掉负号即为绝对值。

```
START:    LEA    BX, DA
          MOV    AX, [BX]
          MOV    DX, [BX + 2]
          OR     DX, DX
          JNS    LP1
          NOT    AX
          NOT    DX
          ADD    AX, 1
          ADC    DX, 0
          AND    DX, 7FFFH
LP1:      LEA    BX, ABS
          MOV    [BX], AX
          MOV    [BX + 2], DX
          HLT
```

3. 编写程序实现将首地址为 STR、长度为 N 的字符串顺序颠倒（见图3-1）。

【解】

```
R-STR:    LEA    SI, STR
          MOV    CX, N
          MOV    DI, SI
          ADD    DI, CX
          DEC    DI
          SHR    CX, 1          ; [CX] = N/2
NEXT:     MOV    AL, [SI]
          XCHG   AL, [DI]
          MOV    [SI], AL
          INC    SI
          DEC    DI
          LOOP   NEXT
          HLT
```

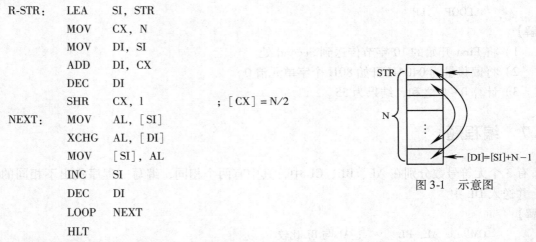

图3-1 示意图

4. 将段地址为 1000H、偏移地址为 100H 开始的 100 个字单元清为 0。

【解】 分析：可以采用 MOV 指令实现，也可以采用串操作指令 STOSW 实现。

方法1：

```
          MOV    AX, 1000H      ; AX = 1000H
          MOV    DS, AX         ; 给段寄存器 DS 赋值
          MOV    SI, 100H       ; 设置地址指针
          MOV    CX, 100        ; 设置循环次数
          XOR    AX, AX         ; AX = 0
LP:       MOV    [SI], AX       ; 将字单元清 0
          ADD    SI, 2          ; 字地址指针加 2
          LOOP   LP             ; CX = CX - 1，若 CX≠0 转到 LP
```

```
            HLT
方法 2：
            MOV     AX, 1000H
            MOV     ES, AX
            MOV     DI, 100H
            XOR     AX, AX
            MOV     CX, 100
            CLD                     ; 令 DF = 0，设置串操作中指针增加
            REP     STOSW           ; ES：[DI]←AX，循环执行 CX 次，且每次 DI 自动加 2
            HLT
```

5. 分别写出实现如下功能的程序段：

1）双字减法（被减数 7B1D2A79H，减数 53E2345FH）。

2）使用移位指令实现一个字乘 18 的运算。

3）使用移位指令实现一个字除以 10 的运算。

4）将 AX 中间 8 位、BX 低 4 位、DX 高 4 位拼成一个新字。

5）将 BX 中的 4 位压缩 BCD 数用非压缩 BCD 数形式顺序放在 AL、BL、CL、DL 中。

【解】

1）双字减法的程序段是：

```
            MOV     AX, 2A79H       ; 被减数的低位字送 AX
            SUB     AX, 345FH       ; 低位字相减，结果送 AX
            MOV     BX, 7B1DH       ; 被减数的高位字送 BX
            SBB     BX, 53E2H       ; 高位字相减，并减去低位字相减产生的借位，结果送 BX
```

2）使用移位指令实现一个字乘 18 的程序段是：

```
            MOV     AX, 05F7H       ; 被乘数送 AX
            SHL     AX, 1           ; 被乘数乘以 2，结果在 AX 中
            MOV     BX, AX          ; 被乘数乘以 2，结果暂存到 BX
            MOV     CL, 3           ; 设置移位位数 3
            SHL     AX, CL          ; 被乘数再乘以 8（共乘以 16），结果在 AX 中
            ADD     AX, BX          ; 被乘数再乘以 18，结果在 AX 中
```

3）使用移位指令实现一个字除以 10 的运算，必须将 X/10 拆分成多项的和，而每一项都应是非的某次幂的倒数。利用等比级数的前 N 项和公式，可求出 A0 = X/8，公比 Q = $-1/4$，故 X/10 = X/8 − X/32 + X/128 − X/512 +⋯，程序段编写如下：

```
            MOV     AX, FE00H       ; 被除数送 AX
            MOV     CL, 3           ; 设置移位位数 3
            SHR     AX, CL          ; 被乘数除以 8，结果在 AX 中
            MOV     BX, AX          ; 被乘数除以 8 的结果暂存到 BX
            MOV     CL, 2           ; 设置移位位数 2
            SHR     AX, CL          ; 被乘数除以 4（累计除 32），结果在 AX 中
            SUB     BX, AX          ; 被除数/8 − 被除数/32，结果在 BX 中
            MOV     CL, 2           ; 设置移位位数 2
            SHR     AX, CL          ; 被乘数除以 4（累计除 128），结果在 AX 中
```

	ADD	BX, AX	；被除数/8 − 被除数/32 + 被除数/128，结果在 BX 中
	MOV	CL, 2	；设置移位位数 2
	SHR	AX, CL	；被乘数除以 4（累计除 512），结果在 AX 中
	SUB	BX, AX	；被除数/8 − 被除数/32 + 被除数/128 − 被除数/512，结果在 BX 中

4）将 AX 中间 8 位、BX 低 4 位、DX 高 4 位拼成一个新字的程序段是：

	AND	DX, 0F000H	；将 DX 的低 12 位清零、高 4 位不变
	AND	AX, 0FF0H	；将 AX 的低 4 位清零、高 4 位清零、中间 8 位不变
	AND	BX, 0FH	；将 BX 的高 12 位清零、低 4 位不变
	ADD	AX, BX	
	ADD	AX, DX	；按要求组成一个新字，结果放在 AX 中

5）将 BX 中的 4 位压缩 BCD 数用非压缩 BCD 数形式顺序放在 AL、BL、CL、DL 中的程序段是：

	MOV	DL, BL	；4 位压缩 BCD 数的低位字节送 DL
	AND	DL, 0FH	；DL 的高 4 位清零，得 4 位非压缩 BCD 数的最低位，放入 DL
	MOV	CL, 4	；设置移位位数 4
	SHR	BX, CL	
	MOV	CH, BL	；将 BL 的内容暂存到 CH 中保留
	AND	CH, 0FH	；CH 的高 4 位清零，得 4 位非压缩 BCD 数的次低位，放 CH 中
	MOV	CL, 4	；设置移位位数 4
	SHR	BX, CL	
	MOV	AL, BL	；将 BL 的内容暂存到 AL 中保留
	AND	BL, 0FH	；BL 的高 4 位清零，得 4 位非压缩 BCD 数的次高位，放 BL 中
	MOV	CL, 4	；设置移位位数 4
	SHR	AL, CL	
	MOV	CL, CH	；将 4 位非压缩 BCD 数的次低位移入 CL 中

6. 编写一个程序段，将 AL 中的各位顺序完全颠倒后存入 AH，如 AL = 11010010B，AH = 01001011B。

【解】 采用的算法为将 AL 中各位依次从低位移出，同时将移出位从低位向高位移入 AH 中（见图 3-2），编程思路如下：

1）设置循环计数器 CX←8，令 AH←0。

2）利用 SHR 指令将 AL 右移一次。

3）利用 RCL 指令将 AH 带进位位循环左移一次。

4）重复执行步骤 2）和步骤 3）共 8 次。

5）最后保存到 AL 中。

6）程序段如下：

	MOV	AH, 0
	MOV	CX, 8
LOP：	SHR	AL, 1
	RCL	AH, 1
	LOOP	LOP

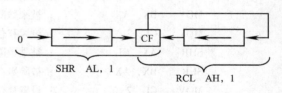

图 3-2 操作示意图

```
                MOV     AL, AH
                HTL
```

7. 若接口 03F8H 的第 1 位（b1）和第 3 位（b3）同时为 1，表示接口 03FBH 有准备好的 8 位数据，当 CPU 将数据取走后，b1 和 b3 就不再同时为 1 了。仅当又有数据准备好时才再同时为 1。试编写程序，从上述接口读入 200 字节的数据，并顺序放在 DATA 开始的地址中。

【解】 即当从输入接口 03F8H 读入的数据满足 ×××× 1×1×B 时，可以从接口 03FBH 输入数据。

```
                LEA     SI, DATA
                MOV     CX, 200
        NEXT：   MOV     DX, 03F8H
        WAIT：   IN      AL, DX
                AND     AL, 0AH          ; 判断 b1 和 b3 位是否同时为 1
                CMP     AL, 0AH
                JNZ     WAIT             ; b1 和 b3 位同时为 1，则读数据，否则等待
                MOV     DX, 03FBH
                IN      AL, DX
                MOV     [SI], AL
                INC     SI
                LOOP    NEXT
                HLT
```

8. 编写一个将 STR 字符串加密的子程序，设加密码已存在 AL 中，字符串的长度在 CX 中。说明：常利用"异或"操作具有两次操作后原数据不变的特点，通过将数据与加密码进行"异或"操作实现加密，在解密时与加密码再进行"异或"操作后，即可得到原数据。

【解】 分析：在子程序运行时，不希望影响到主程序，所以在进入子程序后，常把子程序中用到的寄存器压栈保护起来，在返回前依次恢复。注意压栈与出栈的顺序。

```
        S_STR：  PUSHF
                PUSH    AX
                PUSH    SI
                LEA     SI, STR
        NEXT：   MOV     AH, [SI]
                XOR     AH, AL
                MOV     [SI], AH
                INC     SI
                LOOP    NEXT
                POP     SI
                POP     AX
                POPF
                RET
```

9. 编写一段程序，实现将 CH 寄存器的内容转换为非压缩型 BCD 码，存入 AX 和 CH 寄存器

中，其中，百位数存放在 CL 中，十位数存放在 AH 中，个位数存放在 AL 中。

【解】 可以采用不同的方法实现。

方法 1：因为 CH 的内容为 00H ~ FFH，所以转换成十进制数为 0 ~ 255，采用除法除以 100 取商得百位数，再将余数除以 10 取商得十位数，最后的余数即为个位数。程序如下：

```
        MOV     AL, CH      ; 取数存到 AL 中
        XOR     AH, AH      ; 清 AH
        MOV     BL, 100     ; 将除数 100 送 BL
        DIV     BL          ; AX/BL，商（百位数）在 AL 中，余数在 AH 中
        MOV     CL, AL      ; 商（百位）送 CL
        MOV     BL, 10      ; 除数 10 送 BL
        MOV     AL, AH      ; 将余数 AH 送入 AL
        XOR     AH, AH      ; 清 AH
        DIV     BL          ; AX/BL，商（十位数）在 AL 中，余数在 AH 中
        XCHG    AH, AL      ; 商（十位）送 AH，余数（个位）送 AL
        HLT
```

方法 2：因为 CH 的内容为 X，其可以看成是 X 个 1 的累加值，所以可以采用非压缩型 BCD 码累加 1；因为 X 可能大于 99，所以需要做两次非压缩型 BCD 码累加。

```
        XOR     AX, AX      ; 清 AX
LP1：   ADD     AL, 1       ; 累加 1
        AAA                 ; 非压缩型 BCD 码调整
        DEC     CH          ; 累加次数减 1
        JNZ     LP1
        MOV     CL, AL      ; 暂存个位数据到 CL
        MOV     CH, AH
        XOR     AX, AX      ; 清 AX
LP2：   ADD     AL, 1       ; 累加 1
        AAA                 ; 非压缩型 BCD 码调整
        DEC     CH          ; 累加次数减 1
        JNZ     LP2
        XCHG    AH, AL      ; 将十位数据存入 AH
        XCHG    CL, AL      ; 百位数据存入 CL，个位数据存入 AL
        HLT
```

方法 3：先利用压缩型 BCD 码累加 1 的方法，实现将 CH 内容转换成压缩型 BCD 码，存入 CL 和 AL 中，再将 AL 中的压缩型 BCD 码拆成非压缩型 BCD 码。

```
        XOR     AX, AX      ; 清 AX
LP1：   ADD     AL, 1       ; 累加 1
        DAA                 ; 压缩型 BCD 码调整
        ADC     AH, 0
        DEC     CH          ; 累加次数减 1
        JNZ     LP1
        MOV     CL, AH      ; 保存百位数据到 CL
        MOV     AH, AL
```

66

```
                MOV      CL, 4
                SHR      AH, CL       ; 获得十位数存入 AH
                AND      AL, 0FH      ; 获得个位数存入 AL
                HLT
```

10. 试编写程序，实现找出 M 字节的有符号补码数数组 DATA 中绝对值最大的值，并存入 MAX 单元。

【解】 正数的绝对值是其本身，负补码数的绝对值是连同符号求反后加 1。程序如下：

```
START：    LEA      BX, DATA
           MOV      AL, 0        ; 设最大绝对值单元 AL 初始值 = 0
           MOV      CX, M        ; 字节数送 CX
L1：       MOV      AH, [BX]     ; 从数组中取 1 字节
           TEST     AH, 80H      ; 测试符号位
           JNS      L2           ; 正数转到 L2
           NEG      AH           ; 负数求变补，即连同符号位求反加 1，得到其绝对值
L2：       CMP      AH, AL       ; 绝对值与最大绝对值单元 AL 比较
           JC       L3           ; AH < AL，转到 L3
           MOV      AL, AH       ; AH≥AL，则 AL←AH
L3：       INC      BX           ; 指针增 1
           LOOP     L1           ; CX = CX - 1，CX≠0 则转到 L1
           MOV      MAX, AL      ; 保存最大绝对值
           HLT
```

11. 编写计算 $AX^2 + BX + C$ 类型多项式值的程序段。设系数 A，B，C 和变量 X 均为无符号字节数，计算结果存入 BUF，如图 3-3 所示。

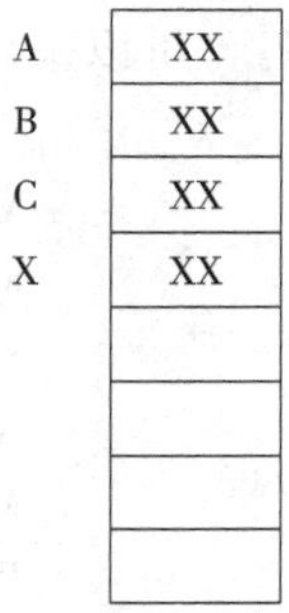

A	XX
B	XX
C	XX
X	XX

【解】 注意，$X * X \leqslant 2$ 字节，$A * X * X \leqslant 3$ 字节，考虑极端情况 $AX^2 + BX + C \leqslant 3$ 字节

```
           LEA      SI, BUF1     ; SI 指向 BUF
           MOV      AL, X        ; 取 X 值至 AL
           XOR      AH, AH       ; AH 清 0
           MUL      AL           ; AX = X²
           MOV      DL, A        ; 取系数 A
           XOR      DH, DH       ; DH 清 0
           MUL      DX           ; DX, AX = DX * AX = A * X²
           MOV      [SI], AX     ; 暂存 AX
           MOV      [SI+2], DX   ; 暂存 DX
           MOV      AL, X        ; AL = X
           MOV      DL, B        ; DL = B
           MUL      DL           ; AX = DL * AL = B * X
           ADD      AL, C
           ADC      AH, 0        ; AX = B * X + C
           MOV      BX, [SI]     ; BX = A * X² 低字
           ADD      AX, BX       ; 将 A * X² 低字 + B * X + C 存入 AX 中
           MOV      [SI], AX     ; 保存
```

图 3-3　内存示意图

MOV	AX, [SI]	; AX = A * X² 高字
ADC	AX, 0	; AX = AX + 0 + CF
MOV	[SI + 2], AX	; 保存
HLT		

12. 请编写一程序段，实现从键盘输入 2 位十进制数，将其转换成 1 字节压缩 BCD 码存放在 BCD 单元中。

【解】 可以采用 INT 21H 中的 1 号功能，实现从键盘输入 1 个字符。

MOV	AH, 1	
INT	21H	; 从键盘输入 1 位 0 ~ 9 的字符，其对应的 ASCII 码存在 AL 中
AND	AL, 0FH	; 将 AL 中的 ASCII 码转换成非压缩型 BCD 码
MOV	CL, 4	
SAL	AL, CL	; 非压缩型 BCD 码移至高 4 位
MOV	BL, AL	; 保存到 BL 中
MOV	AH, 1	
INT	21H	; 再从键盘输入 1 位 0 ~ 9 的字符，其对应的 ASCII 码存在 AL 中
AND	AL, 0FH	; 将 AL 中的 ASCII 码转换成非压缩型 BCD 码
ADD	AL, BL	; 与暂存在 BL 中的高 4 位合成一个压缩型 BCD 码
MOV	BCD, AL	; 将压缩型 BCD 码保存入 BCD 单元中
HLT		

13. 编写一个程序段，实现将 BL 中的压缩型 BCD 码转换成 ASCII 码，并在屏幕上显示出来。

【解】 可以采用 INT 21H 中的 2 号功能，实现将 DL 中的 ASCII 码对应的字符显示在屏幕上。

MOV	DL, BL	; 取压缩型 BCD 码
MOV	CL, 4	; CL 赋值为 4
SHR	DL, CL	; 将 DL 中的 BCD 码高 4 位移到低 4 位，同时高位清 0
ADD	DL, 30H	; 转成 ASCII 码
MOV	AH, 02	
INT	21H	; 在屏幕上显示 BCD 码的高位
AND	BL, 0FH	; BL 高 4 位清零
ADD	BL, 30H	; BL 高 4 位置为 3，转成 ASCII 码
MOV	DL, BL	
MOV	AH, 02	
INT	21H	; 在屏幕上显示 BCD 码的低位
HLT		

14. 请编写一程序段，实现从键盘输入 2 位十进制数，将其转换成 1 字节的十六进制数保存在 BUF 单元中。

【解】 从键盘输入 2 位十进制数 XY，转换成十六进制数应为 X * 10 + Y。

MOV	AH, 1	
INT	21H	; 从键盘输入 1 位 0 ~ 9 的字符，其对应的 ASCII 码存在 AL 中
AND	AL, 0FH	; 将 AL 中的 ASCII 码转换成非压缩型 BCD 码
MOV	BH, AL	; 保存到 BH 中

	MOV	AH, 1	
	INT	21H	; 再从键盘输入 1 位 0 ~ 9 的字符，其对应的 ASCII 码存在 AL 中
	AND	AL, 0FH	; 将 AL 中的 ASCII 码转换成非压缩型 BCD 码
	MOV	BL, AL	; 保存到 BL 中
	MOV	AL, 10	
	MUL	BH	; AL = BH * 10
	ADD	AL, BL	; AL = BH * 10 + BL
	MOV	BUF, AL	; 将十六进制数保存入 BUF 单元中
	HLT		

15. 已知一个关于 0 ~ 9 的数字的 ASCII 码表首址是当前数据段 DS 的 0A80H 位置，现要找出数字 5 的 ASCII 码的个数，且将其个数存于 BL 中。设码表中第一个单元存放着码表的长度。试编写程序实现。

【解】

	MOV	SI, 0A80H	; 设置 ASCII 码表指针
	XOR	BL, BL	; 5 的 ASCII 码的个数计数器清 0
	MOV	CL, [SI]	; 取表长度
	INC	SI	; 指针增 1
	MOV	AL, 35H	; AL = 5 的 ASCII 码 = 35H
LP0：	CMP	[SI], AL	; 表中数与 5 比较
	JNZ	LP1	; 不是 5，则转到 LP1
	INC	BL	; 是 5，则 5 的 ASCII 码的个数计数器增 1
LP1：	INC	SI	; 指针增 1
	DEC	CL	; 循环次数减 1
	JNZ	LP0	
	HLT		

16. 试用查表指令（XLAT）实现计算 $c = a^3 + b^3$，其中 a、b 为 0 ~ 5 的内存数据，如图 3-4 所示。

【解】

	MOV	AX, DATA	; 取段基值
	MOV	DS, AX	; DS 指向表所在段
	LEA	BX, TAB	; 取表的首地址偏移量
	MOV	AL, a	; 取 a
	XLAT	TAB	; AL = DS：[BX + AL]
	MOV	CL, AL	; 暂存 a^3
	MOV	AL, b	; 取 b
	XLAT	TAB	; 查表得到 AL = b^3
	ADD	AL, CL	; AL = $a^3 + b^3$
	MOV	c, AL	; 保存结果
	HLT		

DATA	⋮
TAB	0
	1
	8
	27
	64
	125
	⋮
a	XX
b	XX
c	XX
	⋮

图 3-4　内存示意图

17. 试编制程序段实现求 | X + Y | * | X − Y |，并将结果存入内存。其中 X 和 Y 是内存数据段 DATA 中两个单字节无符号二进制数。

【解】　| X + Y | ≤ 2 字节，| X − Y | = 1 字节，| X + Y | * | X − Y | ≤ 2 字节，内存示意图如图 3-5 所示。

	MOV	AX, DATA	
	MOV	DS, AX	
	XOR	AX, AX	; AX = 0
	MOV	AL, X	; AL = X
	ADD	AL, Y	
	ADC	AH, 0	; AX = X + Y
	XOR	BH, BH	; BH = 0
	MOV	BL, X	; BL = X
	SUB	BL, Y	; BL = X − Y
	JNC	LP	; 若 X≥Y，则转 LP
	MOV	BL, Y	; BL = Y
	SUB	BL, X	; BL = Y − X
LP：	MUL	BX	; AX = AX ∗ BX = │X + Y│ ∗ │X − Y│
	MOV	Z, AX	
	HLT		

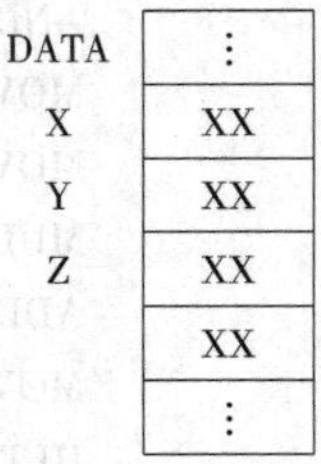

图3-5 内存示意图

（右侧内存示意图）
DATA ⋮
X XX
Y XX
Z XX
XX
⋮

18. 请根据图 3-6 所示的流程图，编写程序段。

【解】

	MOV	AX, DA1	; 取数
	OR	AX, AX	; 测试符号
	JS	MINUS	; 为负，则转 MINUS
	JZ	ZERO	; 为 0，则转 ZERO
PLUS：	SAR	BX, 1	; 为正，则 BX = BX/2
	JMP	QQ	
MINUS：	SAL	BX, 1	; 为负，则 BX = BX ∗ 2
	JMP	QQ	
ZERO：	XOR	BX, BX	; 为 0，则 BX = 0
QQ：	MOV	BUF, BX	
	HLT		

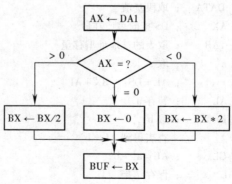

图 3-6　流程图 1

19. 请根据图 3-7 所示的流程图，编写程序段。

【解】

	MOV	AL, DA1	
	CMP	AL, 09H	
	JBE	LP1	

	ADD	AL, 37H
	JMP	LP2
LP1：	ADD	AL, 30H
LP2：	MOV	DL, AL
	MOV	AH, 2
	INT	21H

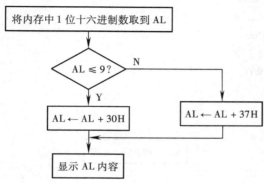

图 3-7　流程图 2

20. 请根据如图 3-8 所示的流程图，编写程序段。

【解】

START：	MOV	AL, DA1	; 取数
	CMP	AL, 7FH	; AL 与 3FH 比较
	JA	LP1	; 若 AL > 7FH，则转到 LP1
	CMP	AL, 3FH	; AL 与 3FH 比较
	JB	LP2	; 若 AL < 3FH，则转到 LP2
	JMP	EXIT	; 3FH ≤ AL ≤ 7FH
LP1：	NEG	AL	
	OR	AL, 80H	; 求 AL 补码（符号位不变，其余位求反后加 1）
	JMP	EXIT	
LP2：	SAL	AL, 1	; AL = AL * 2
EXIT：	HLT		

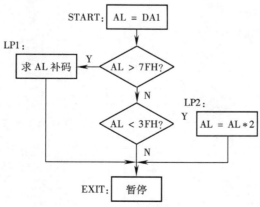

图 3-8　流程图 3

21. 请根据如图 3-9 所示的流程图，编写程序段。

【解】

```
        MOV    AH，1
        INT    21H
        CMP    AL，'0'
        JB     THREE
        CMP    AL，'9'
        JNA    ONE
        CMP    AL，'Z'
        JBE    TWO
ONE：...
TWO：...
THREE：...
```

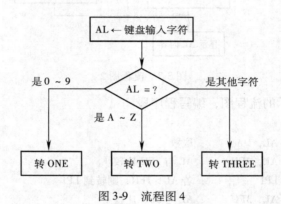

图 3-9　流程图 4

第4章 汇编语言程序设计

4.1 学习指导

计算机语言就其层次可分为 3 类：机器语言、汇编语言和高级语言。本章主要学习 8086/8088 汇编语言（以下简称汇编语言）的结构、语法及宏汇编语言程序设计。

1）宏汇编语言源程序的基本结构。

语句是宏汇编语言程序的基本组成单位。一个宏汇编语言程序中包含以下 3 种基本语句。

①指令语句：能产生目标代码，即 CPU 可执行、完成某种功能的语句。格式由以下 4 部分组成：

[标号:] [前缀]助记符 [操作数] [；注释]

②伪指令语句：没有目标代码，CPU 不能执行，只是为了提供汇编语言的编程器在汇编程序时所需要的信息。伪指令语句格式也可由以下 4 部分组成：

[名字] 伪指令 [操作数] [；注释]

③宏指令语句：代表一个指令序列，即把一段重复性较强的程序定义成一条宏指令，也就是用宏指令代替这段程序，以后在程序录入、编辑时只要出现此段程序，就可以用该宏指令代替。其格式如下：

名字 MACRO
    ⋮ ⎫宏体
    ENDM ⎭

2）熟练掌握常用的伪指令。

- 汇编语言中常数、变量、标号、符号、表达式的描述规范。
- 分析运算符：OFFSET、SEG。
- 综合运算符：PTR、BYTE、WORD、DWORD、NEAR 和 FAR。
- 数据定义：DB、DW、EQU。
- 段或过程定义：SEGMENT、ENDS、ASSUME、PROC、ENDP、END。
- 定位定义：ORG、$。

3）DOS 系统功能调用（INT 21H），要求掌握功能号为 01H、02H、09H、0AH、25H、4CH 等的用法。

4）汇编语言源程序设计：简单程序设计、分支程序设计、循环程序设计、子程序设计，能按要求编写并调试汇编语言源程序。

4.2 单项选择题

1. 汇编语言程序需要经过（　　）翻译成机器语言后才能执行。

A. 汇编程序   B. 解释程序   C. 编译程序   D. 连接程序

【解】 A

2. 汇编语言程序中可执行的指令位于（　　　）中。

    A. 数据段   B. 附加数据段   C. 堆栈段   D. 代码段

【解】 D

3. 计算机能够直接执行的程序语言是（　　　）。

    A. 汇编语言   B. C++语言   C. 机器语言   D. 高级语言

【解】 C

4. 在汇编过程中不产生指令代码，只用来指示汇编程序如何汇编的指令是（　　　）。

    A. 汇编指令   B. 伪指令   C. 机器指令   D. 宏指令

【解】 B

5. 一个8086/8088汇编语言源程序最多有（　　　）个当前段。

    A. 1   B. 2   C. 3   D. 4

【解】 D

6. 能够表示指令存放地址的是（　　　）。

    A. 符号名   B. 变量名   C. 标号   D. 常量

【解】 C

7. 如果段定位类型为默认设定，则用隐含类型表示，隐含类型是（　　　）。

    A. BYTE   B. WORD   C. PARA   D. PAGE

【解】 C

8. 汇编程序不能够识别的指令有（　　　）。

    A. 助记符指令   B. 宏指令   C. 微指令   D. 伪指令

【解】 C

9. 8086汇编语言有3种基本语句，不包括（　　　）。

    A. 宏指令语句   B. 多字节语句   C. 指令语句   D. 伪指令语句

【解】 B

10. 标号和变量都不具有（　　　）。

    A. 段属性   B. 偏移属性   C. 操作属性   D. 类型属性

【解】 C

11. 下列伪指令中不能用来定义变量的是（　　　）。

    A. BYTE   B. DB   C. DD   D. DW

【解】 A

12. 在运算符PTR表达式中不能出现的类型是（　　　）。

    A. DB   B. NEAR   C. FAR   D. WORD

    E. BYTE

【解】 A

13. 汇编语言中变量名的有效长度为（　　　）个字符。

    A. 8   B. 15   C. 16   D. 31

【解】 D

14. 对于 8086 指令系统，汇编语言程序一个段的最大长度是（　　）KB。

    A. 8   B. 16   C. 32   D. 64

【解】　D

15. 汇编语言中标识符的组成规则表述不正确的是（　　）。

    A. 允许字符个数为 1～31 个   B. 第 1 个字符不能是数字

    C. 第 1 个字符可以是字母、"?"及下画线   D. 从第 2 个字符开始可以是任意字符

    E. 允许采用系统专用的保留字

【解】　E

16. 进行宏定义时，不是必须包含的内容是（　　）。

    A. 表示宏定义开始和结束的伪指令 MACRO 和 ENDM

    B. 宏名

    C. 宏名在宏定义开始和结束伪指令中必须成对出现

    D. 宏体

【解】　C

17. 进行子程序定义时，不是必须包含的内容是（　　）。

    A. 表示子程序定义开始和结束的伪指令 PROC 和 ENDP

    B. 子程序名

    C. 一个或多个形参

    D. 子程序体

    E. 子程序名在子程序定义开始和结束伪指令中必须成对出现

【解】　C

18. 进行段定义时，不包含的内容有（　　）。

    A. 表示段定义开始和结束的伪指令 SEGMENT 和 ENDS

    B. 段名

    C. 一个或多个可选参数

    D. 段名在段定义开始和结束伪指令中必须成对出现

    E. 段的属性

【解】　E

19. 下列 DOS 功能调用中，用于将 DL 中的字符送屏幕显示的子功能号是（　　）。

    A. 01H   B. 02H   C. 09H   D. 0AH

【解】　B

20. 宏汇编语句 BUF　DB 5AH 中的 BUF 被约定称为（　　）。

    A. 伪指令   B. 操作符   C. 变量名   D. 标号

【解】　C

21. 伪指令语句 VAR　DW　5　DUP（?）在存储器中分配（　　）字节给变量 VAR。

    A. 0   B. 5   C. 10   D. 15

【解】　C

22. 伪指令语句 VAR　EQU　5　在存储器中分配（　　）字节给变量 VAR。

    A. 0   B. 5   C. 10   D. 15

【解】　A

23. 语句 DA1 DB 2 DUP（4，6），5 汇编后，与该语句功能等同的语句是（　　）。

    A. DA1DB 4，6，5   B. DA1DB 2，4，6，5

    C. DA1DB 4，6，4，6，5   D. DA1DB 4，6，5，4，6，5

【解】　C

24. 某数据段定义如下：

```
DATA      SEGMENT
          ORG       100H
VAR1      DB        20，30，'ABCD'
VAR2      DW        10  DUP(?)
DATA      ENDS
```

则执行指令语句　MOV　BX，OFFSET　VAR1 后，BX =（　　）

    A. 20   B. 32   C. 'ABCD'   D. 100H

【解】　D

25. 某数据段定义如下：

```
DATA      SEGMENT
VAR1      DB        20，30
VAR2      DW        10  DUP（?）
VAR3      DB        'ABCD'
DATA      ENDS
```

则执行指令语句　MOV　BX，SEG　VAR1 和 MOV CX，SEG　VAR3 后，BX 和 CX 二者的关系为（　　）。

    A. BX > CX   B. BX < CX   C. BX = CX   D. 不确定

【解】　C

26. 伪指令 MOV　BX，DATA1 和 MOV　BX，OFFSET　DATA1 的作用（　　）。

    A. 相同   B. 不同

【解】　B

27. 程序段如下：

```
          ORG   0024H
DA        DW    'AB'，0ABH，$ +4
          LEA   AX，DA +4
```

当执行上述指令以后，AX 中的内容是（　　）。

    A. 4241H   B. 00ABH   C. 0004H   D. 0028H

【解】　D

28. 某数据段定义如下：

```
DATA      SEGMENT
          ORG       20H
DA1       DB        12H，34H
DA2       EQU       5678H
DA3       DW        DA1
DATA      ENDS
```

76

则变量 DA3 的偏移量是 （   ）。

    A. 0020H   B. 0022H   C. 0024H   D. 0026H

【解】 B

29. 某数据段定义如下：

```
        DATA    SEGMENT
                ORG     20H
        DA1     DB      12H，34H
        DA2     EQU     5678H
        DA3     DW      DA1
        DATA    ENDS
```

则 DA3 = （   ）。

    A. 0020H   B. 1234H   C. 3412H   D. 0024H

【解】 A

30. 设某数据段定义如下：

```
        DATA    SEGMENT
        DA1     DB      12H，34H
        DA2     DW      12H，34H
        DATA    ENDS
```

下面语句 （   ） 有语法错误。

    A. DA1   DW DA1   B. MOV   AL，BYTE   PTR   DA2 + 1

    C. MOV   AX，DA1 + 1   D. MOV   AX，WORD   PTR   DA2 + 1

【解】 C

31. 若某源程序的数据段如下：

```
        DATA    SEGMENT
                _____
        DA1     DB      3CH，01000011B
        DA2     DW      'AB'
        DA3     EQU     DA2
        DA4     DW      DA1，DA2
        DATA    ENDS
```

若要实现 DA4 的偏移量 = 0026H，则应在 （   ） 处设置的语句是 （   ）。

    A. DB 20H DUP（?）   B. ORG   20H   C. ORG 22H

【解】 C

32. 某数据段定义如下：

```
        DATA    SEGMENT
                ORG     50H
        VAR1    DB      5
        VAR2    DW      20H
        VAR3    DW      5 DUP（?）
        COUNT   EQU     5
        VAR4    DD      COUNT   DUP（?）
        DATA    ENDS
```

该数据段占用了（ 　　 ）个字节单元。

A. 13　　　　　　　B. 28　　　　　　　C. 33　　　　　　　D. 50H

【解】 C

33. 下面伪指令定义后，其变量对应的物理地址是（ 　　 ）。

```
        ORG   0100H
BUF     DB    10  DUP （?）
CON     DW    20  DUP （?）
```

A. BUF = DS：0110H　　　　　　　　　B. BUF = DS：0100H

　　CON = DS：0120H　　　　　　　　　　CON = DS：010AH

C. BUF = DS：0100H　　　　　　　　　D. BUF = DS：0110H

　　CON = DS：0110H　　　　　　　　　　CON = DS：0130H

【解】 B

34. 语句 VAR6　DB　2　DUP （11H，2　DUP （0），'AB'）表示内存存入的数据为（ 　　 ）。

A. 02H，11H，02H，00H，41H，42H

B. 11H，00H，00H，41H，42H，11H，00H，00H，41H，42H

C. 11H，02H，00H，41H，42H，11H，02H，00H，41H，42H

D. 11H，00H，00H，42H，41H，11H，00H，00H，42H，41H

【解】 B

35. 用数据定义伪指令：DA1　DB　4　DUP （0，2　DUP （1，0）），定义数据占字节单元数是（ 　　 ）个。

A. 4　　　　　　　　B. 8　　　　　　　C. 12　　　　　　　D. 20

【解】 D

36. 下列语句中，（ 　　 ）是有效的汇编语言指令。

A. MOV　　SP，AL

B. MOV　　WORD _ OP[BX + 4 ∗ 3][SI]，SP

C. MOV　　VAR1，VAR2

D. MOV　　SP，SS：DATA _ WORD[SI][DI]

【解】 B

37. 下列语句中，（ 　　 ）是有效的汇编语言指令。

A. IN　　AL，DX　　　　　　　　　　　B. OUT　　1800H，AX

C. LEA　　AX，2000H　　　　　　　　　D. MOV　　SS，4000H

【解】 A

38. 当字单元 BUF 的内容为 −1 时，程序转移到 LP 处。下面错误的指令是（ 　　 ）。

A. MOV　　AX，BUF　　　　　　　　　B. MOV　　BX，0FFSET　BUF

　　XOR　　AX，0FFFFH　　　　　　　　　CMP　　WORD　PTR［BX］，0FFFFH

　　JZ　　LP　　　　　　　　　　　　　　JZ　　LP

C. LEA　　SI，BUF　　　　　　　　　　D. MOV　　AX，BUF

　　ADD　　BYTE　PTR［SI］，0001H　　　AND　　AX，0FFFFH

　　JZ　　LP　　　　　　　　　　　　　　JZ　　LP

【解】 D

39. 阅读下列程序段，其执行后 DX = （   ）。

```
              ORG   100H
      DA1     DB    12H，34H，56H，78H
      DA2     EQU   $
      DA3     DW    10H  DUP （1，2，3）
              MOV   DX，DA2
              ADD   DX，DA3＋2
```

    A. 36H   B. 59H   C. 0105H   D. 0106H

【解】 D

40. 设代码段名为 CODE，它的起始物理地址为 20A00H，程序开始执行的起始地址用标号 START 表示。对代码段寄存器 CS 赋予段地址的正确方法是（   ）。

    A. MOV   CS，20A0H   B. MOV   AX，20A0H

                                              MOV   CS，AX

    C. ASSUME   CS：CODE   D. END   START

【解】 D

41. 已定义数据段如下。能使 AX 中数据为偶数的语句是（   ）。

```
      DATA    SEGMENT
              ORG       0213H
      DA1     DB        15H，26H，37H
      AD2     DW        DA1
      DATA    ENDS
```

    A. MOV   AX，WORD PTR   DA1

    B. MOV   AL，DA1＋2

    C. MOV   AL，BYTE PTR   AD2＋1

    D. MOV   AX，WORD PTR   DA1＋1

【解】 C

42. 下列指令作用完全相同的是（   ）。

    A. DATA1   EQU   2000H 和 DATA1＝2000H

    B. MOV   BX，DATA1 和 MOV   BX，OFFSET DATA1

    C. ADD   AX，BX 和 ADD   AX，［BX］

    D. LEA   BX，BUF 和 MOV   BX，OFFSET   BUF

【解】 D

43. 以下定义变量的伪指令正确的有（   ）。

    A. D1   DB   'ABCDEFGH'   B. D2 DW   'ABCDEFGH'

    C. D3   DD   'ABCDEFGH'

【解】 A

44. 下列说法不正确的是（   ）。

    A. 经过汇编以后，子程序目标代码只有一个，而宏体的目标代码可以有若干个

    B. 在程序运行中，宏调用与子程序调用都要产生程序转移

C. 用子程序结构可以缩短程序的目标代码，但程序运行时间稍长；用宏指令程序运行时间稍短，但程序目标代码稍长

D. 宏的编写及调用与子程序的编写及调用方式不同

E. 宏指令可用形式参数，使用灵活方便

【解】 B

45. 为在一连续存储单元中依次存放数据 41H，42H，…，48H，下面数据定义语句不正确的是（　　）。

A. DB　41H，42H，43H，44H，45H，46H，47H，48H

B. DB　'ABCDEFGH'

C. DB　'HGFEDCBA'

D. DW　4241H，4443H，4645H，4847H

【解】 C

46. 下列语句中，（　　）是有效的汇编语言指令。

A. MOV　　SP，SS：DATA_WORD[SI][DI]

B. LEA　　AX，2000H

C. MOV　　AX，4000H

D. PUSH　DL

E. OUT　　1800H，AL

【解】 C

47. 试阅读下列程序段，执行此程序段后的结果是 AL =（　　）。

```
        SR      MACRO   R1，R2，R3
                MOV     CL，R2
                R3      R1，CL
                MOV     AL，R1
                ENDM
        DATA    SEGMENT
        DA1     DB      01H
        DA2     DB      ?
        DATA    ENDS
                ⋮
                XOR     CL，CL
                MOV     BL，DA1
                SR      BL，04H，SHL
                MOV     DA2，AL
```

A. 02H　　　　　　　　B. 04H　　　　　　　　C. 08H　　　　　　　　D. 10H

【解】 D

48. 结构的定义及预置语句如下：

```
        SABC    STRUC
        LD1     DB              3，4
        LD2     DB              10 DUP（?）
```

LD3	DB	10
LD4	DB	'ABCDFFGHY'
LD5	DW	BUF
SABC	ENDS	
DATA	SABC <.. '50HGFCBATH'>	
DATA	ENDS	

在预置与存储分配时，初值可以修改的结构字段有（　　　）。

A. LD1 和 LD2

B. LD3、LD4、LD5

C. 均可以

D. 均不可以

【解】 B

4.3 判断题

1. 指出下列指令正确与否，若不正确试说明原因。

1）POP　　CS

2）MOV　　DS，2000H

3）PUSH　FR

4）PUSH　WORD　PTR　20［BX+SI-2］

5）LEA　　BX，4［BX］

【答案】

1）×。禁止对 CS 寄存器赋值。

2）×。段寄存器不能直接赋值。

3）×。无此指令，可改用 PUSHF。

4）√。

5）√。

2. 指出下列指令正确与否，若不正确试说明原因。

1）JMP　BYTE　PTR［BX］［DI］

2）SAR　AX，5

3）CMP　［DI］，［SI］

4）IN　　AL，3800H

5）MUL　25

【答案】

1）×。JMP 的目标操作数只能是 16 位或 32 位地址信息。若 BYTE 改为 WORD，则目标地址为 16 位存储器单元中存放的偏移量；若 BYTE 改为 DWORD，则目标地址为 32 位存储器单元中存放的 16 位段基值和 16 位偏移量。

2）×。8086/8088 的移位指令，当移位超过 1 位时，就必须将移动位数赋给 CL。

3）×。不允许在存储单元之间比较。

4）×。端口地址超过 255 必须要放入 DX，采用寄存器 DX 间接寻址。

5）×。8086/8088 的 MUL 指令源操作不允许为立即数。

3. 指出下列指令正确与否，若不正确试说明原因。

1）LEA   BX，［BP］

2）INC   IP

3）INC   DWORD   PTR［BX］

4）ADD   ES，AX

5）SHR   CL，CL

【答案】

1）√。

2）×。指令指针寄存器 IP 是不能通过任何指令操作的。

3）√。

4）×。加法指令的目标操作数只能是通用寄存器或存储器。

5）√。

4. 指出下列指令正确与否，若不正确试说明原因。

1）SAL   CL，5

2）JNAB   NEXT

3）LOOP   A5

4）JMP   END

5）ADD   AX，［BX］［BP］

【答案】

1）×。8086/8088 指令中移位指令超过 1 位，必须将移动位数事先存入 CL。

2）×。没有 JNAB 指令。

3）√。

4）×。END 为伪指令，不允许做标号。

5）×。BX 和 BP 不能在一个操作数寻址中同时使用。

5. 指出下列指令正确与否，若不正确试说明原因并改正。

1）LEA   BX，AX

2）XCHG   BL，100

3）IN   AL，300H

4）TEST   AL，100H

5）JNC   ADD

【答案】

1）×。本条指令取存储单元有效地址，源操作数必须是寄存器。

改：LEA   BX，［SI］

2）×。不能与立即数进行交换。

改：XCHG   BL，［100］

3）×。300H＞255，I/O 地址应由 DX 给出。

改：MOV   DX，300H

IN   AL，DX

4）×。AL 是 8 位寄存器，不能测试 100H 位。

改：TEST AX，100H

5）×。转移指令中的目标地址标号不能用指令助记符。

改：JNC ADD1

6. 指出下列指令正确与否，若不正确试说明原因并改正。

1）LOOP 1000

2）CALL AX

3）JMP ［1000］

4）MOV ［CX］，AL

5）MOV ［BP］，12

【答案】

1）×。转移地址不是某一具体数字，只能是地址标号。

改：LOOP NEXT

2）√。

3）×。JMP 没有这种形式的直接寻址。

改：JMP WORD PTR［BX］ 或者改：JMP ADR

4）×。CX 不能作为间接寻址寄存器。

改：MOV ［SI］，AL

5）×。指令中未指明要传送数据的位数。

改：MOV BYTE PTR［BP］，12

7. 指出下列传送指令正确与否，若不正确试说明原因。

1）MOV BP，AL

2）XCHG AH，AL

3）OUT 310，AL

4）MOV ［BX + CX］，2130H

5）ADD AL，［BX + DX + 10］

【答案】

1）×。源操作数和目标操作数的字长不匹配。

2）√。

3）×。因为 310 > 255，所以应用 DX 实现间接寻址。

4）×。CX 不能用作偏移地址寄存器。

5）×。DX 不能用于存储器间接寻址。

4. 4 填空题

1. 用___(1)___语言编写的程序可由计算机直接执行。

【解】 （1）机器

2. 高级语言源程序在计算机中执行时，需要通过__(1)__或__(2)__才能执行。

【解】 （1）编译 （2）解释

3. 8086 宏汇编语言有以下 3 种基本语句：__(1)__、__(2)__和__(3)__。

【解】 （1）指令性语句 　　（2）伪指令语句 　　（3）宏指令语句

4. 标号是可执行的指令性语句的符号地址，它可以作为___(1)___或___(2)___指令的目标操作数。

【解】 （1）JMP 　　（2）CALL

5. 标号是可执行的指令性语句的符号地址，它表示___(1)___，具有3种属性：___(2)___、___(3)___和___(4)___。

【解】 （1）对应指令的首地址 　　（2）段基值 　　（3）偏移量 　　（4）类型属性

6. 设数据段中有数据定义语句 D1　　DD　　12345678H，则代码段中语句 LDS SI，D1 执行后的结果是 SI = ___(1)___，DS = ___(2)___。

【解】 （1）5678H 　　（2）1234H

7. 把 SEG 运算符加在一个标号或变量前，是为了获取该标号或变量的___(1)___；把 OFFSET 运算符加在一个标号或变量前，是为了获取该标号或变量的___(2)___。

【解】 （1）段基值 　　（2）偏移量

8. TYPE 加在变量名或标号前面，返回数值为该变量名或标号的属性（即类型值），如 BYTE 的返回数值为___(1)___，WORD 的返回数值为___(2)___，DWORD 的返回数值为___(3)___，NEAR 的返回数值为___(4)___，FAR 的返回数值为___(5)___。

【解】 （1）1 　　（2）2 　　（3）4 　　（4）－1 　　（5）－2

9. LENGTH 加在变量名前面，运算结果为变量元素的基本单元的个数，对于 DUP 说明符返回值为___(1)___。

【解】 （1）DUP 外层重复次数值

10. SIZE 运算符加在变量名前面，它给出的是该变量的___(1)___。

【解】 （1）总字节数

11. SIZE、LENGTH 和 TYPE 这3个运算符之间的关系可以用公式___(1)___来表达。

【解】 （1）SIZE = LENGTH ＊ TYPE

12. 如果有如下变量定义：

```
VAR1    LABEL  BYTE
VAR2    DW  10  DUP（?）
```

则 VAR1 是一个___(1)___型变量，VAR2 是一个___(2)___型变量；若 VAR2 的偏移量为 200H，则 VAR1 的偏移量为___(3)___。

【解】 （1）字节 　　（2）字 　　（3）200H

13. 如果有如下定义：

```
LP_1    EQU  THIS  FAR
LP_2：   ADD  AL, 30H
```

则 LP_1 是一个___(1)___型标号，LP_2 是一个___(2)___型标号；若 LP_1 的偏移量为 2000H，则 LP_1 的偏移量为___(3)___。

【解】 （1）段间（FAR） 　　（2）段内（NEAR） 　　（3）2000H

14. 在宏汇编语言源程序中，用伪指令___(1)___定义段起始，用伪指令___(2)___定义段结束，而且二伪指令的前面必须为一致的___(3)___。

【解】 （1）SEGMENT 　　（2）ENDS 　　（3）段名

15. 段定义为指令 SEGMENT 中定位类型参数有 4 种选择，包括 ___(1)___ 、 ___(2)___ 、 ___(3)___ 和 ___(4)___ ，若该项缺省，则默认为 ___(5)___ 。

【解】 （1）PAGE 　　（2）PARA 　　（3）WORD 　　（4）BYTE 　　（5）PARA

16. 在定义堆栈段时，若选择 ___(1)___ 选项，则可自动给 SS 和 SP 赋予初值。

【解】 （1）STACK

17. 当程序中出现 ___(1)___ 符号时，它的值为程序的下一个能分配的存储单元的偏移地址，或称当前位置偏移量的值。

【解】 （1）$

18. 定义过程的开始用伪指令 ___(1)___ ，过程结束用伪指令 ___(2)___ ，过程的类型属性可选用 ___(3)___ 或者 ___(4)___ 。

【解】 （1）PROC 　　（2）ENDP 　　（3）NEAR 　　（4）FAR

19. 在宏汇编语言源程序中，用伪指令 ___(1)___ 定义过程开始，用伪指令 ___(2)___ 定义过程结束，而且二伪指令的前面必须为一致的 ___(3)___ 。

【解】 （1）PROC 　　（2）ENDP 　　（3）过程名

20. 记录和结构类似，结构是用于定义和处理以 ___(1)___ 为计算单元的信息组，而记录则是用于定义以 ___(2)___ 为单元的信息组。

【解】 （1）字节 　　（2）位

21. 在汇编语言程序开发过程中，经编辑、汇编、连接 3 个环节，分别产生扩展名为 ___(1)___ 、 ___(2)___ 和 ___(3)___ 的文件，调试程序 DEBUG 可对扩展名为 ___(4)___ 的文件进行调试。

【解】 （1）.ASM 　　（2）.OBJ 　　（3）.EXE 或 .COM 　　（4）.EXE 或 .COM

22. 已知某源程序的各个逻辑段定义如下：

```
        DATA    SEGMENT
        DA1     DW      10H DUP (12H)
        DATA    ENDS
        STACK   SEGMENT STACK
        STK     DB 20H  DUP (34H)
        STACK   ENDS
        CODE    SEGMENT
                ASSUME  DS：DATA, SS：STACK, CS：CODE
        START： MOV     AX, DATA
                MOV     DS, AX
        CODE    ENDS
                END     START
```

若当前 DATA 段的段基值为 1A54H，则有 SS = ___(1)___ ，SP = ___(2)___ ，CS = ___(3)___ 。

【解】 （1）1A56H 　　（2）0020H 　　（3）1A58H

23. 若希望使下面数据定义段中 ADR +2 的内存单元中存放的内容为 0102H，则横线处应填入什么语句？

```
        DATA  SEGMENT
        ___(1)___
```

```
        VAR1    DB      ?, ?
        VAR2    DB      ?, ?
        ADR     DW      VAR1, VAR2
        DATA    ENDS
```

【解】 （1）ORG 0100H

24. 设 ARY   DW   64H   DUP（100H），则 LENGTH   ARY 的值是___(1)___，TYPE   ARY 的值是___(2)___，SIZE   ARY 的值是___(3)___。

【解】 （1）64H   （2）02H   （3）0C8H

25. 阅读下列指令，完成程序的注释。

```
        ORG     0100H
ARX     DW      3, $+4, 5, 6
CNT     EQU     $－ARX
ARY     DB      7, CNT, 9
        MOV     AX, ARX+2          ; AX =  ___(1)___
        MOV     BX, ARY+2          ; BX =  ___(2)___
```

【解】 （1）0106H   （2）0008H

26. 阅读下列指令，完成程序的注释。

```
        ORG     0010H
DA1     DW      1234H
DA2     DB      'ABCD'
DA3     DW      5678H
        LEA     SI, DA1            ; SI =  ___(1)___
        MOV     DI, OFFSET  DA2    ; DI =  ___(2)___
        MOV     BX, DA3            ; BX =  ___(3)___
```

【解】 （1）0010H   （2）0012H   （3）5678H

27. 已知 DS=1234H, SI=0100H, [12440H]=2440H, [12442H]=1000H

```
        LEA     BX, [SI]           ; BX =  ___(1)___
        MOV     AX, [SI]           ; AX =  ___(2)___
        MOV     CX, SI             ; CX =  ___(3)___
        LDS     SI, [SI]           ; DS =  ___(4)___, SI = ___(5)___
```

【解】 （1）0100H   （2）2440H   （3）0100H   （4）1000H   （5）2440H

28. 阅读下列指令，完成程序的注释。

```
DA1     DB      66H, 77H, 48H, 32H
DA2     DW      0F00FH, 2255H
        MOV     BX, OFFSET  DA2
        MOV     AX, WORD  PTR  DA1         ; AX =  ___(1)___
        MOV     CL, BYTE  PTR  [BX+1]      ; CL =  ___(2)___
        XOR     WORD  PTR  [BX+2], 0FFH    ; [BX+2] = ___(3)___
        MOV     AX, WORD  PTR  DA1+2       ; AX =  ___(4)___
        AND     AX, 0F0FH                  ; AX =  ___(5)___
```

【解】 （1）7766H   （2）F0H   （3）22AAH

(4) 3248H　　　　(5) 0208H

29. 阅读下列指令，完成程序的注释。

```
DA1    DB     65H, 0BH, 71H, 43H
DA2    DW     0FF0H, 55AAH
       MOV    BX, OFFSET  DA1
       MOV    AX, WORD  PTR DA1      ; AX = __(1)__
       MOV    CL, [BX + 2]           ; CL = __(2)__
       ADD    CL, BYTE  PTR  DA2 + 3 ; CL = __(3)__
       AND    DA2 + 2, 0FF0H         ; DA2 + 2 = __(4)__
       TEST   DA1, 01H               ; DA1 = __(5)__
```

【解】 (1) 0B65H　　　　(2) 71H　　　　(3) C6H

　　　 (4) 05A0H　　　　(5) 65H

```
DS: DA1  [  (1)  ]
    +1   [  (2)  ]
    +2   [  (3)  ]
    +3   [  (4)  ]
    +4   [  (5)  ]
```

30. 阅读下列程序段，试问内存数据是如何存放的（见图4-1）。

```
DATA     SEGMENT
DA1      DB     -5, 2DUP(45), 'AB'
DATA     ENDS
```

图 4-1　内存示意图

【解】 (1) FBH　　　　(2) 2DH　　　　(3) 2DH

　　　 (4) 41H　　　　(5) 42H

31. 设 AL = 5AH，BL = 0B7H，写出执行下列指令后 OF，CF，SF，ZF，AF 的状态。

ADD　　AL, BL ; OF = __(1)__　　CF = __(2)__　　SF = __(3)__　　ZF = __(4)__　　AF = __(5)__

【解】 (1) 0　　　　(2) 1　　　　(3) 0

　　　 (4) 0　　　　(5) 1

32. 试完成下面程序段，使其实现利用 DOS 功能调用 INT 21H 的 1 号功能，从键盘输入字符，并保存到 STR 开始的存储区，当遇到回车符（0DH）时结束。提示：出口参数 AL = 键盘输入字符的 ASCII 码。

```
STR    DB     100  DUP(?)
       ⋮
       MOV    SI, OFFSET  STR
NEXT1: __(1)__
       INC    21H
       __(2)__
       __(3)__
       JE     NEXT
       INC    SI
       __(4)__
```

【解】 (1) MOV AH, 01H　　　　(2) MOV [SI], AL

　　　 (3) CMP AL, 0DH　　　　(4) JMP NEXT1

33. 在横线上填上适当指令，使程序段实现将两个非压缩的 BCD 码 D1 和 D2 合成 1 字节的压缩型 BCD 码。

```
D1     DB ?
```

```
            D2      DB      ?
            D3      DB      ?
                    ⋮
                    MOV     AL, D1
                    AND     AL, 0FH
                    MOV     AH, D2
                    ___(1)___
                    MOV     CL, 4
                    ___(2)___
                    ___(3)___
                    MOV     D3, AL
```

【解】 （1）AND AH, 0FH   （2）SHL AH, CL   （3）OR AL, AH

34. 下列程序段是将字节数据变量 X1 的内容以二进制数形式从高位到低位逐位在屏幕上显示出来。试补充空白处的指令。提示：利用 INT 21H 的 2 号功能实现屏幕上显示 1 个字符，入口参数 DL = 要显示的字符的 ASCII 码。

```
            X1      DB      ?
                    MOV     CX, 8
            ADR：    ___(1)___
                    MOV     DL, X1
                    ___(2)___
                    ___(3)___
                    MOV     AH, 02H
                    INT     21H
                    LOOP    ADR
```

【解】 （1）ROL X1, 1   （2）AND DL, 01H   （3）ADD DL, 30H

35. 下述程序段执行后，以 BUFF1 为首址的连续 5 个字节存储单元中的内容分别是___(1)___、___(2)___、___(3)___、___(4)___和___(5)___。以 BUFF2 为首址的连续 5 个字节存储单元中的内容分别是___(6)___、___(7)___、___(8)___、___(9)___和___(10)___。

```
            DATA    SEGMENT
            BUFF1   DB      -1, 2, -3, 4, -5
            BUFF2   DB      5 DUP (0)
            DATA    ENDS
            CODE    SEGMENT
                    ASSUME  CS：CODE, DS：DATA
            START：  MOV     AX, DATA
                    MOV     DS, AX
                    LEA     SI, BUFF1
                    MOV     DI, OFFSET  BUFF2
                    MOV     CX, 5
            LP：     MOV     AL, [SI]
                    NEG     AL
                    MOV     [DI], AL
```

88

```
        INC     SI
        INC     DI
        LOOP    LP
        MOV     AH, 4CH
        INT     21H
    CODE    ENDS
        END     START
```

【解】

(1) −1　　(2) 2　　(3) −3　　(4) 4　　(5) −5

(6) 1　　(7) −2　　(8) 3　　(9) −4　　(10) 5

或

(1) FFH　　(2) 02H　　(3) FDH　　(4) 04H　　(5) FBH

(6) 01H　　(7) FEH　　(8) 03H　　(9) FCH　　(10) 05H

36. 下列程序实现两个多字节压缩型十进制数加法，结果放在 SUM 中。

```
    DATA    SEGMENT
        BUF1    DB 12H, 38H, 63H, 42H
        BUF2    DB 88H, 27H, 45H, 34H
        SUM     DB 4 DUP（?）
        DATA    ENDS
    CODE    SEGMENT
        ASSUME CS：CODE, DS：DATA
START：MOV    AX, DATA
        MOV     DS, AX
        MOV     SI, OFFSET  BUF1
        MOV     DI, OFFSET  BUF2
            _____(1)_____
        MOV     CX, 4
        CLC
ADDT2：MOV    AL, [SI]
        ADC     AL, [DI]
            _____(2)_____
        INC     SI
        INC     DI
        MOV     [BX], AL
            _____(3)_____
        LOOP    ADDT2
            _____(4)_____
        INT     21H
    CODE    ENDS
        END     START
```

【解】　(1) MOV BX, OFFSET SUM

　　　　(2) DAA

　　　　　　(3) INC BX

　　　　　　(4) MOV AH, 4CH

37. 试填空完成下列程序，使之实现对内存中 DA1 + 1 处开始存放的一维数组求平均值，结果存入 DA2 单元。该数组元素个数存在 DA1 单元中。

```
        DATA    SEGMENT
        DA1     DB   10, 40, 65, 89, 100, 87, 90, 74, 81, 80, 95
        DA2     DB   ?
        DATA    ENDS
        CODE    SEGMENT
                ASSUME CS： CODE, DS： DATA
        START： MOV     AX,  DATA
                MOV     DS,  AX
                LEA     BX,  DA1
                          (1)
                MOV     CL, [BX]
                INC     BX
        LP0：   ADD     AL, [BX]
                ADC     AH, 0
                          (2)
                DEC     CL
                JNZ     LP0
                LEA     BX, DA1
                MOV     CL, [BX]
                DIV     CL
                          (3)
                MOV     AH, 4CH
                INT     21H
        CODE    ENDS
                END     START
```

【解】 (1) XOR AX, AX   (2) INC BX   (3) MOV DA2, AL

38. 下面程序的功能是：求内存中一个字符串 STR1 的长度，存入内存 LEN 单元，并要求滤去第一个非空格字符之前的所有空格后存入 STR2。字符串以 "#" 结束。

```
        DATA    SEGMENT
        LEN     DB        ?
        STR1    DB        'QWERTYUIOP  ASDFGHJKL  ZXCVBNM#'
        STR2    DB        50  DUP (0FFH)
        DATA    ENDS
        CODE    SEGMENT
                ASSUME  CS： CODE, DS： DATA
        START： MOV     AX, DATA
                MOV     DS, AX
                LEA     BX, STR1
```

90

```
                    LEA     SI, STR2
                    MOV     CL, 0
            LP1：    MOV     AL, [BX]
                    INC     BX
                    CMP     AL, 20H
                            (1)
            LP2：    CMP     AL, '#'
                            (2)
                    MOV     [SI], AL
                    INC     SI
                    INC     CL
                    MOV     AL, [BX]
                    INC     BX
                            (3)
            DONE：   MOV     LEN, CL
                    MOV     AH, 4CH
                    INT     21H
            CODE    ENDS
                    END     START
```

【解】 （1）JE LP1   （2）JE DONE   （3）JMP LP2

39. 下面程序的功能是在内存缓冲区中存放了星期一至星期日的英文缩写，用 1 号 DOS 功能调用实现从键盘输入 0~7 中的一位数字，查找出相应的英文缩写，并用 2 号 DOS 功能调用实现在屏幕上显示出来。试在空白处填上适当的指令，完善程序。

```
            DATA    SEGMENT
            WEEK    DB  'MON', 'TUE', 'WED', 'THU', 'FRT', 'SAT', 'SUN'
            DATA    ENDS
            CODE    SEGMENT
                    ASSUME  CS：CODE, DS：DATA
            START：  MOV     AX, DATA
                    MOV     DS, AX
                    MOV     AH,    (1)
                    INT     21H              ;从键盘输入 1 个数字
                    SUB     AL, 30H
                    MOV     CL, 03H
                    MUL     CL
                    MOV     BL, AL
                    MOV     BH, 0
                    MOV     CL, 3
            LP1：    MOV     DL,    (2)
                    MOV     AH, 02H
                    INT     21H              ;屏幕上显示 1 个字符
                            (3)
```

```
                DEC        CL
                JNZ        LP1
                MOV        AH, 4CH
                INT        21H
        CODE    ENDS
                END        START
```

【解】 （1）01H   （2）WEEK［BX］   （3）INC BX

40. 设 A、B 各为长度为 10 的字节数组，用串操作指令编写程序段，将 A、B 两数组内容相互交换。试将程序段填写完整。

```
        DATA    SEGMENT
                ORG        0010H
        DA1     DB         1, 2, 3, 4, 5, 6, 7, 8, 9, 0AH
                ORG        0020H
        DA2     DB         0AH, 9, 8, 7, 6, 5, 4, 3, 2, 1
        DATA    ENDS
        CODE    SEGMENT
                ASSUME  CS: CODE, DS: DATA
        START:  _____(1)_____
                _____(2)_____
                LEA        SI, DA1
                LEA        DI, DA2
                MOV        CX, 10
        LP1:    _____(3)_____
                _____(4)_____
                _____(5)_____
                INC        SI
                INC        DI
                LOOP       LP1
                MOV        AH, 4CH
                INT        21H
        CODE    ENDS
                END        START
```

【解】 （1）MOV AX, DATA   （2）MOV DS, AX
       （3）MOV AL,［SI］   （4）XCHG AL,［DI］
       （5）MOV［SI］, AL

41. 下列程序段实现从键盘输入不多于 10 个的字符，查找其中是否有字符 "$"，若有则显示 "OK!"，否则显示 "NO!"。请完善程序。

```
        DATA    SEGMENT
        BUFF    DB    _____(1)_____
        OK      DB    0AH, 0DH, 'OK! $'
        NO      DB    0AH, 0DH, 'NO! $'
        LFCR    DB    0AH, 0DH
```

```
        DATA    ENDS
        CODE    SEGMENT
                ASSUME  CS：CODE, DS：DATA
        START： MOV     AX, DATA
                MOV     DS, AX
                MOV     DX, OFFSET BUFF
                MOV     AH,   (2)
                INT     21H
                LEA     BX, BUFF + 1
                MOV     CL, [BX]
        LP0：   INC     BX
                MOV     AL, [BX]
                CMP     AL, '$'
                JZ      LP1
                DEC     CL
                JNZ     LP0
                LEA     DX, NO
                LEA     DX,   (3)
                INT     21H
                JMP     LP _ END
        LP1：   LEA     DX,   (4)
                MOV     AH, 09H
                INT     21H
        LP _ END：MOV   AH, 4CH
                INT     21H
        CODE    ENDS
                END     START
```

【解】 (1) 11, ?, 11 DUP（?）   (2) 0AH

　　　 (3) NO   (4) OK

42. 请将下面的程序补充完整，使之具有比较两个字符串的功能，若相同则 OK 单元置 1，
　　否则将 OK 单元置 0。字符串长度存在 LEN 单元中。

```
        DATA    SEGMENT
        LEN     DB      10
        STR1    DB      '1234567890'
        STR2    DB      '1243567890'
        OK      DB      0FFH
        DATA    ENDS
        CODE    SEGMENT
                ASSUME  CS：CODE, DS：DATA
        START： MOV     AX, DATA
                MOV       (1)   , AX
                MOV       (2)   , AX
```

```
                MOV      CL, LEN
                MOV      CH, 0
                MOV       (3)  , OFFSET  STR1
                MOV       (4)  , OFFSET  STR2
                CLD
                 (5)      CMPSB
                JNZ      LP _ NO
                MOV      OK, 1
                JMP      LP _ END
        LP _ NO： MOV      OK, 0
        LP _ END：MOV      AH, 4CH
                INT      21H
        CODE    ENDS
                END      START
```

【解】（1）DS   （2）ES   （3）SI   （4）DI   （5）REPE

43. 试将下面的程序补充完整，使之完成从键盘上输入两个 5 个字符长度的字符串，交换顺序后在屏幕上显示出来。

```
        DATA    SEGMENT
        TAB1    DB      6, ? , 6  DUP(?), 0AH, '$'
        TAB2    DB      6, ? , 6  DUP(?), 0AH, '$'
        STR1    DB      'STR1 = $'
        STR2    DB      'STR2 = $'
        CRLF    DB      0DH, 0AH, '$'
        DATA    ENDS
        CODE    SEGMENT
                ASSUME  CS:CODE, DS:DATA
        START： MOV      AX, DATA
                MOV      DS, AX
                LEA      DX,   (1)
                MOV      AH, 09H
                INT      21H
                LEA      DX,   (2)
                MOV      AH, 0AH
                INT      21H
                LEA      DX, CRLF
                MOV      AH, 09H
                INT      21H
                LEA      DX,   (3)
                MOV      AH, 09H
                INT      21H
                LEA      DX,   (4)
                MOV      AH, 0AH
```

```
                INT      21H
                LEA      DX，CRLF
                MOV      AH，09H
                INT      21H
                LEA      DX，  (5)
                MOV      AH，09H
                INT      21H
                LEA      DX，  (6)
                MOV      AH，09H
                INT      21H
                LEA      DX，  (7)
                MOV      AH，09H
                INT      21H
                LEA      DX，  (8)
                MOV      AH，09H
                INT      21H
        LP＿END：MOV      AH，4CH
                INT      21H
        CODE    ENDS
                END      START
```

【解】 （1）STR1　　　　（2）TAB1　　　　（3）STR2　　　　（4）TAB2

（5）STR1　　　　（6）TAB2＋2　　　（7）STR2　　　　（8）TAB1＋2

4.5 简答题

1. 什么是伪指令？

【解】 伪指令是在汇编过程中用来指示如何汇编、如何链接、内存如何分配、变量如何定义等，但不产生二进制代码的指令。

2. 简述指令语句和伪指令语句的格式。

【解】

指令语句的格式：［标号：］［前缀指令］助记符［操作数］［；注释］

伪指令语句的格式：［名字］助记符［操作数］［；注释］

其中：［ ］的内容是可以省略的，若有多个操作数，则中间需要用逗号隔开。

3. 简述指令语句和伪指令语句的区别。

【解】

1）伪指令语句没有相应的机器代码，处理器不执行。它仅在汇编过程中提供汇编程序应如何编译、链接，各变量的属性，内存如何分配等信息。伪指令语句中若有名字，则其后面无冒号。

2）指令语句均有相应的机器代码，为处理器可执行语句。指令语句中若有标号，则后面要跟冒号。

4. 为了保证用户程序执行完后，能正常返回DOS，可以采取什么措施？

【解】 为了保证用户程序执行完后，能正常返回 DOS，可采取以下两种方法。

方法 1（标准方法）：

1）将用户应用程序作为 DOS 的一个 FAR 过程程序（用 PROC 和 ENDP 定义），在程序的最后设置一条 RET 指令。

2）在 FAR 过程程序的开始处需要将 PSP 所在的段基值 DS（或 ES）保存进栈，再将一个全 0 的字压入堆栈（它是 PSP 的段内偏移地址），然后为源程序框架结构。也就是需要写入以下 3 条指令作为标准的程序头：

```
PUSH    DS      ;保护 PSP 段基值
MOV     AX, 0
PUSH    AX      ;保护偏移量为 0 的偏移地址
```

当程序执行到主程序的最后一条指令 RET 时，由于该过程定义为 FAR 属性，因此自动从堆栈中弹出两个字到 CS 和 IP，使之执行 INT 20H 指令，从而控制返回 DOS。这种方法称为标准方法。需注意的是，在标准程序头的 3 条指令之后，需要重新装入 DS 和 ES。

方法 2（非标准方法）：

将用户应用程序作为独立程序，只在程序结束时增加两条调用 DOS 系统功能的语句：

```
MOV   AH, 4CH
INT   21H
```

则程序在执行完后自动返回 DOS。

5. 什么是标号？什么是变量？

【解】

1）标号是用符号表示的指令所在内存单元的地址。它具有 3 个属性：段基值、偏移量和类型属性。其段基址和偏移地址是指标号对应的指令首字节所在的段基址和段内偏移地址。其类型属性表示标号是段内标号还是段间标号。

2）变量是与一个数据项的第一字节相对应的标识符。它表示该数据项第一字节在现行段中的偏移量。以变量名所对应的地址开始，可依次将表达式的各项值存入内存单元。变量也有 3 个属性：变量所在内存的段基值、偏移量和变量的类型属性（包括字节变量和字变量等）。

6. 请分别用 DB、DW、DD 伪指令写出在 DATA 开始的连续 8 个单元中依次存放数据 11H、22H、33H、44H、55H、66H、77H、88H 的数据定义语句。

【解】 DB、DW、DD 伪指令分别表示定义的数据为字节类型、字类型及双字型，其定义形式如下：

```
DATA   DB 11H, 22H, 33H, 44H, 55H, 66H, 77H, 88H
DATA   DW 2211H, 4433H, 6655H, 8877H
DATA   DD 44332211H, 88776655H
```

7. 对于下面的数据定义，各条 MOV 指令执行后，有关寄存器的内容是什么？

```
DA1     DB ?
DA2     DW 10 DUP（?）
DA3     DB ' ABCD '
MOV     AX, TYPE DA1
MOV     BX, SIZE DA2
```

```
        MOV    CX, LENGTH DA3
```
【解】   AX = 1，BX = 20，CX = 1

8. 已知下列数据定义：

```
    K1    DB      ?
    K2    DB      8 DUP(?)
    K3    DW      6 DUP(?)，5678H
    K4    DW      1234H
```

写出各条 MOV 指令单独执行后，有关寄存器的内容。

（1）MOV   CX，TYPE   K1

（2）MOV   CX，TYPE   K3

（3）MOV   CL，LENGTH   K2

（4）MOV   CX，LENGTH   K3

（5）MOV   CX，SIZE   K3

（6）MOV   CX，SIZE   K4

【解】

（1）CX = 0001H   （2）CX = 0002H   （3）CL = 08H

（4）CX = 0006H   （5）CX = 000CH   （6）CX = 0002H

说明：

1）TYPE 的属性：DB 的返回值是 1，DW 的返回值是 2，DD 的返回值是 4，DQ 的返回值是 8。

2）LENGTH 的属性：当使用 DUP 时，LENGTH 的返回值是分配给该变量的存储单元数，否则返回值为 1。

3）SIZE = TYPE * IENGTH。

9. 设有数据定义如下，与之等同功能的指令是什么？

```
    DA    DW    100  DUP(?)
                ⋮
    MOV    CX, LENGTH, DA
    MOV    DX, SIZE      DA
    ADD    AX, TYPE      DA
```

【解】

```
    MOV    CX, 0064H
    MOV    DX, 00C8H
    ADD    AX, 2
```

10. 下列指令各完成什么功能？

（1）MOV   AX, 00FFH AND 1122H + 3344H

（2）MOV   AL, 15 GE 1111B

（3）MOV   AX, 00FFH LE 255 + 6/5

（4）AND   AL, 50 MOD 4

（5）OR   AX, 0F00FH AND 1234 OR 00FFH

【解】

(1) MOV   AX, 0066H

(2) MOV   AL, 0FFH

(3) MOV   AX, 0FFFFH

(4) AND   AL, 02H

(5) OR   AX, 00FFH

11. 设数据段定义如下所示：

ORG   0020H

D1   DW 1234H

D2   DB 32 DUP(?)

CONT   EQU $ – D1

试问 D1、D2、CONT 的值各为多少？它表示什么含义？

【解】

D1 为字 1234H 的地址，其具有 3 个属性：段属性、偏移属性（=0020H）、字属性。

D2 为 32 个字节单元的首地址，具有 3 个属性：段属性、偏移属性（=0022H）、字节属性。

CONT = 当前单元偏移地址 – D1 的偏移地址 = 34 = 22H，CONT 为常量，代表 22H。

12. 下列变量各占多少字节？

A1 DW 23H, 5876H

A2 DB 3 DUP（?）, 0AH, 0DH, $

A3 DD 5 DUP (1234H, 567890H)

A4 DB 4 DUP (3 DUP (1, 2, 'ABC'))

【解】 A1 占 4 字节，A2 占 6 字节，A3 占 40 字节，A4 占 60 字节。

13. 假设程序中的数据定义如下：

PAR   DW ?

PNAME   DB 16 DUP（?）

COUNT   DD ?

PLENTH   EQU $ – PAR

求 PLENTH 的值为多少？表示什么意义？

【解】 PAR 的偏移地址为 0，PLENTH 当前偏移地址$ = 2 + 16 + 4 = 22，$ – PAR = 22，故 PLENTH 的值为 22。若在 PLENTH 所在行有变量定义，则$表示该变量的偏移地址，即$表示 PLENTH 所在行的当前偏移地址。故 PLENTH 表示从当前行到 PAR 之间定义的变量所占的字节个数。

14. 读下列指令，回答问题：

X   EQU   20H

Y   DB   50H

$\vdots$

MOV   AL, X

MOV   AH, Y

1）X 和 Y 的含义有什么不同？

2）两条指令的作用有什么不同？

【解】

1）X 是常量符号（即 X = 20H）。Y 是变量，是 50H 所在内存单元的地址。变量名和常量符号的主要区别在于：变量名是存储单元的地址，具有 3 个属性（段基值、偏移量、类型）。变量内容占存储单元，而常量符号只是某个常数的代号或者名字，它不占存储单元。

2）指令 MOV　AL，X 是将 X 的值传送至 AL；指令 MOV　AH，Y 是将 Y 所指的内存单元内容送至 AH。

15. 说明以下变量在存储单元的存储情况。

```
DATA        SEGMENT
X1          DB    31H
X2          DW    X1 + 1, $ + 2
DATA        ENDS
```

【解】　变量在存储单元的存储情况如图 4-2 所示。

16. 阅读以下数据定义段：

```
DATA        SEGMENT
            ＿＿＿＿（1）＿＿＿＿
VAR1        DB    ?, ?
VAR2        DB    ?, ?
ADR         DW    VAR1, VAR2
DTAT        ENDS
```

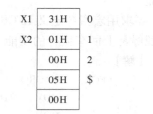

图 4-2　变量在存储单元的存储情况

若希望使 ADR + 2 的内存单元中存放的内容为"0102H"，则横线处应填入什么语句？

【解】　（1）ORG　100H

17. 设有宏定义如下，试说明宏指令 EXCH 完成什么功能？

```
EXCH    MACRO    BUF1, BUF2
        MOV      AX, BUF1
        MOV      BX, BUF2
        MOV      BUF1, BX
        MOV      BUF2, AX
        ENDM
```

【解】　该宏指令完成的功能是将存储单元 BUF1 与 BUF2 的内容进行互换。

18. 某程序设置的数据区如下所示，试画出该数据段内容在内存中的存放形式（要求用十六进制补码表示，按字节组织）。

```
DATA    SEGMENT
        ORG     0040H
VAR1    DW      1100H, 2222H
VAR2    DB      2   DUP(33H)
VAR3    DW      4433H
CONT    EQU     2
VAR4    DB      CONT   DUP(44H)
        DB      LOW   VAR2
VAR5    DB      CONT + 3   DUP(55H)
```

```
                    DATA       ENDS
```
【解】 数据段内容在内存中的存放形式如图4-3所示。

19. 1）要求定义宏指令 SHIFT，使其完成将任意 16 位寄存器的内容逻辑左移 n 次（0 < n < 255）。

2）利用宏指令 SHIFT 实现将 BX 逻辑左移 5 次的功能。

【解】

```
    1）SHIFT    MACRO    n, REG
               MOV      CL, n
               SHL      REG, CL
               ENDM
```

2）使用 SHIFT　5，BX 即可实现将 BX 逻辑左移 5 次的功能。

20. 要求用宏指令定义 LFCR，完成调用 DOS 系统功能调用实现屏幕上回车换行的功能。

【解】

```
    LFCR    MACRO
            MOV    DL, 0AH
            MOV    AH, 02H
            INT    21H
            MOV    DL, 0DH
            MOV    AH, 02H
            INT    21H
            ENDM
```

VAR1	00H	DATA：0040H
	11H	0041H
	22H	0042H
	22H	0043H
VAR2	33H	0044H
	33H	0045H
VAR3	33H	0046H
	44H	0047H
VAR4	44H	0049H
	44H	004AH
	44H	004BH
VAR5	55H	004CH
	55H	004DH
	55H	004EH
	55H	004FH
	55H	0050H

图 4-3　数据段内容在
内存中的存放形式

21. 下列语句中哪些是有效的汇编语言指令？对于无效指令请指出其中的错误。

```
    1）MOV    SP, AL
    2）MOV    WORD_OP[BX+4×3][SI], SP
    3）MOV    VAR1, VAR2      ;VAR1 和 VAR2 为内存变量
    4）MOV    CS, AX
    5）MOV    DS, BP
    6）MOV    SP, SS:DATA_WORD[SI][DI]
```

【解】

1）×。源操作数为字节型，目的操作数为字类型，类型不匹配（两个操作数尺寸不同）。

2）√。

3）×。MOV 指令不能实现内存间直接传送。

4）×。CS 只能读出，不能赋值。

5）√。

6）×。SI 和 DI 不能同时出现在一个操作数寻址中。

22. 下列语句均是无效的汇编语言指令，试指出其错误所在。

```
    1）LEA    AX, 2000H
    2）MOV    SS, 4000H
```

3）PUSH　　DL

4）OUT　　　1800H，AL

5）IN　　　　DX，AX

6）OUT　　　DX，BH

【解】

1）源操作数必须是内存操作数，目标操作数必须是 16 位的通用寄存器之一。

2）段寄存器不能直接赋值。

3）在 8086 指令系统中 PUSH 中的操作数只能是 16 位二进制数。

4）当端口地址为两字节时，必须用寄存器间接寻址方式，且寄存器只能使用 DX。

5）源操作数和目标操作数的位置写反了。

6）OUT 指令中的源操作数只能使用 AL 或 AX，AL 实现字节输出，AX 实现字输出。

23. 下列伪指令有什么不同？

　　　　DATA1　　EQU　　2000H 和 DATA1 = 2000H

　　　　MOV　　　BX，DATA1 和 MOV　　BX，OFFSET DATA1

　　　　ADD　　　AX，BX 和 ADD　　AX，［BX］

【解】

1）DATA1　　EQU　　2000H 中，DATA1 不能重复赋值。

　　DATA1 = 2000H 中，DATA1 可以重复赋值。

2）MOV　　BX，DATA1 是将 DATA1 单元内容送入 BX。

　　MOV　　BX，OFFSET DATA1 是将 DATA1 的偏移地址送入 BX。

3）ADD　　AX，BX 是将 AX 和 BX 的内容相加，结果存入 AX 中。

　　ADD　　AX，［BX］是将 AX 的内容和 DS：［BX］所指内存单元的内容相加，结果存入
　　　　　　　AX 中。

24. 阅读下列程序段：

　　　　START：　IN　　　　AL，20H

　　　　　　　　　MOV　　　BL，AL

　　　　　　　　　IN　　　　AL，30H

　　　　　　　　　MOV　　　CL，AL

　　　　　　　　　XOR　　　AX，AX

　　　　ADLOP：　ADD　　　AL，BL

　　　　　　　　　ADC　　　AH，0

　　　　　　　　　DEC　　　CL

　　　　　　　　　JNZ　　　ADLOP

　　　　　　　　　HLT

请问：1）本程序实现什么功能？

　　　　2）结果存放在哪里？

【解】

1）本程序实现将 20H 端口读入的内容乘以 30H 端口读入的内容。

2）结果存在 AX 中。

25. 若数据定义如下：

```
            ORG     100H
    DATA    DB      20
            DW      30
            DD      40
```

请指出下列指令是否正确，为什么？

```
    1) MOV     BX, OFFSET     DATA
       MOV     AL, [BX + 5]
    2) MOV     AX, DATA
    3) MOV     AX, WORD PTR DATA + 1
    4) MOV     AX, DATA[BX][SI]
    5) MOV     BX, OFFSET DATA[BX][SI]
    6) LEA     AX, DATA[BX][SI]
       MOV     AL, [AX]
```

【解】

1）合法。

2）指令不合法，因为 DATA 被定义为字节型，而目标操作数为 AX，所以类型不匹配。

3）指令合法，已将定义的字节变量用 PTR 改变为字类型。

4）指令不合法，源操作数为字节型，目的操作数为字类型，类型不匹配。

5）合法，OFFSET 的作用是取 DS:[BX + SI + 100H] 的偏移量。

6）第 2 条指令不合法。存储单元寻址只能使用 BX 和 BP 之一，或 SI 和 DI 之一，不能使用 AX。

26. 设有如下数据定义：

```
    DATA    SEGMENT
    D1      DB      'AB', 12, 01101010B, 20H, ?
    D2      DW      'AB', 12, 11010011B, 20H, ?
    D3      DD      1234H, 5678H
    D4      DB      '12345678'
    D5      DW      8 DUP(?)
    DATA    ENDS
```

试写出满足以下要求的指令：

1）写出将 D2 偏移地址送入 SI。

2）写出将 D1 + 4 中字节送入 AL。

3）将 D2 + 1 中字节送入 AL。

4）将 D1 + 2 字节单元的内容加上 D1 + 4 字节单元的内容，并将结果存入 D1 + 5 字节单元中。

5）将 D3 中各单元的值加上 D4 各单元中的对应值，并将结果存入 D5 中。

【解】

```
    1) MOV     BX, OFFSET D2        ; BX = 0005H
    2) MOV     AL, D1 + 4           ; AL = 20H
    3) MOV     AL, BYTE  PTR D2 + 1 ; AL = 42H
    4) MOV     AL, D1 + 2           ; AL = 12 = 0CH
```

```
        ADD     AL, D1 + 4        ; AL = 0CH + 20H = 2CH
        MOV     D1 + 5, AL        ; [D1 + 5] = 2CH
    5)  LEA     BX, D3
        LEA     SI, D4
        LEA     DI, D5
        MOV     CX, 8
LP：MOV         AL, [BX]
        ADD     AL, [SI]
        MOV     [DI], AL
        INC     BX
        INC     SI
        INC     DI
        LOOP    LP
        MOV     AL, 0
        ADC     AL, 0
        MOV     [DI], AL
```

27. 对于给定的数据定义，变量 R1 和 R2 的值分别是多少？

```
    DA1     DB      1, 2, 3, 'ABC'
    DA2     DW      0
    R1      EQU     DA2-DA1
    K1      DW      ?
    K2      DB      6   DUP(?)
    K3      DD      ?
    R2      EQU     $-K1
```

【解】 R1 = 6   R2 = 12

28. 设符号及变量定义如下：

```
    D1  EQU     12
    D2  =       34
    D3  DB      12H
```

指出下列指令是否合法，并说明原因。

```
    1) MOV      AL, D1 * D2 + 2
    2) MOV      AL, D2 AND 2
    3) MOV      AL, D3 + 2
    4) MOV      AL, D3 * 2
    5) MOV      AL, D3 AND 2
```

【解】

1）合法。常量符号可以进行算术运算。

2）合法。常量符号可以进行逻辑运算。

3）合法。对变量可进行加减运算，是指将偏移地址加或减一个常数。

4）不合法。对变量不可进行乘除及取余数。

5）不合法。变量不允许进行逻辑运算。

29. 定义一个长度为 100 个字的堆栈段。

【解】 有以下两种定义堆栈的方法。

1) 方法 1：

```
ST   SEGMENT   STACK
     DW   100   DUP(?)
ST   ENDS
```

以上格式由于选择了 STACK 选项，因此可对 SS 和 SP 自动初始化。其中 SP=0100H。

2) 方法 2：

```
ST   SEGMENT
     DW   100 DUP(?)
ST   ENDS
```

此种定义格式中，由于没有 STACK 选项，因此不会对 SS 和 SP 初始化。需要在程序中对 SS 和 SP 初始化。

30. 完整段定义由伪指令 SEGMENT 定义段的起始，用伪指令 ENDS 作为段的结束。而段的性质可以由段的名字来决定吗？

【解】 在完整段定义结构中，段的性质（也就是说该段是代码段，还是数据段，还是堆栈段）是不能由段的名字来决定的。必须由伪指令 ASSUME 指明。

31. 设有 3 个字变量 VAR1、VAR2 和 VAR3，VAR1=3C46H，VAR2=F678H，VAR3=0059H。试设计一个数据段，定义这 3 个变量并赋予初值，定义其地址表变量 ADRTAB（包括 3 个字变量 VAR1、VAR2 和 VAR3 的段基值和偏移量）。

【解】

```
DATA     SEGMENT
VAR1     DW      3C46H
VAR2     DW      F678H
VAR3     DW      0059H
ADRTAB   DD      VAR1
         DD      VAR2
         DD      VAR3
DATA     ENDS
```

32. 对于给定的符号定义如下所示：

```
A   EQU   500
B   DB    ?
C   DW    64H
```

请指出下列指令的错误，并说明原因。

```
1) MOV   A, AX
2) MOV   B, AX
3) CMP   C, AL
4) CMP   B, C
```

【解】

1) A 为常量，表示立即数 500，不能作为目的操作数。

2) B 定义为字节变量，与 AX 类型不匹配。

3) C 定义为字变量，与 AL 类型不匹配。

4) 源操作数和目的操作数不能同为存储器操作数。

33. 写出完成下列要求的变量定义语句。

　　1）将 3 个 0FFH 和 6 个 86H 存入数据区。

　　2）为缓冲区 BUF 保留 20 字节的内存空间。

　　3）将字符串 I am a student 存于数据区。

　　【解】

　　　　1）DA1　DB　3　DUP(0FFH)，6　DUP(86H)

　　　　2）BUF　DB　20　DUP(?)

　　　　3）STR　DB　'I am a student'

34. 如果需在变量名为 STR 的数据区中顺序存放数据 A、B、C、D、E、F、G、H，试分别写出用伪指令 DB、DW 和 DD 实现的语句。

　　【解】

　　　　STR1　DB　'ABCDEFGH'

　　　　STR2　DW　'BA'，'DC'，'FE'，'HG'

　　　　STR3　DD　'DCBA'，'HGFE'

35. 试简述过程程序定义及调用方法。

　　【解】

　　过程程序的定义格式如下：

　　　　过程名　PROC　［NEAR/FAR］

　　　　　　　　⋮

　　　　　　　　RET

　　　　过程名　ENDP

　　过程程序的调用格式如下：

　　　　CALL　过程名

36. 试简述宏指令定义及调用方法。

　　【解】

　　宏定义的格式：

　　　　宏指令名　　MACRO　［形式参数1，形式参数1，…］

　　　　　　　　　　⋮

　　　　　　　　　ENDM

　　宏调用的格式如下：

　　宏指令名　［实际参数1，实际参数1，…］

37. 简述建立、编辑、汇编、连接、运行、调试一个宏汇编语言程序的操作方法。

　　【解】

　　1）利用文本编辑软件（如写字板）建立和编辑宏汇编语言源程序文件，以扩展名.ASM 的文件格式保存源程序文件，如保存 HELLO. ASM 文件。

　　2）用宏汇编程序 MASM 对 ∗.ASM 源程序文件进行汇编，产生机器码的目标程序文件 HELLO. OBJ。例如，MASM HELLO. ASM，将产生 HELLO. OBJ 目标程序文件。

　　3）采用连接程序 LINK 连接后，成为可执行文件 ∗.EXE 或 . ∗ COM。例如，LINK HELLO. OBJ。

4）利用 DEBUG 调试可执行文件。例如，DEBUG HELLO.EXE 或 DEBUG HEL-
LO.COM，判断是否有错误，找出错误原因，返回步骤 1），修改源程序，直到没有错误为止。

5）也可在 DOS 环境下直接运行可执行文件。若程序中存在错误，需要返回步骤 1），修改源程序，直到没有错误为止。

说明：也可利用现有的集成开发环境来实现建立、编辑、汇编、连接、调试、运行工作。

38. 已知内存中已存储数据信息如图 4-4 所示，试用 DUP 语句写出数据定义伪指令。

【解】 BUF   DB 2   DUP(1，2 DUP(2，3)，4)

39. 设有数据定义伪指令如下，画出存储单元分配图。

```
        ORG    2000H
ARY    DW     0100H, 0200H, $ + 2, 0300H, $ + 2
```

【解】 存储单元分配图如图 4-5 所示。

BUF	1
	2
	3
	2
	3
	4
	1
	2
	3
	2
	3
	4

图 4-4 存储数据信息示意图

ARY	00H	2000H
ARY + 1	01H	2001H
ARY + 2	00H	2002H
ARY + 3	02H	2003H
ARY + 4	06H	$ = 2004H $ + 2 = 2006H
ARY + 5	20H	2005H
ARY + 6	00H	2006H
ARY + 7	03H	2007H
ARY + 8	0AH	$ = 2008H $ + 2 = 200AH
ARY + 9	20H	2009H

图 4-5 存储单元分配图

40. 用 3 种不同的方法实现将 1000H 存入 DA1 字单元（用指令语句）。

【解】

```
1) MOV   WORD PTR  DA1, 1000H
2) MOV   AX, 1000H
   XCHG WORD PTR  DA1, AX
3) MOV   AX, 1000H
   PUSH AX
   POP   WORD PTR  DA1
```

41. 用 3 种不同的方法实现将 1000H 存入 DA1 字单元（要求只用非指令语句）。

【解】

```
1) DA1    DW 1000H
2) ORG    1000H
   DA0    DB  ?
   DA1    DW  DA0
3) DA0    DB  1000H DUP(?)
   DA1    DW  $-DA0
```

42. 在下面程序的括号中，分别填入指令：①LOOP LP ②LOOPNE LP ③LOOPE LP，

试说明在这 3 种情况下，程序各自执行多少次？程序执行完后，AX、BX、CX、DX 中的内容各是什么？

```
CODESG      SEGMENT
            ASSUME CS：CODESG
            ORG 100H
BEGIN：     MOV     AX, 01
            MOV     BX, 02
            MOV     DX, 03
            MOV     CX, 04
LP：        INC     AX
            ADD     BX, AX
            SHR     DX, 1
            (        )
            MOV     AH, 4CH
            INT     21H
CODESG      ENDS
            END BEGIN
```

【解】 在这 3 种情况下，程序各自执行的次数和程序执行完后 AX、BX、CX、DX 中的内容见表 4-1。

表 4-1　3 种情况下程序执行状态对比表

指　　　令	LOOP　LP	LOOPNE　LP	LOOPE　LP
执行次数	4	2	1
AX	05H	03H	02H
BX	10H	07H	04H
CX	00H	02H	03H
DX	00H	00H	01H

43. 要求定义宏指令 XCHGPRO，完成把任意 2 字节内容交换。

【解】

```
XCHGPRO     MACRO   DA1，DA2
            PUSH    AX
            MOV     AL, DA1
            XCHG    AL, DA2
            MOV     DA1, AL
            POP     AX
            ENDM
```

44. 说明下列指令对的区别。

　　1）MOV　AX, VAR1 与 MOV　AX, OFFSET　VAR1

　　2）MOV　AX, OFFSET VAR1 与 LEA　AX, VAR1

【解】

1）前者是将变量 VAR1 的内容送 AX，后者是将变量 VAR1 的偏移量送 AX。

2）两者都是将 VAR1 的偏移量送 AX，不同的是后者采用专门取有效地址指令实现。

45. JMP　WORD PTR[BX]和 JMP　DWORD PTR[BX]指令有何不同？

【解】 前者为段内间接转移，后者为段间间接转移。

46. JMP SHORT NEXT 和 JMP NEAR PTR NEXT 指令各为几个字节? 其转移范围是什么?

【解】 前者为两字节指令，转移范围在 −128 ~ +127 字节内。

后者为 3 字节指令，转移范围在 −32768 ~ +32767 字节内。

47. 试比较以下两个程序段，说明各自完成的功能。

```
1) CLD                               2) STD
   MOV     DI, OFFSET SADDR             MOV     DI, OFFSET EADDR
   MOV     AL, '$'                      MOV     AL, '$'
   MOV     CX, COUNT                    MOV     CX, COUNT
   REPNZ   SCASB                        REPZ    SCASB
```

【解】

1）从首地址 SADDR 开始，按地址递增，重复查询字符 $，直到相同或查完后终止循环。

2）从末地址 EADDR 开始，按地址递减，重复查询字符 $，直到不相同时或查完后终止循环。

48. 设变量 VAR 含有下列诸数据，在执行下列程序后，回答指定问题。

```
         VAR     DB    −18, 32, 0, 5, −51, 19, '$'
                 ⋮
         MOV     BX, OFFSET VAR
         MOV     AL, [BX]
         MOV     CX, 5
   NEXT: INC     BX
         ADD     AL, [BX]
         LOOP    NEXT
```

上述程序完成什么功能? 程序运行后，AL = ?

【解】

1）上述程序完成对前 6 个字节数求和。

2）AL = −13 = F3H。

4.6　分析程序题

1. 有符号定义语句如下:

```
         BUF     DB 3, 4, 5, '123'
         ABU     FDB 0
         L       EQU ABUF − BUF
```

求 L 的值为多少?

【解】 L = 6

2. 阅读下面程序段，试说明在程序执行后，BUF 的内容是什么?

```
         BUF     DW    0000H
         LEA     BX, BUF
         STC
```

```
        RCR     WORD    PTR[BX], 1
        MOV     CL, 3
        SAR     WORD    PTR[BX], CL
```

【解】 在程序段执行后，BUF 的内容为 0F000H。

3. 执行下列指令后，AX 寄存器的内容是多少？
```
        TABLE   DW 10, 20, 30, 40, 50
        ENTRY   DW 3
        …
        MOV     BX, OFFSET TABLE
        ADD     BX, ENTRY
        MOV     AX, [BX]
```

【解】 AX = 1E00H

4. 读下列程序段，该程序运行后，存放在 AX 中的结果是什么？
```
        DATA1   DW      X1, X2, X3, X4
                MOV     BX, OFFSET  DATA1
                MOV     CH, 4
                XOR     AX, AX
        NEXT:   MOV     CL, CH
                MOV     DX, [BX]
                SHR     DX, CL
                ADD     AX, DX
                ADD     BX, 2
                DEC     CH
        JNZ     NEXT
```

【解】 该程序段的功能是 $AX = X1/16 + X2/8 + X3/4 + X4/2$。

5. 下段程序完成后，AH 等于什么？
```
                IN      AL, 5FH
                TEST    AL, 80H
                JZ      L1
                MOV     AH, 0
                JMP     STOP
        L1：    MOV     AH, 0FFH
        STOP：  HLT
```

【解】 讨论从端口 5FH 输入的数据最高位的情况。若最高位为 1，则 AH = 0；若最高位为 0，则 AH = 0FFH。

6. 读程序并写出程序段所完成的功能。
```
        VARX    DB      A1
        VARY    DB      A2
        RES     DW      ?
        PRO：   MOV     DL, VARX
                XOR     DH, DH
                ADD     DL, VARY
```

```
          ADC      DH, 0
          MOV      CL, 3
          SHL      DX, CL
          SUB      DL, VARX
          SBB      DH, 0
          SHR      DX, 1
          MOV      RES, DX
```

【解】 程序功能：计算$((A1+A2)\times8-A1)/2$，并将结果存入 RES 字单元。

7. 读程序并写出程序所完成的功能。

```
XCHGPRO     MACRO    DA1,DA2
            PUSH     AX
            MOV      AL,DA1
            XCHG     AL,DA2
            MOV      DA1,AL
            POP      AX
            ENDM
```

【解】 定义宏指令 XCHGPRO，完成把 DA1 和 DA2 中的 2 字节内容交换。

8. 已知程序的数据段如下：

```
DATA      SEGMENT
A         DB '$', 10H
B         DB 'COMPUTER'
C         DW 1234H, 0FFH
D         DB 5 DUP (?)
E         DD 1200459AH
DATA      ENDS
```

求下列程序段执行后的结果是什么？

```
MOV      AL, A
MOV      DX, C
XCHG     DL, A
MOV      BX, OFFSET B
MOV      CX, 3 [BX]
LEA      BX, D
LDS      SI, E
LES      DI, E
```

【解】

```
MOV      AL, A             ; AL = 24H
MOV      DX, C             ; DX = 1234H
XCHG     DL, A             ; DL = 24H, A = 34H
MOV      BX, OFFSET B      ; BX = 2
MOV      CX, 3 [BX]        ; CX = 5550H
LEA      BX, D             ; BX = 000EH
LDS      SI, E             ; DS = 1200H, SI = 459AH
```

```
        LES     DI, E              ; ES = 1200H, DI = 459AH
```

9. 阅读下列程序，找出其中不满足宏汇编语言规范之处，并修改。

```
DATA    SEGMENT
A：      DB      35, 01000111B, 24H, 'XYZ'
B：      DB      N  DUP（0）
N：      EQU     $-A
        ENDS
CODE    SEGMENT
START：  MOV     AX, DATA
        MOV     DS, AX
        LEA     SI, A
        LEA     DI, B
        MOV     CX, N
LOP     MOV     AL, [SI]
        MOV     [DI], AL
        INC     SI
        INC     DI
        LOOP    LOP
        MOV     AH, 4CH
        INT     21H
        ENDS
        END     START
```

【解】

1）A、B 和 N 后面不能有冒号 "："，而指令 LOP　MOV　AX，[SI] 中的标号 LOP 后应有冒号，即 LOP：MOV　AX，[SI]。

2）在数据定义伪指令 B　DB　N　DUP（0）中，N 尚未定义。修改的方法是将此语句与下条语句交换位置。

3）段定义伪指令 SEGMENT 和 ENDS 前面必须有段名，且必须一致。

4）应该用伪指令 ASSUME 说明一下 DATA 和 CODE 两个段的属性，即应增加一条伪指令 ASSUME　CS：CODE, DS：DATA。

修改以后的正确程序是：

```
DATA    SEGMENT
    A   DB      35, 01000111B, 24H, 'XYZ'
    N   EQU     $-A
    B   DB      N  DUP(0)
DATA    ENDS
CODE    SEGMENT
        ASSUME  CS：CODE, DS：DATA
START：  MOV     AX, DATA
        MOV     DS, AX
        LEA     SI, A
        LEA     DI, B
```

```
                    MOV     CX, N
            LOP:    MOV     AL, [SI]
                    MOV     [DI], AL
                    INC     SI
                    INC     DI
                    LOOP    LOP
                    MOV     AH, 4CH
                    INT     21H
            CODE    ENDS
                    END     START
```

10. 下列程序实现将缓冲区 A 中的内容移入缓冲区 B 中。阅读程序找出其中的不当之处，并修改。

```
            DATA    SEGMENT
            A       DB      35, 01000111B, 24H, 'XYZ'
            N       EQU     $-A
            B       DB      N  DUP(0)
            DATA    ENDS
            CODE    SEGMENT
                    ASSUME  CS:CODE, DS:DATA
                    MOV     SI, A
                    MOV     DI, B
                    MOV     CX, LENGTH  A
            LOP:    MOV     AX, [SI]
                    MOV     [DI], AX
                    DEC     CX
                    INC     SI
                    INC     DI
                    LOOP    LOP
                    MOV     AH, 4CH
                    INT     21H
            CODE    ENDS
                    END
```

【解】

1）由于程序将对内存操作，因此必须将被操作数据所在段定义成当前段，即应增加指令 MOV AX, DATA 和 MOV DS, AX。

2）用 SI、DI 作源和目的地址指针，而 MOV SI, A 和 MOV DI, B 指令是将 A 和 B 的内容赋给 SI 和 DI，应采用指令 MOV SI, OFFSET A 或者 LEA SI, A。

3）MOV CX, LENGTH A 的使用不妥，因为该指令执行后，CX = 1，所以应采用指令 MOV CX, N。

4）因为是字节传送，所以 MOV AX, [SI] 和 MOV [DI], AX 中的 AX 应为 AL。

5）由于 LOOP LOP 循环指令中具有 CX-1 的功能，因此 DEC CX 指令是多余的。

修改以后的正确程序是：

```
DATA        SEGMENT
A           DB          35, 01000111B, 24H, 'XYZ'
N           EQU         $-A
B           DB          N DUP(0)
DATA        ENDS
CODE        SEGMENT
            ASSUME   CS:CODE, DS:DATA
START:      MOV         AX, DATA
            MOV         DS, AX          ;
            LEA         SI, A           ; 令 DS 指向 DATA
            LEA         DI, B           ; 取 A 的偏移地址
            MOV         CX, N           ; 取 B 的偏移地址
LOP:        MOV         AL, [SI]        ; 取 A 中的数据
            MOV         [DI], AL        ; 传送到 B 中
            INC         SI              ; A 的地址指针增 1
            INC         DI              ; B 的地址指针增 1
            LOOP        LOP             ; CX = CX - 1, 若 CX≠0,则转到 LOP
            MOV         AH, 4CH
            INT         21H             ; 程序退出,并释放内存
CODE        ENDS
            END         START
```

11. 阅读下面的程序段,分析它所实现的功能。

```
DATA        SEGMENT
TAB         DB          01H, 14H, 35H, 5AH, 7FH
            DB          90H, 0ACH, 0CFH, 0E0H, 0FFH
COUNT       EOU         5
DATA        ENDS
CODE        SEGMENT
            ASSUME   CS:CODE, DS:DATA
START:      MOV         AX, DATA
            MOV         DS, AX
            MOV         BX, OFFSET  TAB
            MOV         CX, COUNT
LP:         IN          AL, 01H
            XLAT        TAB
            OUT         02H, AL
            LOOP        LP
            MOV         AH, 4CH
            INT         21H
CODE        ENDS
            END  START
```

【解】 该程序段的功能是从 01H 端口读入 1 个数据(0~9),通过查 TAB 表获得对应代码

后，从 02H 端口送出，共操作 5 次后退出。

12. 试分析下列程序，说明程序的功能。

```
        DATA    SEGMENT
BUFF1   DW      05H
        DB      20H，0FEH, 45H, 9AH, 81H
        DATA    ENDS
        CODE    SEGMENT
        ASSUME  CS: CODE, DS: DATA
START:  MOV     AX, SEG BUFF1
        MOV     DS, AX
        MOV     SI, OFFSET BUFF1
        MOV     CX, [SI]
        ADD     SI, 2
        XOR     AH, AH
LP1:    MOV     AL, [SI]
        TEST    AL, 01H
        JNZ     LP2
        CMP     AL, AH
        JBE     LP2
        MOV     AH, AL
LP2:    INC     SI
        LOOP    LP1
        MOV     BUFF2, AH
BREAK:  MOV     AH, 4CH
        INT     21H
        CODE    ENDS
        END  START
```

【解】 该程序的功能：找出缓冲区 BUFF1 中偶数的最大值，并存入 BUFF2 中。BUFF1 中第 1 个单元存缓冲区长度。该程序段执行结束，BUFF2 = FEH（最大偶数）。

13. 分析下面的程序，试问程序运行后，BUF 中各字单元的内容是什么？

```
        DATA    SEGMENT
DW1     DW      1234H, 5678H
BUF     DW      2  DUP(0)
        CONT = BUF – DW1
        DATA    ENDS
        CODE    SEGMENT
        ASSUME  CS:CODE, DS:DATA
START:  MOV     AX, SEG BUF
        MOV     DS, AX
        LEA     BX, DW1
        MOV     SI, OFFSET BUF
        MOV     AX, CONT
```

114

```
                    MOV     [SI], AX
                    MOV     DX, 2[BX]
                    SUB     DX, [BX]
                    MOV     2[SI], DX
                    MOV     AH, 4CH
                    INT     21H
            CODE    ENDS
                    END     START
```

【解】 BUF 中各字单元的内容为 0004H，4444H。

14. 阅读下面的程序，并给程序加注释，写出程序所能实现的功能。

```
            DSEG    SEGMENT
            TEMP    DW      0
            REST    DW      ?
            DSEG    ENDS
            CSEG    SEGMENT
                    ASSUME  CS：CSEG, DS：DSEG
    START：  MOV AX      , DSEG
                    MOV     DS  , AX
                    MOV     CX  , 50
                    XOR     BX  , BX
    NEXT：   INC     TEMP
                    MOV     AX  , TEMP
                    MOV     DL  , 03H
                    DIV     DL
                    CMP     AH  , 0
                    JNE     GOON
                    ADD     BX  , TEMP
    GOON：   LOOP    NEXT
                    MOV     REST, BX
                    MOV     AH  , 4CH
                    INT     21H
            CSEG    ENDS
                    END     START
```

【解】 给程序加注释：

```
            DSEG    SEGMENT
            TEMP    DW      0                    ; 设置 TEMP 字单元的初值为 0
            REST    DW      ?                    ; 为 REST 预留出 1 个字单元
            DSEG    ENDS
            CSEG    SEGMENT
                    ASSUME  CS：CSEG, SS：SSEG, DS：DSEG
    START：  MOV     AX  , DSEG
                    MOV     DS  , AX             ; 设置 DSEG 为当前段
```

```
            MOV     CX  , 50          ; CX = 50
            XOR     BX  , BX          ; BX = 0
            MOV     DL  , 03H         ; DL = 3
    LOP：   INC     TEMP              ; TEMP 字单元的内容增 1
            MOV     AX  , TEMP        ; AX = [TEMP]
            DIV     DL                ; AL = AX/DL（商），AH = AX % DL（余数）
            CMP     AH  , 0           ; 比较商是否等于 0
            JNE     GOON              ; 商不等于 0，则转到 GOON
            ADD     BX  , TEMP        ; 商等于 0，则 BX = BX + [TEMP]
    GOON：  LOOP    LOP               ; CX = CX - 1，若 CX≠0，则转到 LOP
            MOV     REST, BX          ; 保存累加和
            MOV     AH  , 4CH         ; AH = 4CH
            INT     21H               ; 程序退出
    CSEG    ENDS                      ; 代码段结束
            END     START            ; 程序结束，并使 CS：IP 指向 START
```

程序的功能：求 1 ~ 50 中能被 3 整除数的和，并存入 REST 内存单元。

15. 执行下列程序后，回答指定问题。

```
    BCDBUF  DB      34H
    RES     DB      2 DUP(?)
                   ⋮
            MOV   AL, BCDBUF
            AND   AL, 0FH
            MOV   RES, AL
            MOV   AL, BCDBUF
            MOV   CL, 4
            SHR   AL, CL
            MOV   RES + 1, AL
                   ⋮
```

问：此程序完成什么功能？执行后，RES = ？ RES + 1 = ？

【解】 1）将 BCDBUF 中的一个字节的压缩型 BCD 码转换成非压缩型 BCD 码，并存入 RES 和 RES + 1 单元中。

2）此程序执行后，RES = 04H，RES + 1 = 03H。

16. 执行下列程序后，回答指定问题。

```
    DATA    SEGMENT
    X1      DB          1, 9, 8, 0
    X2      DB          2, 0, 0, 1
    DATA    ENDS
    CODE    SEGMENT
            ASSUME   CS：CODE, DS：DATA
    START： MOV      AX, DATA
            MOV      DS, AX
            MOV      ES, AX
```

```
        MOV      SI, OFFSET X1
        MOV      DI, OFFSET X2
        MOV      CX, 4
        OR       CX, CX        ; CX 内容不变，影响 FR，使 CF = 0
        CLD
NEXT:   LODSB
        ADC      AL, [DI]
        AAA
        STOSB
        LOOP     NEXT
        MOV      AH, 4CH
        INT      21H
CODE    ENDS
        END      START
```

问：1）程序完成什么功能？

2）程序执行后，DATA 数据段中存储的内容有何改变？

【解】 1）将 X1 和 X2 按非压缩 BCD 码相加，将和存于 X2 中。

2）X1 中的数据不变，X2 开始单元中的数据变为 03H，09H，08H，01H。

17. 分析下面的程序，试说明程序的功能，在程序执行后，Y = ?

```
DATA    SEGMENT
A       DB       40
B       DB       20
C       DB       30
Y       DW       ?
DATA    ENDS
CODE    SEGMENT
        ASSUME   CS:CODE, DS:DATA
START:  MOV      AX, DATA
        MOV      DS, AX
        MOV      AL, A
        MOV      BL, B
        SUB      AL,BL
        JNC      LP
        MOV      AL, B
        SUB      AL, A
LP:     MUL      C
        SHR      AX, 1
        MOV      Y, AX
        MOV      AH, 4CH
        INT      21H
CODE    ENDS
        END      START
```

【解】

1）完成 ｜A − B｜ ＊C/2 的计算，并将运算结果存至变量 Y 中。其中 A，B，C，Y 为无符号字节数。

2）Y = 300 = 12CH。

18. 分析下列程序段，回答指定问题。

```
        BUF     DB      0CH
                ⋮
        MOV     AL, BUF
        CALL    FAR PTR HEC
                ⋮
HEC     PROC    FAR
        CMP     AL, 0AH
        JC      K1
        ADD     AL, 7
K1:     ADD     AL, 30H
        MOV     DL, AL
        MOV     AH, 2
        INT     21H
        RET
HEC     ENDP
```

问：1）该程序段是什么结构？

2）子程序的功能是什么？

3）屏幕上显示输出什么？

【解】

1）本程序段为主程序运行调用子程序结构。

2）子程序的功能是将 BUF 单元中的一位十六进制数（00H ~ 0FH）转换成对应的 ASCII 码，并在屏幕上显示输出。

3）显示输出字符"C"。

19. 阅读下面的程序段，回答问题。

```
        BLOCK   DB      20H, 1FH, 08H, 81H, 0FFH…
        RES     DB      ?
                ⋮
START:  LEA     SI, BLOCK
        MOV     CL, [SI]
        MOV     CH, 0
        INC     SI
        DEC     CX
        MOV     AL, [SI]
LOP1:   CMP     AL, [SI + 1]
        JNG     NEXT
        MOV     AL, [SI + 1]
```

```
NEXT:   INC     SI
        LOOP    LOP1
        MOV     RES, AL
        HLT
```

问：1）该程序的功能是什么？

2）该程序的循环次数是多少？

【解】 1）程序的功能是从 32 个带符号数中，找出最小数送 RES 单元。

2）该程序的循环次数为 1FH 次，即 31 次。

20. 执行下面的程序段后，程序的功能是什么？DAT1 单元的值是什么？DAT2 单元的值是什么？

```
DAT1    DB      1AH, 78H
DAT2    DW      3CH, 6BH
DATA3   DW      ?
DATA4   DW      ?
            ⋮
        MOV     SI, OFFSET DAT1
        LEA     DI, DAT2
        MOV     AX, [SI]
        CMP     AX, [DI]
        JC      DONE
        MOV     BX, [DI]
        MOV     [DI], AX
        MOV     [SI], BX
DONE:   HLT
```

【解】 程序的功能是：如果 DAT1 ≥ DAT2，则交换 DAT1 和 DAT2 的内容。本程序执行前，由于 [DAT1] = 781AH，[DAT2] = 003CH，DAT1 > DAT2，则程序执行后交换 DAT1 和 DAT2 的内容，即程序执行后，DAT1 单元的值是 003CH，DAT2 单元的值是 781AH。

4.7　编程题

1. 编制程序实现从键盘输入不超过 20 个字符的字符串，求出非空格字符的个数，并存入内存。

【解】 键盘输入不超过 20 个字符的字符串采用 INT 21H 的 0AH 号功能，该功能要求事先开辟缓冲区，并将缓冲区首地址的段基值存入 DS，偏移量存入 DX。空格字符的 ASCII 码为 20H。参考程序：

```
DATA    SEGMENT
STR     DB      21,?, 21  DUP （?)
LEN     DB      0                   ;非空格串长度计数单元清0
DATA    ENDS
CODE    SEGMENT
        ASSUME  CS：CODE, DS：DATA, SS：STACK
START:  MOV     AX, DATA
```

```
            MOV     DS, AX
            LEA     DX, STR
            MOV     AH, 0AH
            INT     21H              ; 从键盘输入一串字符串
            LEA     BX, STR + 1
            MOV     CL, [BX]         ; 取输入串长度
            CMP     CL, 0
            JZ      LP3              ; 如果没有输入字符，则退出程序
            MOV     CH, 0            ; 清非空格串长度计数器
            INC     BX               ; 指针指向实际输入字符
LP1:        MOV     AL, [BX]         ; 取一个字符
            INC     BX               ; 指针增1
            CMP     AL, 20H          ; 将字符与空格字符比较
            JE      LP2              ; 是空格，则转去执行比较下一个字符
            INC     CH               ; 不是空格，则 CH 加1
LP2:        DEC     CL
            JNZ     LP1
            MOV     LEN, CH
LP3:        MOV     AH, 4CH
            INT     21H
CODE        ENDS
            END     START
```

2. 编制程序实现从键盘输入不超过 20 个字符的字符串，去掉字符串中的空格，并在屏幕上显示出来。

【解】 编程思路：开辟一个缓冲区 STR1 和 STR2，采用 INT 21H 中的 0AH 号功能实现从键盘输入一串字符并存入 STR1，将字符串 STR1 中的非空格字符存入 STR2。参考程序如下：

```
DATA        SEGMENT
STR1        DB      21,?, 21  DUP（?）
LFCR        DB      0AH, 0DH, '$'
STR2        DB      21 DUP（?）
DATA        ENDS
CODE        SEGMENT
            ASSUME  CS：CODE, DS：DATA, SS：STACK
START：     MOV     AX, DATA
            MOV     DS, AX
            LEA     DX, STR1
            MOV     AH, 0AH
            INT     21H              ; 从键盘输入一串字符串
            LEA     DI, STR2         ; 设置显示缓冲区指针
            LEA     BX, STR1 + 1     ; 设置键盘输入缓冲区指针
            MOV     CL, [BX]         ; 取输入串长度
            AND     CL, CL
```

120

```
              JZ      LP3              ; 如果没有输入字符，则退出程序
              INC     BX               ; 指针指向实际输入字符
      LP1：    MOV     AL，[BX]          ; 取一个字符
              INC     BX               ; 指针增1
              CMP     AL，20H           ; 将字符与空格字符比较
              JE      LP2              ; 是空格，则转去执行比较下一个字符
              MOV     [DI]，AL          ; 不是空格，则送入显示缓冲区
              INC     DI
      LP2：    DEC     CL
              JNZ     LP1
              MOV     AL，'$'            ; 设置显示结束标志
              MOV     [DI]，AL
              LEA     DX，LFCR
              MOV     AH，09H
              INT     21H              ; 按<Enter>键换行
              LEA     DX，STR2
              MOV     AH，09H
              INT     21H              ; 显示非空格字符串
      LP3：    MOV     AH，4CH
              INT     21H
      CODE    ENDS
              END     START
```

3. 编制完整的宏汇编语言程序实现：在内存缓冲区中存放了星期一至星期日的英文缩写，从键盘上输入 0～7 数字，在屏幕上显示相应的英文缩写。

【解】 采用 DOS 功能调用中的 1 号功能实现从键盘输入一位数字字符，然后从内存缓冲区中查找出相应的英文缩写，再用 DOS 功能调用的 2 号功能实现在屏幕上显示出来相应的英文缩写。参考程序如下：

```
      DATA    SEGMENT
      WEEK    DB      'MON'，'TUE'，'WED'，'THU'，'FRT'，'SAT'，'SUN'
      LFCR    DB      0AH，0DH，'$'
      DATA    ENDS
      CODE    SEGMENT
              ASSUME  CS：CODE，DS：DATA
      START：  MOV     AX，DATA
              MOV     DS，AX
              MOV     AH，01H
              INT     21H              ; 从键盘输入1个字符（0～7的数字字符）
              SUB     AL，30H           ; 将字符转换成十进制数
              DEC     AL
              MOV     BL，03H           ; 计算相应英文缩写字母所在偏移量
              MUL     BL
              MOV     BL，AL
```

```
                MOV      BH, 0
                MOV      CL, 3
                LEA      DX, LFCR
                MOV      AH, 09H
                INT      21H
        LP1:    MOV      DL, WEEK［BX］    ；显示 3 个英文缩写字母
                MOV      AH, 02H
                INT      21H
                INC      BX
                DEC      CL
                JNZ      LP1
                MOV      AH, 4CH
                INT      21H
        CODE    ENDS
                END      START
```

4. 编程实现对内存中 DA1 +1 处开始存放的一维数组求平均值，结果存入 DA2 单元。该数组元素个数存在 DA1 单元中。

【解】　本题即为编程实现计算 DA2 = ($\sum$ Di)/DA1。注意，Di 为 1 字节数，而 $\sum$ Di 可能为 2 字节数，除法指令 DIV 为 AL = AX/CL，其中，AX = $\sum$ Di，CL = 数据个数，AL = 平均值。

```
        DATA    SEGMENT
        DA1     DB       10, 40, 65, 89, 100, 87, 90, 74, 81, 80, 95
        DA2     DB       ?
        DATA    ENDS
        CODE    SEGMENT
                ASSUME   CS: CODE, DS: DATA
        START:  MOV      AX, DATA
                MOV      DS, AX
                LEA      BX, DA1
                XOR      AX, AX           ；累加单元清 0
                MOV      CL, ［BX］        ；取数据个数
                INC      BX
        LP0:    ADD      AL, ［BX］        ；累加数据
                ADC      AH, 0            ；保存结果
                INC      BX
                DEC      CL
                JNZ      LP0
                LEA      BX, DA1
                MOV      CL, ［BX］
                DIV      CL               ；求平均值
                MOV      DA2, AL
                MOV      AH, 4CH
                INT      21H
```

```
          CODE      ENDS
                    END       START
```

5. 试编写程序,将 BUFFER 中的一个 8 位二进制数转换为 ASCII 码,并按位数高低顺序存放在 ANSWER 开始的内存单元中。

【解】

```
          DSEG      SEGMENT
                    BUFFER DB?
                    ANSWER DB 3 DUP(?)
          DSEG      ENDS
          CSEG      SEGMENT
                    ASSUME    CS:CSEG, DS:DSEG
          START:    MOV       AX, DSEG
                    MOV       DS, AX
                    MOV       CX, 3           ; 最多不超过 3 位十进制数(255)
                    LEA       DI, ANSWER      ; DI 指向结果存放单元
                    XOR       AX, AX
                    MOV       AL, BUFFER      ; 取要转换的二进制数
                    MOV       BL, 0AH         ; 基数 10
          AGAIN:    DIV       BL              ; 用除 10 取余的方法转换
                    ADD       AH, 30H         ; 十进制数转换成 ASCII 码
                    MOV       [DI], AH        ; 保存当前的结果
                    INC       DI              ; 指向下一个位保存单元
                    AND       AL, AL          ; 商为 0?(转换结束?)
                    JZ        STO             ; 若结束,退出
                    MOV       AH, 0
                    LOOP      AGAIN           ; 否则循环继续
          STO:      MOV       AX, 4C00H
                    INT       21H             ; 返回 DOS
          CSEG      ENDS
                    END       START
```

6. 下列程序段实现从键盘输入不多于 10 个的字符,查找其中是否有字符 "$",若有则显示 "OK!",否则显示 "NO!"。

【解】 从键盘输入不多于 10 个的字符可通过 DOS 功能调用的 0AH 号功能实现,显示 "OK!" 和 "NO!" 可通过 DOS 功能调用的 09H 号功能实现,"$" 字符的 ASCII 码为 24H,参考程序如下:

```
          DATA      SEGMENT
          BUFF      DB        11,?, 11  DUP(0)
          OK        DB        'OK! $'
          NO        DB        'NO! $'
          LFCR      DB        0AH, 0DH, '$'
          DATA      ENDS
          CODE      SEGMENT
```

```
            ASSUME      CS：CODE，DS：DATA
START：     MOV         AX，DATA
            MOV         DS，AX
            MOV         DX，OFFSET  BUFF
            MOV         AH，0AH
            INT         21H                    ；从键盘输入字符串
            LEA         DX，LFCR                ；按＜Enter＞键换行
            MOV         AH，09H
            INT         21H
            LEA         BX，BUFF＋1
            MOV         CL，[BX]                ；取实际输入字符个数
LP0：       INC         BX
            MOV         AL，[BX]                ；取字符
            CMP         AL，'$'                 ；比较是否为"$"
            JZ          LP_OK                  ；是，则转去显示"OK！"
            DEC         CL                     ；不是，则转去比较下一个字符
            JNZ         LP0
            LEA         DX，NO                  ；没有"$"，则显示"NO"
            MOV         AH，09H
            INT         21H
            JMP         LP_END
LP_OK：     LEA         DX，OK                  ；显示"OK"
            MOV         AH，09H
            INT         21H
LP_END：    MOV         AH，4CH                 ；返回
            INT         21H
CODE        ENDS
            END         START
```

7. 试编写完整的汇编语言程序，使之实现将一个内存字节单元的十六进制数转换成非压缩型 BCD 码保存在内存中，并在屏幕上显示出。

【解】 将十六进制数转换成十进制数可以采用以下两种方法。第一种方法：十六进制数除 10 取商为百位数，余数再除 10 取商为十位数，余数为个位数。第二种方法：用十进制累加器累加十六进制数个 1（即每累加 1 后进行非压缩型 BCD 码调整）。另外，用 DOS 功能调用的 02H 号功能实现在屏幕上显示 1 个字符，这个字符相应的 ASCII 码应存入 DL 中。

方法 1：

```
DATA        SEGMENT
BUFF        DB          3AH                    ；待转换十六进制数
BCD         DB          3 DUP（0）             ；非压缩型 BCD 码存储单元
DATA        ENDS
CODE        SEGMENT
            ASSUME  CS：CODE，DS：DATA
START：     MOV         AX，DATA
```

124

```
          MOV        DS，AX
          LEA        BX，BCD
          MOV        AL，BUFF        ；取十六进制数
          XOR        AH，AH
；将十六进制数转换成十进制数，并保存
LP0：     MOV        CL，10
          DIV        BL
          MOV        ［BX］，AL       ；保存百位数
          MOV        CL，10
          DIV        CL
          MOV        ［BX+1］，AL     ；保存十位数
          MOV        ［BX+2］，AH     ；保存个位数
；屏幕上显示十进制数
          MOV        DL，［BX］       ；取百位数送屏幕显示
          OR         DL，30H
          MOV        AH，02H
          INT        21H
          MOV        DL，［BX+1］     ；取十位数送屏幕显示
          OR         DL，30H
          MOV        AH，02H
          INT        21H
          MOV        DL，［BX+2］     ；取个位数送屏幕显示
          OR         DL，30H
          MOV        AH，02H
          INT        21H
          MOV        AH，4CH         ；返回
          INT        21H
CODE      ENDS
          END        START
```

方法 2：

```
      DATA      SEGMENT
      BUFF      DB         3AH
      BCD       DB         3 DUP（0）
      DATA      ENDS
      CODE      SEGMENT
                ASSUME  CS：CODE，DS：DATA
      START：   MOV        AX，DATA
                MOV        DS，AX
                MOV        CL，BUFF
                XOR        BX，BX          ；清累加单元
                XOR        DL，DL
；将十六进制数转换成十进制数，并保存
      LP0：     MOV        AL，BL          ；处理个位
```

	ADD	AL, 1	
	AAA		
	MOV	BL, AL	
	MOV	AL, BH	;处理十位
	ADC	AL, 0	
	AAA		
	MOV	BH, AL	
	MOV	AL, DL	;处理百位
	ADC	AL, 0	
	AAA		
	MOV	DL, AL	
	DEC	CL	
	JNZ	LP0	
	LEA	SI, BCD	
	MOV	[SI], BX	
	MOV	[SI+2], DL	
; 屏幕上显示十进制数			
	OR	DL, 30H	;取百位数送屏幕显示
	MOV	AH, 02H	
	INT	21H	
	MOV	DL, BH	;取十位数送屏幕显示
	OR	DL, 30H	
	MOV	AH, 02H	
	INT	21H	
	MOV	DL, BL	;取个位数送屏幕显示
	OR	DL, 30H	
	MOV	AH, 02H	
	INT	21H	
	MOV	AH, 4CH	;返回
	INT	21H	
CODE	ENDS		
	END	START	

8. 编制汇编语言程序实现：从键盘中输入 0~255 之间的十进制数，将其转换成十六进制数，并在屏幕上显示出。

【解】 十进制数转换成十六进制数 $N_{16} = d_1 * 10 * 10 + d_2 * 10 + d_3$。

DATA	SEGMENT	
TAB	DB	4, ?, 4 DUP (0)
T16	DB	00H
LFCR	DB	0DH, 0AH, '$'
DATA	ENDS	
CODE	SEGMENT	
	ASSUME	CS: CODE, DS: DATA

```
ST:     MOV     AX, DATA
        MOV     DS, AX
        LEA     DX, TAB
        MOV     AH, 0AH
        INT     21H                 ; 从键盘上输入 <256 的数
        LEA     SI, TAB
        MOV     CL, [SI + 1]        ; 取输入字符的个数
        CMP     CL, 0
        JZ      LP6                 ; 如果 =0, 则退出
        MOV     CH, 0
        ADD     SI, CX              ; 指针指向输入的最低位
        MOV     DL, [SI + 1]        ; 取输入的最低位
        SUB     DL, 30H
        MOV     T16, DL
        CMP     CL, 1               ; 如果只输入一个字符, 则不再转换
        JZ      LP4
        DEC     CL
        MOV     BL, 1
LP0:    DEC     SI                  ; 实现 $N_{16} = d_1 * 10 * 10 + d_2 * 10 + d_3$
        MOV     AL, 10
        MUL     BL
        MOV     BL, AL
        MOV     DL, [SI + 1]
        SUB     DL, 30H
        MUL     DL
        ADD     AL, T16
        MOV     T16, AL
        DEC     CL
        JNZ     LP0
LP4:    LEA     DX, LFCR
        MOV     AH, 09H
        INT     21H                 ; 按 <Enter> 键换行
        MOV     AL, T16
        MOV     CL, 4
        SHR     AL, CL              ; 取高位送屏幕显示
        CALL    XS                  ; 调送屏幕显示程序
        MOV     AL, T16
        AND     AL, 0FH             ; 取低位送屏幕显示
        CALL    XS                  ; 调送屏幕显示子程序
        MOV     DL, 'H'
        MOV     AH, 02H
        INT     21H                 ; 显示 "H"
        LEA     DX, LFCR
```

```
                MOV         AH, 09H
                INT         21H                 ; 按 < Enter > 键换行
        LP6：   MOV         AH, 4CH
                INT         21H                 ; 程序退出
        XS      PROC                            ; 送屏幕显示子程序
                CMP         AL, 0AH
                JC          LP5                 ; ≤9 转去加 30H 送屏幕显示
                ADD         AL, 7               ; >9 则多加 7
        LP5：   ADD         AL, 30H
                MOV         DL, AL
                MOV         AH, 02H
                INT         21H                 ; 显示一个字符
                RET
        XS      ENDP
        CODE    ENDS
                END         ST
```

9. 试编写完整的汇编语言程序，使之完成比较两个字符串，若相同，则 OK 单元置 1，否则将 OK 单元置 0。字符串长度存在 LEN 单元中。

【解】 比较两个字符串可采用 REPE CMPSB 指令，其功能为两串对应位相比较直到全部比完或出现不相等时结束比较。该指令要求源串地址指针为 DS 和 SI，目标串指针为 ES 和 DI，串的长度存于 CX。

```
        DATA    SEGMENT
        LEN     DB          10
        STR1    DB          '1234567890'
        STR2    DB          '1243567890'
        OK      DB          ?
        DATA    ENDS
        CODE    SEGMENT
                ASSUME      CS：CODE, DS：DATA
        START： MOV         AX, DATA
                MOV         DS, AX
                MOV         ES, AX
                MOV         CL, LEN
                MOV         CH, 0
                MOV         SI, OFFSET   STR1
                MOV         DI, OFFSET   STR2
                CLD                             ; 定义为增址
                REPE        CMPSB               ; 串比较直到全部比完或出现不相等的字符
                JNZ         LP_NO               ; ZF = 0，即出现字符不相等的情况转 LP_NO
                MOV         OK, 1               ; 否则 ZF = 1，CX = 0，即全部相等
                JMP         LP_END
        LP_NO： MOV         OK, 0
```

```
              LP _ END: MOV        AH, 4CH
                        INT        21H
              CODE      ENDS
                        END        START
```

10. 试编写完整的汇编语言程序，使之完成从键盘上输入两个 5 个字符长度的字符串，交换顺序后在屏幕上显示出来。要求有提示符，且每个字符串占一行。

【解】 本题的意思是输入两个字符串 TAB1 和 TAB2 后，在屏幕上先显示字符串 TAB2，再显示字符串 TAB1。采用 INT 21H 的 0A 号功能实现键盘输入字符串，其要求事先开辟缓冲区。显示一串字符采用 INT 21H 的 09 号功能实现，其要求先将欲显示字符串放入显示缓冲区并以 "$" 结束。

```
     DATA      SEGMENT
     TAB1      DB          6, ?, 6  DUP(?), 0AH, '$'
     TAB2      DB          6, ?, 6  DUP(?), 0AH, '$'
     STR1      DB          'STR1 = $'
     STR2      DB          'STR2 = $'
     CRLF      DB          0DH, 0AH, '$'
     DATA      ENDS
     CODE      SEGMENT
               ASSUME    CS:CODE, DS:DATA
     START:    MOV        AX, DATA
               MOV        DS, AX
               LEA        DX, STR1        ；显示提示符"STR1 = ?"
               MOV        AH, 09H
               INT        21H
               LEA        DX, TAB1        ；从键盘输入字符串 1
               MOV        AH, 0AH
               INT        21H
               LEA        DX, CRLF        ；按 < Enter > 键换行
               MOV        AH, 09H
               INT        21H
               LEA        DX, STR2        ；显示提示符"STR2 = ?"
               MOV        AH, 09H
               INT        21H
               LEA        DX, TAB2        ；从键盘输入字符串 2
               MOV        AH, 0AH
               INT        21H
               LEA        DX, CRLF        ；按 < Enter > 键换行
               MOV        AH, 09H
               INT        21H
               LEA        DX, STR2        ；显示提示符"STR2 = ?"
               MOV        AH, 09H
               INT        21H
```

```
                LEA         DX, TAB2 + 2        ;显示字符串2
                MOV         AH,09H
                INT         21H
                LEA         DX,STR1             ;显示提示符"STR1 = ?"
                MOV         AH,09H
                INT         21H
                LEA         DX, TAB1 + 2        ;显示字符串1
                MOV         AH,09H
                INT         21H
        LP _ END:MOV        AH, 4CH
                INT         21H
        CODE    ENDS
                END         START
```

11. 试编写完整的汇编语言程序，使之完成从键盘上输入一个不超过 10 个字符长度的字符串，完全交换字符顺序（如输入 ABC，输出为 CBA）后，在屏幕上显示出来。要求有提示符，且每个字符串占一行。

【解】 编程思路：采用 INT 21H 的 0A 号功能实现键盘输入不超过 10 个字符，其要求事先开辟缓冲区。显示一串字符采用 INT 21H 的 09 号功能实现，其要求先将欲显示字符串放入显示缓冲区并以"$"结束。交换字符顺序可将数据从增址数据区取出，存入减址数据区来实现。

```
        DATA    SEGMENT
        TAB1    DB          11,?, 11 DUP(?), 0AH, ' $ '
        TAB2    DB          11 DUP(?)
        STR1    DB          'STR1 = $ '
        STR2    DB          'STR2 = $ '
        CRLF    DB          0DH, 0AH, ' $ '
        DATA    ENDS
        CODE    SEGMENT
                ASSUME  CS：CODE, DS：DATA
        START：  MOV         AX, DATA
                MOV         DS, AX
                LEA         DX, STR1            ;显示提示符"STR1 = ?"
                MOV         AH, 09H
                INT         21H
                LEA         DX, TAB1            ;从键盘输入字符串1
                MOV         AH, 0AH
                INT         21H
                LEA         DX, CRLF            ;按〈Enter〉键换行
                MOV         AH, 09H
                INT         21H
                LEA         DX, STR2            ;显示提示符"STR2 = ?"
                MOV         AH, 09H
                INT         21H
```

```
            LEA     BX，TAB1
            MOV     CL，［BX+1］
            XOR     CH，CH
            LEA     SI，TAB2
            ADD     SI，CX
            MOV     BYTE PTR［SI］，'$'
            DEC     SI
    LP：     MOV     AL，［BX+2］
            MOV     ［SI］，AL
            DEC     SI
            INC     BX
            DEC     CL
            JNZ     LP
            LEA     DX，TAB2              ；显示字符串2
            MOV     AH，09H
            INT     21H
    LP_END：MOV     AH，4CH
            INT     21H
    CODE    ENDS
            END     START
```

12. 设有两个带符号数 X 和 Y 分别存放在内存 BUF1 和 BUF2 两个字节单元中。如果两个数的符号相同，则求（X-Y），否则求（X+Y），把结果送入内存 SUM 字节单元。编写符合 MASM 要求的汇编语言源程序。

【解】 编程思路：首先取两个数据到 AL 和 AH 中，采用 AND　AL，80H 指令获取数据的符号位，利用 XOR　AL，AH 指令来判断 AL 和 AH 中的符号是否相同。

```
    DATA    SEGMENT
    X       DB      -80
    Y       DB      +34
    SUM     DB      ?
    DATA    ENDS
    CODE    SEGMENT
            ASSUME  CS：CODE,DS：DATA
    START： MOV     AX,DATA
            MOV     DS,AX
            MOV     AL,X
            MOV     AH,Y
            AND     AL,80H
            AND     AH,80H
            XOR     AL,AH             ;相同为0,不同为1
            JNZ     LP1
            MOV     AL,X
            SUB     AL,Y
```

```
                    JMP     LP2
        LP1:        MOV     AL,Y
                    ADD     AL,X
        LP2:        MOV     SUM,AL
                    MOV     AH,4CH
                    INT     21H
        CODE        ENDS
                    END     START
```

13. 试编写一完整程序比较从 BUFFER 开始存放的 3 个 8 位有符号数。根据比较结果将相应
字符的 ASCII 码存入变量 CFLAG，并在屏幕输出该字符。

1）如果 3 个数都不相等，将字母"R"存入 CFLAG。

2）如果 3 个数中有 2 个数相等，将字母"L"存入 CFLAG。

3）如果 3 个数都相等，将字母"A"存入 CFLAG。

【解】 参考程序：

```
        DATA        SEGMENT
                    BUFFER DB 25，43，57
                    CFLAG DB?
        DATA        ENDS
        CODE        SEGMENT
                    ASSUMECS：CODE，DS：DATA
        START:      MOV     AX，DATA
                    MOV     DS，AX
                    LEA     SI，BUFFER
                    MOV     AL，[SI]
                    CMP     AL，[SI+1]
                    JNE     LP1
                    CMP     AL，[SI+2]
                    JNE     LP2
                    MOVC    FLAG，'A'
                    JMP     DONE
        LP1:        CMP     AL，[SI+2]
                    JE      LP2
                    MOV     AL，[SI+1]
                    CMP     AL，[SI+2]
                    JE      LP2
                    MOV     CFLAG，'R'
                    JMP     DONE
        LP2:        MOV     CFLAG，'L'
                    MOV     DL，CFLAG
                    MOV     AH，2
                    INT     21H
        DONE：      MOV     AH，4CH
```

```
                INT        21H
        CODE    ENDS
                END        START
```

14. 从键盘输入 1 个字符，若是"ESC"，则退出程序；若是大写字母；则转换成小写字母后在屏幕上显示出来，否则显示原字符。

　　ESC 的 ASCII 码为 1BH。

　　A ~ Z 的 ASCII 码为 41H ~ 5BH。

　　a ~ z 的 ASCII 码为 61H ~ 7BH。

【解】　从键盘输入 1 个字符采用 INT 21H 的 01 号功能实现，其输入字符将存放在 AL 中。屏幕显示一个字符采用 INT 21H 的 02 号功能实现，其显示字符的 ASCII 码需要存入 DL 中。

```
        CODE      SEGMENT
                  ASSUME  CS:CODE
        START:    MOV     AH,01H          ;从键盘输入 1 个字符
                  INT     21H
                  CMP     AL,1BH
                  JZ      LP _ END
                  CMP     AL,41H
                  JC      LP1             ;比 41H 小,则转去显示原字符
                  CMP     AL,5CH
                  JNC     LP1             ;比 5BH 大,则转去显示原字符
                  ADD     AL,20H          ;在 41H ~ 5BH 之间的为大写字母
        LP1:      MOV     DL,AL
                  MOV     AH,02H
                  INT     21H
                  JMP     START
        LP _ END: MOV     AH, 4CH
                  INT     21H
        CODE      ENDS
                  END     START
```

15. 试编制符合 MASM 的汇编语言源程序，实现求取内存的 DATA 中 10 个无符号二进制单字节数中的最小值，并存入 MIN 单元。

【解】

```
        DATA      SEGMENT
        TAB       DB      1,3,2,4,5,3,6,8,9,7
        MIN       DB      ?
        DATA      ENDS
        CODE      SEGMENT
                  ASSUME  CS:CODE,DS:DATA
        START:    MOV     AX,DATA
                  MOV     DS,AX
                  LEA     BX,TAB
                  MOV     AL,[BX]
```

```
            MOV     CX,9
LP1:        INC     BX
            CMP     AL,[BX]
            JC      LP2
            MOV     AL,[BX]
LP2:        LOOP    LP1
            MOV     MIN,AL
LP_END:     MOV     AH,4CH
            INT     21H
CODE        ENDS
            END     START
```

16. 试编制符合 MASM 的汇编语言源程序，实现从键盘上输入的一位十六进制数（即 0 ~ F），试将其以二进制数形式在屏幕上显示出来，如图 4-6 所示。

【解】

```
DATA        SEGMENT
STR1        DB      'X = $'
STR2        DB      'Y = $'
STR3        DB      4 DUP(0),'B $'
CRLF        DB      0DH,0AH,'$'
DATA        ENDS
CODE        SEGMENT
            ASSUME  CS:CODE,DS:DATA
START:      MOV     AX,DATA
            MOV     DS,AX
LP0:        LEA     DX,STR1       ;显示提示符"X ="
            MOV     AH,09H
            INT     21H
            MOV     AH,01H        ;从键盘输入 1 位十进制数
            INT     21H
            MOV     BL,AL
            LEA     DX,CRLF       ;按〈Enter〉键换行
            MOV     AH,09H
            INT     21H
;将输入的 ASCII 码转成十六进制数
            MOV     AL,BL
            CMP     AL,30H
            JC      LP0
            CMP     AL,47H
            JNC     LP0
            CMP     AL,3AH
            JC      LP1
            SUB     AL,07H
```

┌──────────────────┐
│ X = A   │
│ Y = 1010B   │
│   │
└──────────────────┘

图 4-6　屏幕显示示意图

```
       LP1:    SUB      AL,30H
               MOV      BL,AL
       ;显示提示符"Y = "
               LEA      DX,STR2
               MOV      AH,09H
               INT      21H
       ;将 Y 转成二进制数
               MOV      CL,4
               SHL      BL,CL
               MOV      CL,4
               LEA      SI,STR3
       LP2:    MOV      BH,0
               SHL      BL,1
               RCL      BH,1
               MOV      [SI],BH
               INC      SI
               DEC      CL
               JNZ      LP2
       ;将二进制数转成 ASCII 码
               MOV      CL,4
               LEA      BX,STR3
       LP3:    OR       BYTE PTR[BX],30H
               INC      BX
               DEC      CL
               JNZ      LP3
       ;显示 Y 值(二进制数)
               LEA      DX,STR3
               MOV      AH,09H
               INT      21H
       LP_END: MOV      AH,4CH
               INT      21H
       CODE    ENDS
               END      START
```

17. 试编制符合 MASM 的汇编语言源程序，实现从键盘输入两个 10 位十进制数相加，并在屏幕上显示结果。

【解】 从键盘输入两个 10 位十进制数可采用 INT 21 的 0AH 号功能，也可以采用 INT 21 的 01H 号功能实现，本题采用 INT 21 的 01H 号功能。用 INT 21 的 09H 号功能实现显示提示字符串和结果。参考程序如下：

```
DATA    SEGMENT
TAB1    DB       10DUP(0)
TAB2    DB       10DUP(0)
TAB3    DB       11DUP(0),'$'
```

```
STR1      DB        'DA1 = $'
STR2      DB        'DA2 = $'
STR3      DB        'DA1 + DA2 = $'
CRLF      DB        0DH,0AH,'$'
DATA      ENDS
CODE      SEGMENT
          ASSUME    CS:CODE,DS:DATA
START:    MOV       AX,DATA
          MOV       DS,AX
          XOR       CH,CH
          LEA       DX,STR1          ;显示提示符"DA1 = "
          MOV       AH,09H
          INT       21H
          LEA       BX, TAB1         ;从键盘输入 10 位十进制数
          MOV       CL,10
LP1:      MOV       AH,01H
          INT       21H
          MOV       [BX],AL
          INC       BX
          LOOP      LP1
          LEA       DX,CRLF          ;按〈Enter〉键换行
          MOV       AH,09H
          INT       21H
          LEA       DX,STR2          ;显示提示符"DA2 = "
          MOV       AH,09H
          INT       21H
          LEA       BX, TAB2         ;从键盘输入 10 位十进制数
          MOV       CL,10
LP2:      MOV       AH,01H
          INT       21H
          MOV       [BX],AL
          INC       BX
          LOOP      LP2
          LEA       DX,CRLF          ;按〈Enter〉键换行
          MOV       AH,09H
          INT       21H
          LEA       DX,STR3          ;显示提示符"DA1 + DA2 = "
          MOV       AH,09H
          INT       21H
;求 DA1 和 DA2 十进制数相加并保存
          LEA       BX,TAB1
          LEA       SI,TAB2
          LEA       DI,TAB3
```

136

```
            MOV        CL,10
LP3：        MOV        AL,[BX+9]
            ADC        AL,[SI+9]
            AAA
            MOV        [DI+10],AL
            DEC        DI
            DEC        SI
            DEC        BX
            LOOP       LP3
            MOV        AH,0
            ADC        AH,0
            MOV        [DI+10],AH
;将和转换成 ASCII 码
            LEA        DI,TAB3
            MOV        CH,11
LP4：        ADD        BYTE PTR[DI],30H
            INC        DI
            DEC        CH
            JNZ        LP4
;显示和
            LEA        DX,TAB3
            MOV        AH,09H
            INT        21H
;程序退出
LP_END:     MOV        AH,4CH
            INT        21H
CODE        ENDS
            END        START
```

18. 试编制符合 MASM 的汇编语言源程序，实现 $S = \dfrac{X*4-4AH}{Y}$，并将结果存入内存。其中

X 和 Y 为内存中的无符号单字节数。

【解】 流程如图 4-7 所示，参考程序如下：

```
DATA        SEGMENT
X           DB         0FFH
Y           DB         25H
S           DB         ?
DATA        ENDS
CODE        SEGMENT
            ASSUME     CS:CODE,DS:DATA
START:      MOV        AX,DATA
            MOV        DS,AX
            MOV        AL,X
```

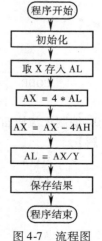

图 4-7　流程图

```
                MOV      AH,4
                MUL      AH
                SUB      AL,4AH
                SBB      AH,0
                DIV      BYTE  PTR  Y
                MOV      S,AL
                MOV      AH, 4CH
                INT      21H
        CODE    ENDS
                END      START
```

19. X、Y、Z 已定义为字节变量，若 X 和 Y 各存放一个 32 位无符号数（存放顺序是低位字
    节存入低地址），试写出将 X 和 Y 相加、结果存入 Z 的程序段。

【解】

```
        DATA    SEGMENT
        X       DD       12345678H
        Y       DD       87654321H
        Z       DB       5DUP(?)
        DATA    ENDS
        CODE    SEGMENT
                ASSUME   CS:CODE,DS:DATA
        ST：    MOV      AX,DATA
                MOV      DS,AX
                MOV      AX,WORD PTR X
                ADD      AX,WORD PTR Y
                MOV      WORD PTR Z,AX
                MOV      AX,WORD PTR X+2
                ADD      AX,WORD PTR Y+2
                MOV      WORD PTR Z+2,AX
                MOV      AL,0
                ADC      AL,0
                MOV      Z+4,AL
                MOV      AH,4CH
                INT      21H
        CODE    ENDS
                END      ST
```

20. 编制汇编语言程序完成计算两个相邻整数（设整数 <10）的平方和。

【解】

```
        DATA    SEGMENT
        TAB     DB       0,1*1,2*2,3*3,4*4
                DB       5*5,6*6,7*7,8*8,9*9
        X       DB       5
        AD      DB       ?
```

138

```
        DATA        ENDS
        CODE        SEGMENT
                    ASSUME   CS:CODE,DS:DATA
        ST:         MOV      AX,DATA
                    MOV      DS,AX
                    LEA      BX,TAB
                    MOV      AL,X
                    XLAT     TAB        ;AL = DS:[BX + AL]
                    MOV      CL,AL
                    MOV      AL,X
                    INC      AL
                    XLAT                ;也可以不写 TAB
                    ADD      AL,CL
                    MOV      AD,AL
                    MOV      AH,4CH
                    INT      21H
        CODE        ENDS
                    END      ST
```

21. 某数据区中，TAB 开始连续存放 0～6 的立方值（称为立方表），任给一个数 X（0≤X ≤6），X 在 TAB1 单元，试编制汇编语言程序实现查表求 X 的立方值，并把结果存入 TAB2 单元。

【解】 可采用查表指令 XLAT，其功能为 AL = DS：[BX + AL]，如图 4-8 所示。

```
        DATA        SEGMENT
        TAB         DB       0,1*1*1,2*2*2,3*3*3
                    DB       4*4*4,5*5*5,6*6*6
        TAB1        DB       4
        TAB2        DB       ?
        DATA        ENDS
        CODE        SEGMENT
                    ASSUME   CS:CODE,DS:DATA
        ST:         MOV      AX,DATA
                    MOV      DS,AX
                    LEA      BX,TAB
                    MOV      AL,TAB1
                    XLAT     TAB
                    MOV      TAB2,AL
                    MOV      AH,4CH
                    INT      21H
        CODE        ENDS
                    END ST
```

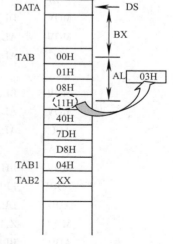

图 4-8　XLAT 指令功能示意图

22. 编制汇编语言程序，实现两个两位十进制数相乘的乘法程序，被乘数和乘数均以 ASCII 码的形式存放在内存中，乘积存入内存。

【解】 ASCII 码不能直接运算，需要转换成相应的十六进制数。本参考程序中采用两种方法实现将 ASCII 码转换成十六进制数。方法 1：先将 ASCII 码转换成非压缩型 BCD 码存入 AX 中，十六进制数 N_{16} = AH * 10 + AL。方法 2：先将 ASCII 码转换成非压缩型 BCD 码存入 AX 中，利用 AAD 指令将 AX 中的非压缩型 BCD 码转换成十六进制数。参考程序如下：

```
        DATA    SEGMENT
        X       DB      32H,36H
        Y       DW      3038H
        Z       DB      ?,?,?
        DATA    ENDS
        CODE    SEGMENT
                ASSUME  CS:CODE,DS:DATA
ST:             MOV     AX, DATA
                MOV     DS,AX
                MOV     AX, WORD PTR X      ;取 X
                CALL    ASC _ H             ;调用 ASCII 码转换成十六进制数子程序
                MOV     BL,AL               ;保存 X 对应的十六进制数
                MOV     AX, Y               ;取 Y
                AND     AX, 0F0FH           ;将 ASCII 码转换成非压缩型 BCD 码
                AAD                         ;将 AX 中的非压缩型 BCD 码转换成十六进制数
                MUL     BL                  ;AX = AL * BL
;将十六进制数转换成非压缩型 BCD 码,并存入内存 Z 中
                XOR     BX,BX
                MOV     CX,AX
                XOR     DL,DL
LP1:            ADD     DL,1
                MOV     AL,DL
                AAA
                MOV     DL,AL
                MOV     AL,BL
                ADC     AL,0
                AAA
                MOV     BL,AL
                MOV     AL,BH
                ADC     AL,0
                AAA
                MOV     BH,AL
                LOOP    LP1
                ADD     DL,30H
                MOV     Z,DL
                ADD     BL,30H
                MOV     Z + 1,BL
```

```
            ADD      BH,30H
            MOV      Z+2,BH
            MOV      AH,4CH
            INT      21H
;将 ASCII 码转换成十六进制数子程序
    ASC _ H  PROC
            AND      AX,0F0FH
            MOV      CL,AL
            MOV      AL,10
            MUL      AH
            ADD      AL,CL
            RET
    ASC _ H  ENDP
    CODE     ENDS
            END      ST
```

23. 编一个程序,将内存中 ADR1 开始存放的 5 字节的压缩型 BCD 码拆成非压缩型 BCD 码,存入 ADR2 开始的字节单元中。

【解】 将压缩型 BCD 码拆成非压缩型 BCD 码可以采用 AND 指令屏蔽高 4 位保留低 4 位,用右移指令 SHR 将高 4 位移到低 4 位。参考程序如下:

```
    DATA SEGMENT
    ADR1     DB       12H,34H,56H,78H,90H
    ADR2     DB       10 DUP(?)
    DATA     ENDS
    CODE     SEGMENT
            ASSUME  CS:CODE,DS:DATA
;子程序功能:将 AL 中的压缩型 BCD 码拆成非压缩型 BCD 码,并存入[SI]和[SI+1]单元
    BCD _ 1  PROC
            MOV      DL,AL
            AND      DL,0FH
            MOV      [SI],DL
            SHR      AL,1
            SHR      AL,1
            SHR      AL,1
            SHR      AL,1
            MOV      [SI+1],AL
            RET
    BCD _ 1  ENDP
;主程序:
    ST:     MOV      AX,DATA
            MOV      DS,AX
            LEA      BX,ADR1    ;设置压缩型 BCD 码指针
            LEA      SI,ADR2    ;设置非压缩型 BCD 码指针
```

```
                MOV     CX,5        ;设置数据长度
        LP:     MOV     AL,[BX]
                CALL    BCD_1       ;调用拆字子程序
                INC     BX
                INC     SI
                INC     SI
                LOOP    LP
                MOV     AH,4CH
                INT     21H
        CODE    ENDS
                END ST
```

24. 读下列程序段，试指出完成了哪些功能。

```
        BEGIN：  MOV     AL,ADR1
                TEST    AL, 80H
                JZ      BRCH
                MOV     BL, 80H
                JMP     STOP
        BRCH：  MOV     BL, 0H
        STOP：  MOV     ADR2，BL
                HLT
```

【解】 测试 ADR1 单元内容，若是正数，则 ADR2 = 0；若是负数，则 ADR2 = 80H。

25. 两个无符号数分别存放在 ADR1 和 ADR2 字节地址单元中，编写一个程序找出两个数中较大的数，存入 ADR3 单元。

【解】

```
        DATA    SEGMENT
        ADR1    DB      12H
        ADR2    DB      34H
        ADR3    DB      ?
        DATA    ENDS
        CODE    SEGMENT
                ASSUME  CS:CODE,DS:DATA
        ST：    MOV     AX,[DATA
                MOV     DS,AX
                MOV     AL,ADR1
                CMP     AL,ADR2
                JNC     LP
                MOV     AL,ADR2
        LP：    MOV     ADR3,AL
                MOV     AH,4CH
                INT     21H
        CODE    ENDS
                END     ST
```

142

26. 若 ADRX 和 ADRY 都定义为字变量，并在 ADRX 数组中存放了 10 个 16 位无符号数，试编写程序段，将它们由小到大排列后存入 ADRY。

【解】 内存数据存放格式如图 4-9 所示。编程思路：首先将字符串 ADRX 存入 ADRY，将 ADRY 中的第 1 个数存入 AX，与后续数据比较，如果比 AX 大，则进行交换，从而找到最大的数存入第 1 个字单元；然后取 ADRY 中的第 2 个数存入 AX，与后续数据比较，如果比 AX 大，则进行交换，从而找到较大的数存入第 2 个字单元…

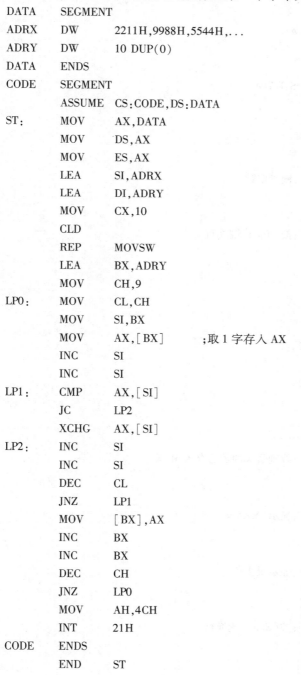

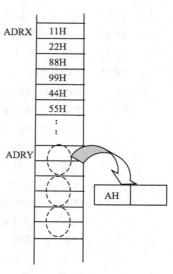

```
DATA    SEGMENT
ADRX    DW      2211H,9988H,5544H,...
ADRY    DW      10 DUP(0)
DATA    ENDS
CODE    SEGMENT
        ASSUME  CS:CODE,DS:DATA
ST:     MOV     AX,DATA
        MOV     DS,AX
        MOV     ES,AX
        LEA     SI,ADRX
        LEA     DI,ADRY
        MOV     CX,10
        CLD
        REP     MOVSW
        LEA     BX,ADRY
        MOV     CH,9
LP0:    MOV     CL,CH
        MOV     SI,BX
        MOV     AX,[BX]         ;取 1 字存入 AX
        INC     SI
        INC     SI
LP1:    CMP     AX,[SI]
        JC      LP2
        XCHG    AX,[SI]
LP2:    INC     SI
        INC     SI
        DEC     CL
        JNZ     LP1
        MOV     [BX],AX
        INC     BX
        INC     BX
        DEC     CH
        JNZ     LP0
        MOV     AH,4CH
        INT     21H
CODE    ENDS
        END     ST
```

图 4-9 内存示意图

27. 编制汇编语言程序实现：从键盘输入 10 个十进制数，找出其中最大的数送屏幕显示，要求显示提示符 "MAX = "。

【解】 参考程序如下：

```
        DATA    SEGMENT
        ADRX    DB      11,?,11 DUP(0FFH)
        MAX     DB      ?
        TAB1    DB      'MAX = $'
        TAB2    DB      0AH,0DH,' $ '
        DATA    ENDS
        CODE    SEGMENT
                ASSUME  CS:CODE,DS:DATA
        ST:     MOV     AX,DATA
                MOV     DS,AX
                LEA     DX,ADRX
                MOV     AH,0AH
                INT     21H             ;键盘取数
                LEA     DX,TAB2
                MOV     AH,09H
                INT     21H             ;按〈Enter〉键换行
                LEA     BX,ADRX
                MOV     CL,[BX+1]
                DEC     CL
                MOV     AL,[BX+2]
                INC     BX
        LP1:    CMP     AL,[BX+2]
                JNC     LP2
                MOV     AL,[BX+2]
        LP2:    INC     BX
                DEC     CL
                JNZ     LP1
                MOV     MAX,AL          ;找到最大的数后存入 MAX
                LEA     DX,TAB1
                MOV     AH,09H
                INT     21H             ;显示 "MAX = "
                MOV     DL,MAX
                MOV     AH,02H
                INT     21H             ;显示最大值
                LEA     DX,TAB2
                MOV     AH,09H
                INT     21H             ;按〈Enter〉键换行
                MOV     AH,4CH
                INT     21H
```

144

```
        CODE    ENDS
                END     ST
```

28. 假设某班10名学生的某门课程成绩存放在数据区中，请编制汇编语言程序，统计该成绩中小于60分的人数、60~90分的人数、大于90分的人数，并显示在屏幕上。

【解】 设10名学生的成绩以压缩型BCD码形式存入内存TAB中。在屏幕上先显示提示，再显示统计值，并按〈Enter〉键换行。

```
DATA      SEGMENT
TAB       DB      90H,47H,87H,69H,75H,60H,95H,32H,77H,80H
T60       DB      ?
T6090     DB      ?
T90       DB      ?
TAB60     DB      'X < 60          $'
TAB6090   DB      '60 < = X < 90    $'
TAB90     DB      'X > = 90         $'
TAB0D0A   DB      0DH,0AH,'$'
DATA      ENDS
CODE      SEGMENT
          ASSUME  CS:CODE,DS:DATA
ST:       MOV     AX,DATA
          MOV     DS,AX
          XOR     BX,BX
          XOR     CL,CL
          MOV     CH,10
          LEA     SI,TAB
LP0:      MOV     AL,59H
          CMP     AL,[SI]
          JNC     LP1
          MOV     AL,89H          ;X < 60
          CMP     AL,[SI]
          JC      LP2             ;≥90
          INC     BH              ;60≤X < 90
LP3:      INC     SI
          DEC     CH
          JNZ     LP0
          JMP     LP4
LP1:      INC     BL
          JMP     LP3
LP2:      INC     CL
          JMP     LP3
;保存统计结果
LP4:      MOV     T60,BL
          MOV     T6090,BH
```

```
                      MOV     T90,CL
;显示统计结果
                      LEA     DX,TAB60
                      MOV     AH,09H
                      INT     21H
                      ADD     BL,30H
                      MOV     DL,BL
                      MOV     AH,02H
                      INT     21H
                      LEA     DX,TAB0D0A
                      MOV     AH,09H
                      INT     21H
                      LEA     DX,TAB6090
                      MOV     AH,09H
                      INT     21H
                      ADD     BH,30H
                      MOV     DL,BH
                      MOV     AH,02H
                      INT     21H
                      LEA     DX,TAB0D0A
                      MOV     AH,09H
                      INT     21H
                      LEA     DX,TAB90
                      MOV     AH,09H
                      INT     21H
                      ADD     CL,30H
                      MOV     DL,CL
                      MOV     AH,02H
                      INT     21H
                      LEA     DX,TAB0D0A
                      MOV     AH,09H
                      INT     21H
                      MOV     AH,4CH
                      INT     21H
          CODE        ENDS
                      END     ST
```

29. 编制汇编语言程序实现：从键盘中输入 0 ~ 65535 之间的十进制数，将其转换成十六进制数，并在屏幕上显示出，若按〈Esc〉键后，则显示"OK"并退出程序。

【解】 十进制数转换成十六进制数 $T_{16} = d_4 * 10^4 + d_3 * 10^3 + d_2 * 10^2 + d_1 * 10^1 + d_0$。

```
          DATA        SEGMENT
          TAB         DB      6,?,6 DUP(0)
          T16         DW      0000H
```

LFCR	DB	0DH,0AH,' $ '	
DATA	ENDS		
CODE	SEGMENT		
	ASSUME	CS:CODE,DS:DATA	
ST:	MOV	AX,DATA	
	MOV	DS,AX	
	LEA	DX,TAB	
	MOV	AH,0AH	
	INT	21H	;从键盘中输入 0~65535 之间的十进制数
	LEA	SI,TAB	
	MOV	CL,[SI+1]	;取实际输入的字符个数
	CMP	CL,0	;如果没有输入字符,则转到程序退出
	JZ	LP6	
	MOV	CH,0	
	ADD	SI,CX	
	MOV	DL,[SI+1]	
	SUB	DL,30H	;将 ASCII 码转换成 BCD 码
	MOV	DH,0	
	MOV	T16,DX	
	CMP	CL,1	;如果只输入 1 个字符,则转到 LP4
	JZ	LP4	
	DEC	CL	
	MOV	BX,1	
LP0:	DEC	SI	
	MOV	AL,10	
	MOV	AH,0	
	MUL	BX	
	MOV	BX,AX	
	MOV	DL,[SI+1]	
	SUB	DL,30H	;将 ASCII 码转换成 BCD 码
	MOV	DH,0	
	MUL	DX	
	ADD	T16,AX	
	DEC	CL	
	JNZ	LP0	
LP4:			
	LEA	DX, LFCR	;按〈Enter〉键换行
	MOV	AH,09H	
	INT	21H	

;显示十六进制数

	MOV	AL,BYTE PTR T16+1	
	MOV	CL,4	
	SHR	AL,CL	

```
              CALL      XS              ;调用送屏幕显示子程序
              MOV       AL,BYTE PTR T16+1
              AND       AL,0FH
              CALL      XS              ;调用送屏幕显示子程序
              MOV       AL,BYTE PTR T16
              MOV       CL,4
              SHR       AL,CL
              CALL      XS              ;调用送屏幕显示子程序
              MOV       AL,BYTE PTR T16
              AND       AL,0FH
              CALL      XS              ;调用送屏幕显示子程序
              MOV       DL,'H'
              MOV       AH,02H
              INT       21H             ;显示'H'
       ;按〈Enter〉键换行
              LEA       DX, LFCR
              MOV       AH,09H
              INT       21H
       LP6:   MOV       AH,4CH
              INT       21H
       ;送屏幕显示子程序
       XS     PROC
              CMP       AL,0AH
              JC        LP5
              ADD       AL,7
       LP5:   ADD       AL,30H
              MOV       DL,AL
              MOV       AH,02H
              INT       21H
              RET
       XS     ENDP
       CODE   ENDS
              END       ST
```

30. 请用 C/C++ 语言和汇编语言混合编程实现从键盘输入两
   个不大于 20 的数 a 和 b，计算出 $a \times 2^b$ 的值，并在屏幕上
   显示出计算结果。

【解】 设用 C/C++ 语言编程实现从键盘输入两个不大于 20 的
数 a 和 b，显示计算结果。用汇编语言程序实现计算 $a \times 2^b$ 的
值。C/C++ 语言程序通过栈区将数 a 和 b 传给汇编语言程序
（见图 4-10），汇编语言程序将计算结果通过 EAX 传给 C/C++
语言程序。

参考程序：

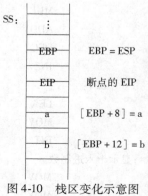

图 4-10 栈区变化示意图
（图中每格代表 2 字节）

```cpp
//-----The following is main. cpp-----
#include < stdio. h >
extern "C" int _ cdecl power2(int, int);
void main(void)
{

    int a,b;
    printf("begin input a,b(a < = 20,b < = 20))\n");
    printf("input a =");
    scanf("%d",&a);
    printf("input b =");
    scanf("%d",&b);
    printf("%d * (2^%d)is equal to %d\n",a,b,power2(a,b));
//    scanf("%d",&a);
}
```

```asm
;------The  following  is  power. asm------
. 386p                       ;采用 32 位指令
. model      flat,c          ;flat 模式,C 语言类型
PUBLIC       power2
. code
power2       PROC
    PUSH    EBP              ;EBP 进栈
    MOV     EBP,ESP          ;将 ESP 的值给 EBP 以便后面引用
    MOV     EAX,[EBP + 8]    ;取第一个参数
    MOV     ECX,[EBP + 12]   ;取第二个参数
    SHL     EAX,CL           ;计算 EAX = EAX × (2^CL)
    POP     EBP              ;恢复 EBP
    RET                      ;返回,结果在 EAX 中
power2       ENDP
    end
```

第 5 章　半导体存储器及其接口技术

5.1　学习指导

本章的主要内容和学习要求如下：

1）存储器的分类及主要技术指标。

2）半导体存储器的结构与工作原理。

3）半导体存储器接口设计。

半导体存储器接口设计主要解决如何用容量少、位数少的存储器芯片构成一定容量、一定位数的存储区的问题。具体步骤如下：

①选片（确定半导体存储器芯片的类型和数量）。

②地址分配（列出每片存储器芯片占用地址范围的地址分配表）。

③地址译码（根据地址分配表找出规律，设计地址译码电路）。

④存储器与 CPU 信号连接（包括数据总线 DB、地址总线 AB、控制总线 CB）。

注意，8086 和 8088 系统的存储器接口的区别，8086/8088 CPU 最大工作方式和最小工作方式下的存储器接口的区别。

要求：了解各种存储器芯片的使用特点，在给出 CPU、工作方式、存储器芯片、存储区容量及起始地址等条件下，设计并画出半导体存储器扩充接口电路。

5.2　单项选择题

1. 下面的选项（　　）是磁性材料的存储器。

    A. ROM　　　　　B. RAM　　　　　C. CD-ROM　　　　　D. 硬盘　　　　　E. U 盘

【解】　D

2. 下面的选项（　　）是激光源读/写信息的存储器。

    A. ROM　　　　　B. RAM　　　　　C. CD-ROM　　　　　D. 硬盘　　　　　E. U 盘

【解】　C

3. 不是半导体材料的存储器为（　　）。

    A. ROM　　　　　B. RAM　　　　　C. 硬盘　　　　　D. U 盘

【解】　C

4. 易失性存储器是（　　）。

    A. RAM　　　　　B. PROM　　　　　C. EPROM　　　　　D. E^2PROM　　　　　E. Flash Memry

【解】　A

5. 下列只读存储器中，可紫外线擦除数据的是（　　）。

    A. PROM　　　　　B. EPROM　　　　　C. E^2PROM　　　　　D. Flash Memry

【解】　B

6. 下列只读存储器中，仅能一次写入数据的是（　　　）。

　　A. PROM　　　　B. EPROM　　　　C. E²PROM　　　　D. Flash Memry

【解】　A

7. 下列存储器中需要定时刷新的是（　　　）。

　　A. ROM　　　　B. EPROM　　　　C. SRAM　　　　D. DRAM

【解】　D

8. 关于 SRAM 叙述不正确的是（　　　）。

　　A. 相对集成度低　　　　　　　　B. 相对速度快

　　C. 不需要外部刷新电路　　　　　D. 地址线行列复用

【解】　D

9. 关于 DRAM 叙述不正确的是（　　　）。

　　A. 相对集成度高　　　　　　　　B. 不需要外部刷新电路

　　C. 是可读/写存储器　　　　　　D. 地址线行列复用

【解】　B

10. SRAM 与 DRAM 比较，下面叙述中不是 SRAM 特点的为（　　　）。

　　A. 相对速度快　　　　　　　　　B. 相对应用简单

　　C. 相对价格高　　　　　　　　　D. 相对集成度高

【解】　D

11. 在 80×86 系统中，下面对存储器的叙述错误的是（　　　）。

　　A. 内存储器由半导体器件构成　　B. 当前正在执行的指令应放在内存中

　　C. 字节是内存的基本编址单位　　D. 一次读/写操作仅能访问一个存储器单元

【解】　D

12. 存储字长是指（　　　）。

　　A. 存储单元中二进制代码组合　　B. 存储单元中二进制代码的个数

　　C. 存储单元的个数　　　　　　　D. 以上都是

【解】　B

13. 起始地址从 0000H 开始的存储器系统中，10KB RAM 的寻址范围为（　　　）。

　　A. 0000H～03FFH　　　　　　　B. 0000H～1FFFH

　　C. 0000H～27FFH　　　　　　　D. 0000H～3FFFH

【解】　C

14. 在 80×86 系统中，实地址模式下的每个逻辑段最多存储单元数为（　　　）。

　　A. 1MB　　　　B. 256B　　　　C. 64KB　　　　D. 1KB

【解】　C

15. 256KB 的 SRAM 有 8 条数据线，有（　　　）地址线。

　　A. 8 条　　　　B. 18 条　　　　C. 20 条　　　　D. 256 条

【解】　B

16. 若 CPU 具有 64GB 的寻址能力，则 CPU 的地址总线应有（　　　）。

　　A. 64 条　　　　B. 36 条　　　　C. 32 条　　　　D. 24 条

【解】 B

17. 起始地址为 1000H 的 16KB SRAM, 其末地址为（　　　）。

    A. 1FFFH   B. 2FFFH   C. 3FFFH   D. 4FFFH

【解】 D

18. 若显示器的最高分辨率为 $1280 \times 1024 \times 24bit$, 则所需最小缓存为（　　　）。

    A. 1MB   B. 2MB   C. 4MB   D. 6MB

【解】 C

19. 构成 128MB 的存储空间需要 $16M \times 4bit$ 的 RAM 芯片（　　　）片。

    A. 16   B. 32   C. 64   D. 128

【解】 A

20. 用存储器芯片 6264（$8K \times 8bit$）组成 64KB 的存储空间, 需要（　　　）片。

    A. 2   B. 4   C. 8   D. 16

【解】 C

21. 若用 $4K \times 4bit$ 的存储芯片组成 $64K \times 16bit$ 的存储系统, 则需要（　　　）。

    A. 32 片   B. 16 片   C. 8 片   D. 4 片

【解】 A

22. 某存储器芯片的存储单元数为 8K, 该存储器芯片的片内寻址地址应为（　　　）。

A. A0 ~ A10   B. A0 ~ A11   C. A0 ~ A12   D. A0 ~ A13

【解】 C

23. 在部分译码电路中, 若 CPU 的地址线 A12 ~ A15 未参加译码, 则每个存储器单元的重复地址有（　　　）个。

    A. 1   B. 4   C. 8   D. 16

【解】 D

24. 对存储器芯片的译码采用线选法, 下面叙述正确的是（　　　）。

    A. 有利于存储系统的扩展   B. 线选线可同时低电平控制输出

    C. 存储单元有重叠地址

【解】 C

25. 对存储器芯片的译码采用全译码法, 下面叙述不正确的是（　　　）。

    A. 常需要外围逻辑芯片   B. 有利于存储系统的扩展

    C. 存储单元有重叠地址

【解】 C

26. 用 1 片 3-8 译码器和多片 $8K \times 8bit$ SRAM 可最大构成容量为（　　　）的存储系统。

    A. 8KB   B. 16KB   C. 32KB   D. 64KB

【解】 D

27. 存储器芯片片选电路采用的基本逻辑单元是（　　　）。

    A. 反相器   B. 触发器   C. 三态门   D. 译码器

【解】 D

28. 在计算机中, CPU 访问各类存储器的速度由高到低为（　　　）。

    A. 高速缓存、主存、硬盘、U 盘   B. 主存、硬盘、U 盘、高速缓存

C. 硬盘、主存、U 盘、高速缓存　　D. 硬盘、高速缓存、主存、U 盘

【解】　A

29. 高速缓存 Cache 的存取速度（　　　）。

A. 比主存慢、比外存快　　　　　　B. 比主存慢、比内部寄存器快

C. 比主存快、比内部寄存器慢　　　D. 比主存慢、比内部寄存器慢

【解】　C

30. 高速缓冲存储器 Cache 的作用是（　　　）。

A. 硬盘与主存储器间的缓冲　　　　B. 软盘与主存储器间的缓冲

C. CPU 与视频设备间的缓冲　　　　D. CPU 与主存储器间的缓冲

【解】　D

31. 下面关于 CPU 与 Cache 之间关系的描述中正确的是（　　　）。

A. Cache 中存放的是主存储器中一部分信息的映像

B. 用户可以直接访问 Cache

C. 片内 Cache 要比二级 Cache 的容量大得多

D. 二级 Cache 要比片内 Cache 的速度快得多

【解】　A

32. Cache 存储器一般采用 SRAM，而内存条由（　　　）组成。

A. ROM　　　　　　B. PROM　　　　C. Flash Memry　　　D. SDRAM

【解】　D

33. 目标程序中将逻辑地址转换成物理地址称为（　　　）。

A. 存储分配　　B. 地址重定位　　C. 地址保护　　　　D. 程序移动

【解】　B

34. 虚拟存储器是为了使用户可运行比主存容量大得多的程序，它要在硬件之间进行信息动态调度，这种调度是由（　　　）来完成的。

A. 硬件　　　　　　B. 操作系统　　　C. BIOS　　　　　　D. 操作系统和硬件

【解】　D

35. 常用的虚拟存储器寻址系统由（　　　）两级存储器组成。

A. 主存-外存　　B. Cache-主存　　C. Cache-主存　　D. Cache-Cache

【解】　A

36. 在虚拟存储系统中，逻辑地址空间受（　　　）的限制。

A. 内存的大小　　B. 外存的大小　　C. 物理编址范围　　D. 页表大小

【解】　C

37. 在段页式存储管理中，虚拟地址空间是（　　　）。

A. 一维　　　　　　B. 二维　　　　　C. 三维　　　　　　D. 层次

【解】　B

38. 80286 在保护虚地址模式下，虚拟空间为（　　　）。

A. 1MB　　　　　　B. 2MB　　　　　C. 4MB　　　　　　D. 16MB

【解】　D

39. 80486 微处理器物理地址的最大存储空间是（　　　）。

A. 256MB   B. 4GB   C. 64GB   D. 64TB

【解】 B

40. Pentium 4 微处理器可寻址的最大存储空间是（   ）。

A. 256MB   B. 4GB   C. 64GB   D. 64TB

【解】 C

41. 保护模式下程序的最大地址空间是（   ）。

A. 4KB   B. 1MKB   C. 2GB   D. 4GB

【解】 D

42. 下列存储器中，按记录密度从低到高的顺序为（   ）。

A. U 盘、硬盘、光盘、磁带   B. 磁带、硬盘、U 盘、光盘

C. 磁带、U 盘、硬盘、光盘   D. 硬盘、U 盘、磁带、光盘

【解】 C

43. 下列内存条类型中，速度最快的是（   ）。

A. EDO   B. DDR   C. SDRAM   D. DDR2

【解】 D

44. 若用 1K×4bit 的存储器芯片组成 16K×8bit 的存储系统，则需要（   ）片。

A. 16   B. 32   C. 4   D. 8

【解】 B

45. 80486 片上 Cache 的容量是（   ），采用（   ）路组合地址映射。

A. 8KB，2   B. 16KB，4   C. 16KB，2   D. 8KB，4

【解】 D

5.3 判断题

1. 微机大容量主存一般采用 DRAM 芯片组成。（   ）

2. 在外存储器中，磁盘和磁带均按顺序方式工作。（   ）

3. 在计算机中，内存储器的存储介质均为半导体材料。（   ）

4. 当前计算机中，存储系统采用三级存储器体系。（   ）

5. 三级存储器体系是指主存、内存和外存。（   ）

6. RAM 的特点是掉电信息丢失，所以需要刷新电路。（   ）

7. 相对而言，静态 RAM 比动态 RAM 的集成度低，但外围电路简单。（   ）

8. 相对而言，TTL 存储器比 CMOS 存储器的数据存取速度快。（   ）

9. 在内存储器组织中用部分译码方式，存储器单元地址有重复地址值。（   ）

10. 在内存储器组织中用全译码方式，存储器单元地址有重复地址值。（   ）

11. 在内存储器组织中用线选方式，不需要额外的逻辑电路。（   ）

12. E^2PROM 的数据擦除方式为紫外线擦除。（   ）

13. 可擦除 ROM 在数据被擦除后，存储单元中的值为 0。（   ）

14. 因 ROM 是只读存储器，向它内部写入数据是不可能的。（   ）

15. RAM 是英文 Random Access Memory 的缩写。（   ）

16. ROM 是英文 Read Only Memory 的缩写。（　　）

17. 字节的英文为 Byte，位的英文为 bit。（　　）

18. 某存储芯片的字节容量为 1KB，它的位容量为 10KB。（　　）

19. SRAM 的每个存储单元由 6 个场效应晶体管构成。（　　）

20. DRAM 的每个存储单元由 6 个场效应晶体管构成。（　　）

21. 由于 DRAM 中有电容，因此需要向电容随时充电。（　　）

22. 部分译码可以简化译码电路，不会减少可用的存储空间。（　　）

23. 存储系统每次给 DRAM 芯片提供刷新地址，被选中的芯片上所有单元都刷新一遍。（　　）

24. 存储系统的刷新地址提供给所有 DRAM 芯片。（　　）

25. 存储系统的高速缓存需要操作系统的配合才能提高主存访问速度。（　　）

26. 指令访问的操作数可能是 8、16 或 32 位，但主存与 Cache 间却以数据块为单位传输。（　　）

27. 存储器芯片的集成度高表示单位芯片面积制作的存储单元数多。（　　）

【答案】

1. ✓	2. ×	3. ✓	4. ✓	5. ×	6. ×	7. ✓	8. ✓	9. ✓
10. ×	11. ✓	12. ×	13. ×	14. ×	15. ✓	16. ✓	17. ✓	18. ×
19. ✓	20. ×	21. ✓	22. ×	23. ×	24. ✓	25. ×	26. ✓	27. ✓

5.4　填空题

1. 计算机存储容量的基本单位：1B（Byte）= ___(1)___ b（bits），1KB = ___(2)___ B，1MB = ___(3)___ KB，1GB = ___(4)___ MB，1TB = ___(5)___ GB = ___(6)___ B。

【解】（1）8　　（2）1024　　（3）1024　　（4）1024　　（5）1024　　（6）2^{40}

2. 计算机的存储系统由 ___(1)___ 和 ___(2)___ 组成。

【解】（1）内存储器　　（2）外存储器

3. 在计算机中，内存储器由 ___(1)___ 构成，按 ___(2)___ 方式工作，与外存储器相比访问速度 ___(3)___ 。

【解】（1）半导体器件　　（2）随机　　（3）快

4. SRAM ___(1)___ 刷新电路，DRAM ___(2)___ 刷新电路。

【解】（1）不需要　　（2）需要

5. SRAM 的存储单元由 ___(1)___ 个场效应晶体管构成，动态 DRAM 的存储单元由 ___(2)___ 个场效应晶体管构成。

【解】（1）6　　（2）1

6. SRAM 的相对集成度 ___(1)___ ，DRAM 的相对集成度 ___(2)___ 。

【解】（1）低　　（2）高

7. TTL 存储器的相对 ___(1)___ 快，相对 ___(2)___ 大。

【解】（1）速度　　（2）功耗

8. 要组成 256KB 内存，若用 2764（8K×8bit）EPROM 和 2164（64K×1bit）DRAM 存储器芯片分别组成，各需 ___(1)___ 片和 ___(2)___ 片。

【解】 (1) 32　　　　　　　　　　(2) 32

9. 某存储器芯片的存储容量为 8KB，或称其具有＿＿＿(1)＿＿＿bit 的存储容量。

【解】 (1) 65536

10. 在半导体存储器中，RAM 是指＿＿＿(1)＿＿＿，它可读可写，但断电后信息一般会＿＿＿(2)＿＿＿；而 ROM 是指＿＿＿(3)＿＿＿，正常工作时只能从中＿＿＿(4)＿＿＿信息，但断电后信息＿＿＿(5)＿＿＿。

【解】 (1) 随机存取存储器　　　(2) 丢失　　　(3) 只读存储器

　　　　(4) 读取　　　　　　　　(5) 不会丢失

11. 某存储器芯片上有 2048 个存储单元，每个存储单元可存放 4 位二进制值，则该芯片的存储容量为＿＿＿(1)＿＿＿bit，具有＿＿＿(2)＿＿＿条地址线、＿＿＿(3)＿＿＿条数据线。

【解】 (1) 8192　　　　　　　　(2) 11　　　　　　(3) 4

12. EPROM 的擦除方式为＿＿＿(1)＿＿＿，E^2PROM 的擦除方式为＿＿＿(2)＿＿＿。

【解】 (1) 紫外线擦除　　　　(2) 电擦除

13. 半导体＿＿＿(1)＿＿＿芯片顶部开有一个圆形石英窗口。U 盘、MP3 播放器、数码相机、多媒体手机等设备一般采用半导体＿＿＿(2)＿＿＿芯片构成存储器。

【解】 (1) EPROM　　　　　(2) Flash Memory

14. 在计算机/AT 机中，BIOS 程序放在＿＿＿(1)＿＿＿中，要执行的应用程序放在＿＿＿(2)＿＿＿中。

【解】 (1) ROM　　　　　　(2) RAM

15. 在计算机中，上电或复位后执行的第一条指令存放在＿＿＿(1)＿＿＿地址单元中。

【解】 (1) FFFF0H

16. 译码器芯片 74LS138 有＿＿＿(1)＿＿＿条译码输入线，将产生＿＿＿(2)＿＿＿条译码输出信号。

【解】 (1) 3　　　　　　　　(2) 8

17. 存储器芯片若采用部分译码方式和线译码方式时，则存储单元地址具有＿＿＿(1)＿＿＿性。若采用全译码方式时，则存储单元地址具有＿＿＿(2)＿＿＿性。

【解】 (1) 重叠　　　　　　(2) 唯一

18. 某 CPU 的地址总线为 24 条，则最大可寻址空间为＿＿＿(1)＿＿＿，用 1M×8bit 的 SRAM 芯片构成按字节编址的最大存储容量需＿＿＿(2)＿＿＿片该 SRAM 芯片。

【解】 (1) 16MB　　　　　　(2) 16

19. 在 8088 处理器系统中，假设地址总线 A19～A15 输出 01011 时译码电路产生一个有效的片选信号，则这个片选信号将占有主存从＿＿＿(1)＿＿＿到＿＿＿(2)＿＿＿的物理地址范围，共有＿＿＿(3)＿＿＿容量。

【解】 (1) 58000H　　　　(2) 5FFFFH　　　(3) 32KB

20. 当前计算机中存储系统采用三级存储体系结构：＿＿＿(1)＿＿＿、＿＿＿(2)＿＿＿和＿＿＿(3)＿＿＿。

【解】 (1) 高速缓冲存储器（Cache）　　(2) 主存储器　　(3) 外存储器

21. 高速缓存 Cache 芯片一般是用＿＿＿(1)＿＿＿构成的，主存储器是用＿＿＿(2)＿＿＿构成的。

【解】 (1) SRAM　　　　　　(2) DRAM

22. 高速缓存 Cache 中存放的只是映射＿＿＿(1)＿＿＿中一部分内容。

【解】 (1) 主存

23. 80×86 CPU 采用虚拟存储器的目的是提高内存的＿＿＿(1)＿＿＿能力。

【解】 (1) 寻址

24. 在执行指令 MOV AX，［2000H］时，对于 8088 CPU 需要____(1)____个总线周期，而对于 8086 CUP 来说，需要____(2)____个总线周期。

【解】　(1) 2　　　　　　(2) 1

25. 对一个存储器芯片进行片选译码时，有一个高位系统地址信号没有参加译码，则该芯片的每个存储单元占有____(1)____个存储器地址。

【解】　(1) 2

26. 存储结构为 8K×8bit 的 EPROM 芯片 2764，共有____(1)____个数据引脚、____(2)____个地址引脚，用它组成 64KB 的 ROM 存储区共需____(3)____片芯片。

【解】　(1) 8　　　　　(2) 13　　　　　(3) 8

5.5　简答题

1. 简述 CPU 地址线的数量与其寻址存储器范围的关系。

　　【解】　CPU 所具有的地址线数量决定了其可以寻址存储器单元的数量。如果 CPU 的地址线数量为 N 条，则可以产生 2^N 个地址编码，也就是可以寻址 2^N 个存储器单元。

2. 8KB 的存储器芯片有多少个存储单元，一般需要多少条地址线？

　　【解】　有 $2^{13}=8\times1024=8192$ 个存储单元，需 13 条地址线。

3. 为什么存储器芯片一般没有 3KB、5KB、6KB、7KB 的存储容量？

　　【解】　因为存储容量取决于地址线的位数。N 条地址线可以产生 2^N 个地址编码，也就是存储容量为 2^N 个存储器单元，所以存储容量不可能出现非 2 的指数关系的数。

4. 试举例说明半导体存储器芯片的种类，至少说出 5 种。

　　【解】　半导体存储器芯片按照存储原理可分为 SRAM、DRAM、PROM、EPROM、E^2PROM、Flash Memory 等多种。

5. 存储系统为什么不能采用一种存储器件构成？

　　【解】　因为各种存储器件在容量、速度和价格方面存在矛盾。速度快，则单位价格高；容量大，单位价格低，但存取速度慢，故存储系统不能采用一种存储器件。

6. DRAM 芯片为什么有行地址又有列地址？

　　【解】　DRAM 芯片容量大、芯片小、集成度高、引脚数量少。故 DRAM 芯片将地址引脚分时复用，即用一组地址引脚传送两批地址。第一批地址称行地址，第二批地址称列地址。

7. PROM、EPROM、E2PROM 的共同特点是什么？它们在功能上的主要不同之处在哪里？

　　【解】

　　1）只读存储器：只能读出，在系统运行过程中不能写入，具有非易失性，写入或擦除一般需用特殊方法。

　　2）PROM：用户可以根据需要修改存储器中的某些存储单元，只能一次性修改，不能二次编程，成本高，可靠性差，使用具有一定的局限性。用户可部分写入。

　　3）EPROM：显著优点是可多次编程，但不能在线编程，不容易修改局部内容，需要紫外线擦出。EPROM 一般用于产品开发，或用于小批量生产。

　　4）E^2PROM：可改写任一部分内容，擦写 10000 次，甚至百万次，数据保存 10 年，可在电路板上在线编程。E^2PROM 一般用于产品开发，或用于小批量生产。E^2PROM 的性能和次数比 EPROM 好。E²PROM 擦写速度较慢，不能做大容量内存。

8. 试简述 SRAM 存储器与 DRAM 存储器的异同。

【解】 SRAM 存储器与 DRAM 存储器的异同见表 5-1。

表 5-1 SRAM 存储器与 DRAM 存储器的异同

	SRAM（静态随机存储器）	DRAM（动态随机存储器）
相同点	均是可读/写存储器，掉电信息丢失	
不同点	1）基本存储电路采用 6 个场效晶体管构成的稳态电路，相对集成度低 2）外部电路相对应用简单 3）相对存储器芯片尺寸大 4）相对速度快 5）相对价格高	1）基本存储电路采用单个场效应晶体管和电容构成的电路，相对集成度高 2）外部电路相对应用复杂，需要刷新电路 3）地址线行列复用，相对存储器芯片尺寸小 4）相对速度慢 5）相对价格低

9. 在计算机中，存储系统分为内存储器和外存储器两大类，试简述内存储器和外存储器的特点。

【解】

1）在计算机中，存储系统中的内存储器是由半导体存储器构成的，容量有限，其读/写速度与 CPU 相当，CPU 要执行应用程序或调用数据，必须先调入内存后才能执行或调用。当关机时，内存储器中的信息将消失。

2）外存储器包括硬盘存储器、光盘存储器、移动存储器等，存储容量大，读/写速度慢，在关机时，外存储器中的信息将保持不会消失。计算机中包括操作系统在内的所有应用程序和数据均存放在外存储器中。

当计算机开机时，由固化在内存中的引导程序控制，将存放在外存储器中的操作系统调入内存储器中运行，然后在操作系统的管理下，将外存储器中的应用程序或数据调入内存储器后供 CPU 执行或调用。

10. 简述存储器容量的表示方法。

【解】 存储器的容量有两种表示方法：用存储二进制位（bit）数表示和用存储字节（B）数表示。容量表示单位可用符号 bit、B、KB、MB、GB 和 TB 等。其中，bit 表示位，B 表示字节（1B = 8bit）、KB 表示千字节（1KB = 1024B）、MB 表示兆字节（1MB = 1024KB）、GB 表示千兆字节（1GB = 1024MB），TB 表示太字节（1TB = 1024GB）。

11. 简述半导体存储器芯片的主要技术指标。

【解】 存储芯片的主要指标有存储容量、存取时间、功耗、工作电源、封装形式等。其中，存储容量表示一个存储器芯片上能存储多少个用二进制表示的信息位数。存取时间指向存储器单元写入数据及从存储器单元读出数据所需的时间。

12. 当前计算机采用三级存储体系结构：Cache、主存和外存。简述 Cache、主存和外存各自的特点，以及 CPU 与 Cache、主存和外存的关系。

【解】 当前计算机缓解处理数据速度与数据存储容量的矛盾，采用三级存储体系结构：Cache、主存和外存。Cache 由 SRAM 构成，容量小，访问速度与 CPU 相当，用于满足 CPU 快速读/写的要求。内存由 DRAM 构成，容量相对大，读/写速度低于 Cache，用于满足 CPU 对存储容量的需求。外存储器又称为"海量"存储器，掉电信息不丢失，所有程序与数据均存储在外存储器中，读/写速度慢。Cache 的数据由主存（即内存）提供，称 Cache 中的数据为主存中数据的映射，而主存中的数据从速度最慢的外存获得。采用三级存储体系结构后，可大大提高 CPU 的工作效率。

13. 简述存储器与寄存器的异同。

【解】 存储器和寄存器均用于存放二进制信息。它们的不同之处如下：寄存器是 CPU 内部的存储单元，数量较少，每个寄存器都指定专门用途并命名，编程时用寄存器名访问，由于访问过程不需要总线周期，故访问速度快。存储器为 CPU 外部的存储单元，数量较大，每个存储单元都有地址，可存放指令和数据，编程时通过存储单元地址访问，访问过程需要总线周期，故访问速度比寄存器要慢。

14. 简述半导体存储器接口的设计步骤。

【解】 半导体存储器接口的设计步骤如下：

1) 确定半导体存储器芯片的种类和数量。

2) 写出半导体存储器芯片的地址分配关系。

3) 设计出符合存储器芯片的地址分配的地址译码电路。

4) 画出存储器芯片与 CPU 连接的电路原理图（即存储器芯片与 CPU 的三总线连接）。

15. 简述片内地址线和片选地址线，它们有何作用。

【解】 片内地址线：用于寻址存储器芯片内的存储单元所需要的地址线。片选地址线：用于确定某存储器芯片在存储系统空间中的位置所需要的地址线。也就是说，片选地址用于确定所访问的存储单元在哪个存储器芯片中，片内地址用于确定所访问的存储单元在存储器芯片中的位置。

16. 试比较 3 种存储器译码方案（全译码、部分译码、线译码）的特点。

【解】

1) 全译码方式即为全部地址线参加地址译码，每个存储器单元拥有唯一的地址。

2) 在部分译码电路中，部分地址参与地址译码，译码电路相对简单，每个存储器单元的地址有重叠。若有 N 条地址未参加译码，则每个存储器单元拥有 2^N 个重复地址。

3) 线译码方式是由部分地址线直接作存储芯片的选通线，基本上不需要额外的逻辑电路，每个存储器单元的地址有重叠。若有 N 条地址未参加译码，则每个存储器单元拥有 2^N 个重复地址。

17. 已知存储范围为 00000H ~ 67FFFH，且每一个单元存放 1B，问其存储容量是多少？

【解】 $00000H = 0\ |\ 000\ 0\ |\ 000\ 0000\ 0000\ 0000B$

$67FFFH = 0\ |\ 110\ 0\ |\ 111\ 1111\ 1111\ 1111B$

$$13 \qquad 2^{15}B = 2^5 KB = 32KB$$

所以，其存储容量为 $13 \times 32KB = 416KB = 416 \times 1024 \times 8bit = 3407872\ bit$。

18. 在 8086 系统中，当访问奇数字节时，A0 和 $\overline{BHE}$ 是什么状态？

【解】 $A0 = 1$，$\overline{BHE} = 0$。

19. 在 8086 系统中，当只想访问数据线 D7 ~ D0 位时，A0 和 $\overline{BHE}$ 是什么状态？

【解】 $A0 = 0$，$\overline{BHE} = 1$。

20. 下列各 RAM 芯片至少需要多少条地址线或多少条数据线进行寻址？

1）512×4 位　　　　　2）$1M \times 4$ 位

3）$32K \times 32$ 位　　　　4）$16K \times 16$ 位

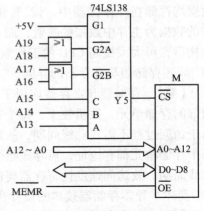

【解】

1）$2^9 = 512$　　　9 条地址线，4 条数据线

2）$1M = 2^{20}$　　　20 条地址线，4 条数据线

3）$32K \times 32$ 位　　15 条地址线，32 条数据线

4）$16K \times 16$ 位　　14 条地址线，16 条数据线

21. 分析图 5-1 中的电路，试说明该电路中存储器芯片所占有的地址范围。

【解】　该电路中存储器芯片占有的地址范围为 0A000H ~ 0BFFFH。

图 5-1　存储器接口电路原理图

22. 现有一存储体芯片容量为 512×4 位，若要用它组成 4KB 的存储器，则需要多少这样的芯片？每块芯片需要多少地址线？整个存储系统需要多少寻址线？

【解】

1）组成 4KB 的存储器需要存储体芯片的数量为 $(8/4) \times (4 \times 1024/512) = 16$ 片。

2）因为 $512 = 2^9$，所以每块芯片需要的地址线数目为 9 根。

3）因为每块芯片需要地址线数目为 9 根，整个存储系统需要 8 组存储体芯片（每组两片），用 138 译码器，则至少需要 3 根地址线，所以整个存储系统需要 $9 + 3 = 12$ 根地址线。

5.6　应用题

1. 设有一个具有 13 位地址和 8 位字长的存储器，试问：

1）存储器能存储多少字节信息？

2）如果 CPU 采用 8088，译码电路采用全译码方式，则片内地址为哪些？片选地址为哪些？

3）试画出起始地址为 2C000H 的译码电路。

4）如果存储器由 $1K \times 4$ 位 RAM 芯片组成，则共计需要多少片？

【解】

1）$2^{13} = 8K = 8192$（字节）信息。

2）$A0 \sim A12$ 为片内地址，$A13 \sim A19$ 为片选地址。

3）8K 地址范围为 2C000H = 0010 1100 0000 0000 0000B ~ 2DFFFH = 0010 1101 1111 1111 1111B，译码电路可采用两种方案，如图 5-2 所示。

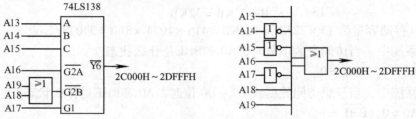

图 5-2　两种方案译码电路

4）因为 $8KB = ((1K \times 4\ bit) \times 2) \times 8$，所以需要 16 片。

2. 请分析图 5-3 所示的电路图，回答如下问题：

1）写出此 EPROM 的地址范围。

2）若此系统需配置 32KB 的 EPROM，问共需要此种 EPROM 多少片？

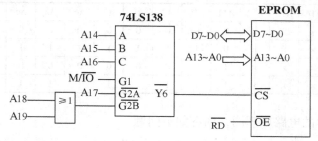

图 5-3　地址译码电路图

【解】

1）EPROM 占有的地址范围为 $18000H \sim 1BFFFH$。

2）单片容量为 16KB，因此需要 2 片。

3. 图 5-4 给出了一个存储器接口电路原理图，试问图中：

1）存储芯片和存储区的容量各是多少？

2）#0 和 #1 存储芯片所占地址范围是多少？

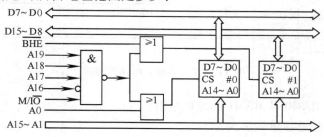

图 5-4　存储器与 8086 连接图

【解】

1）存储器芯片容量 $= 2^{15} \times 8bit = 32KB$

存储容量 $= 2^{15} \times 8bit \times 2 = 64KB$

2）由图 A19 A18 A17 A16 = 1110B

可得，#0 地址为 $E0000H \sim EFFFFH$ 中偶数地址

#1 地址为 $E0000H \sim EFFFFH$ 中奇数地址

4. 某 CPU 具有 16 位地址线，图 5-5 为 CPU 与存储器的连接电路原理图，试问每个存储单元占有多少地址？ROM、RAM 的存储容量是多少？ROM、RAM 的存储地址范围是多少？

【解】　由于有 4 条地址线没有参加地址译码，因此每个存储单元拥有

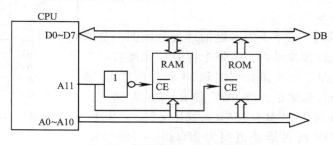

图 5-5　存储器接口电路示意图

$2^4 = 16$ 个重叠地址。有 8 条数据线和 11 条片内地址，故 ROM 和 RAM 的存储容量为 2^{11} B = 2KB = 2K × 8bit。其中，ROM 所占地址范围为 X000H ~ X7FFH，RAM 所占地址范围为 X800H ~ XFFFH。X 为任意十六进制数，地址分配图见表 5-2。

表 5-2　地址分配图

		A15	A14	A13	A12	A11	A10	A9	A8	A7	A6	A5	A4	A3	A2	A1	A0
ROM	始地址	×	×	×	×	0	0	0	0	0	0	0	0	0	0	0	0
	末地址	×	×	×	×	0	1	1	1	1	1	1	1	1	1	1	1
RAM	始地址	×	×	×	×	1	0	0	0	0	0	0	0	0	0	0	0
	末地址	×	×	×	×	1	1	1	1	1	1	1	1	1	1	1	1

5. 请分析图 5-6 所示的电路原理图，回答如下问题：

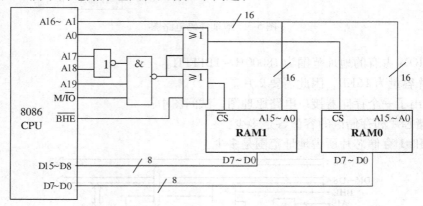

图 5-6　存储器接口电路原理图

1）请分别写出 RAM0 和 RAM1 的地址范围？

2）该存储系统的总容量为多少？

【解】

 1）RAM0 的地址范围：偶地址 80000H ~ 9FFFEH

   RAM1 的地址范围：奇地址 80001H ~ 9FFFFH

 2）64KB + 64KB = 128KB

6. 某 CPU 具有 20 位地址线，图 5-7 所示为 CPU 与存储器的连接电路原理图，试问每个存储单元占有多少地址？ROM、RAM 的存储容量是多少？ROM、RAM 的存储地址范围是多少？

【解】　表 5-3 为本题的地址分配图，全部地址参加译码，故每个存储单元拥有唯一地址。有 8 条数据线和 14 条片内地址，6 条片选地址，故 ROM 和 RAM 的存储容量分别为 2^{14} B = 16KB = 16K × 8bit。其中，ROM 所占地址范围为 28000H ~ 2BFFFH，RAM 所占地址范围为 2C000H ~ 2FFFFH。

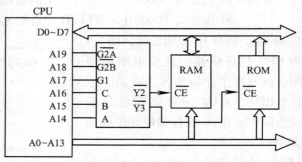

图 5-7　存储器接口电路原理图

表 5-3 地址分配图

		A19	A18	A17	A16	A15	A14	A13	A12	A11	...	A3	A2	A1	A0
RAM	始地址	0	0	1	0	1	0	0	0	0	...	0	0	0	0
	末地址	0	0	1	0	1	0	1	1	1	...	1	1	1	1
ROM	始地址	0	0	1	0	1	1	0	0	0	...	0	0	0	0
	末地址	0	0	1	0	1	1	1	1	1	...	1	1	1	1

7. 某 8088 系统中，工作于最小工作方式，用 2764 EPROM 构成起始地址为 F0000H 的 8K ×
8bit 存储区。试画出存储器接口电路原理图，并指明存储器所占用的地址范围。图 5-8 给出
了 2764 的引脚示意图：A0 ~ A12 为地址线，D0 ~ D7 为数据线，OE 为读允许输入端，CE
为片选信号输入端，Vpp 为写入电压，PGM 为写入负脉冲。

【解】

1）选片：由图 5-8 知，2764 为 $2^{13} \times 8bit = 8K \times 8bit$ 存储
芯片，故选用 1 片。

2）地址分配图如图 5-9 所示，存储芯片所占用的地址范
围为 F0000H ~ F1FFFH。

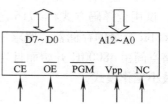

图 5-8　存储芯片引脚示意图

3）地址译码电路图如图 5-10 所示。

4）8088 与存储器接口电路原理图如图 5-11 所示。

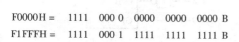

F0000H =　1111　000 0　0000　0000　0000 B
F1FFFH =　1111　000 1　1111　1111　1111 B

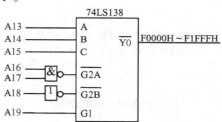

图 5-9　地址分配图　　　　　　　　图 5-10　地址译码电路图

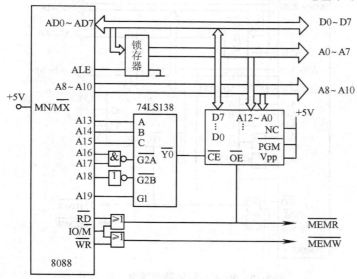

图 5-11　8088 与存储器接口电路原理图

8. 一微机系统，CPU 为 8088 最小工作方式，用如图 5-12 所示存储器芯片（其中，$\overline{OE}$ 为读线，$\overline{WE}$ 为写线）组成 8KB 内存，起始地址为 C6000H，试画出存储器与 CPU 连接的原理图，并写出存储器芯片所占用的地址范围。

【解】

1）选片：由图 5-12 知，存储芯片容量为 $2^{13} \times 8\text{bit} = 8\text{KB}$，故选用 1 片。由于该芯片既有读线又有写线，因此为 RAM 芯片。

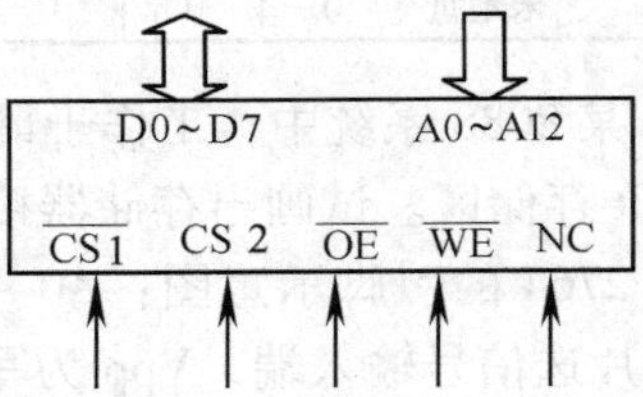

2）地址分配图如图 5-13 所示，存储芯片所占用的地址范围为 C6000H ~ C7FFFH。

3）地址译码电路图如图 5-14 所示。

4）信号连接如图 5-15 所示。

9. 试用全译码方式将 2716 芯片（见图 5-16）连接成具有 8K ×8bit 容量的存储器。要求用 74LS138 芯片作译码器，并使存储空间由 48000H 开始而且连续。试画出 CPU 与存储器连接接口电路原理图（CPU 为 8088 最小工作模式）。

图 5-12　存储芯片引脚示意图

C6000H = 1100　011 0　0000　0000　0000 B
C7FFFH = 1100　011 1　1111　1111　1111 B

图 5-13　地址分配图

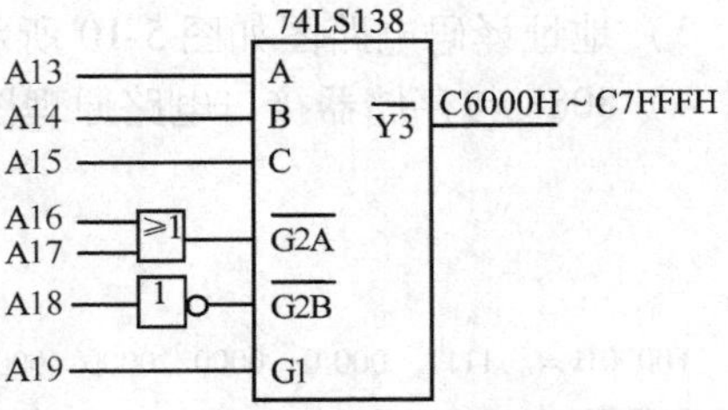

图 5-14　地址译码电路图

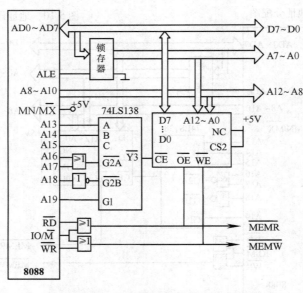

图 5-15　8088 与存储器连接电路原理图

【解】

1）选片：2716 为 $2K \times 8bit$，需要 4 片。

2）地址分配图如图 5-17 所示。

3）地址译码电路图如图 5-18 所示。

4）8086 与存储器连接电路原理图如图 5-19 所示。

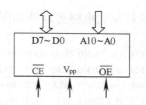

图 5-16　2716 引脚示意图

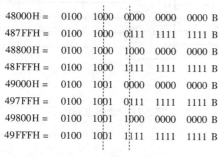

图 5-17　地址分配图

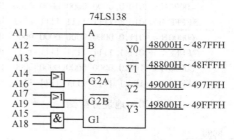

图 5-18　地址译码电路图

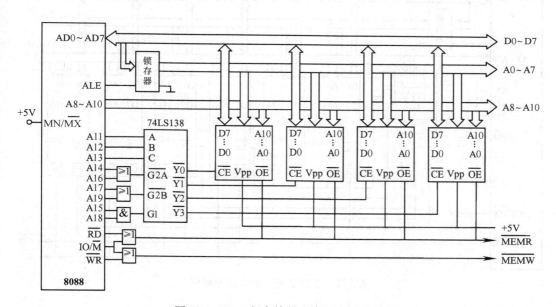

图 5-19　8088 与存储器连接电路原理图

10. 试为以 8088 为 CPU 的系统设计存储器系统，要求用 $64K \times 8bit$ 的 ROM 芯片组成起始地址为 0 的 $128 \times 8bit$ 存储空间，用 $128K \times 8bit$ 的 RAM 芯片构成起始地址为 20000H 的 $512K \times 8bit$ 存储空间，画出该存储系统的电路原理图。

【解】

1）选片：ROM 选 2 片，$2 \times 64K \times 8bit = 128K \times 8bit$，RAM 选 4，$4 \times 128K \times 8bit = 512K \times 8bit$。

2）地址分配图如图 5-20 所示。

3）译码电路图如图 5-21 所示。

4）存储系统的电路原理图如图 5-22 所示。

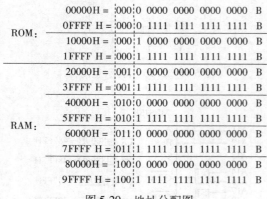

ROM：
00000H =	000	0 0000 0000 0000 0000	B
0FFFF H =	000	0 1111 1111 1111 1111	B
10000H =	000	1 0000 0000 0000 0000	B
1FFFF H =	000	1 1111 1111 1111 1111	B
20000H =	001	0 0000 0000 0000 0000	B
3FFFF H =	001	1 1111 1111 1111 1111	B

RAM：
40000H =	010	0 0000 0000 0000 0000	B
5FFFF H =	010	1 1111 1111 1111 1111	B
60000H =	011	0 0000 0000 0000 0000	B
7FFFF H =	011	1 1111 1111 1111 1111	B
80000H =	100	0 0000 0000 0000 0000	B
9FFFF H =	100	1 1111 1111 1111 1111	B

图 5-20 地址分配图

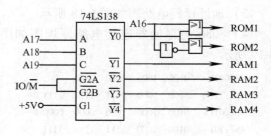

图 5-21 译码电路图

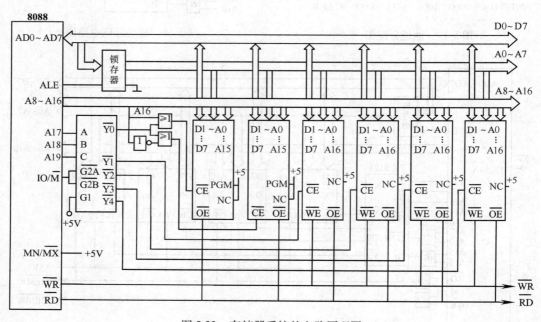

图 5-22 存储器系统的电路原理图

11. 用图 5-23 给出的存储芯片设计一个 24KB 存储容量的存储器接口电路，并写出各存储芯片的地址范围。设首地址为 0E0000H 的 8KB ROM 和 16KB RAM，CPU 为 8088 最小工作模式。

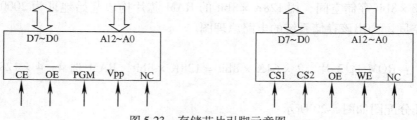

图 5-23 存储芯片引脚示意图

【解】

1）选片：1 片 ROM，2 片 RAM。

2）地址分配图如图 5-24 所示。

3）地址译码电路图如图 5-25 所示。

4）存储器接口电路原理图如图 5-26 所示。

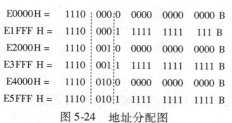

E0000H =	1110	000 0	0000	0000	0000 B
E1FFF H =	1110	000 1	1111	1111	111 B
E2000H =	1110	001 0	0000	0000	0000 B
E3FFF H =	1110	001 1	1111	1111	1111 B
E4000H =	1110	010 0	0000	0000	0000 B
E5FFF H =	1110	010 1	1111	1111	1111 B

图 5-24　地址分配图　　　　　　　图 5-25　地址译码电路图

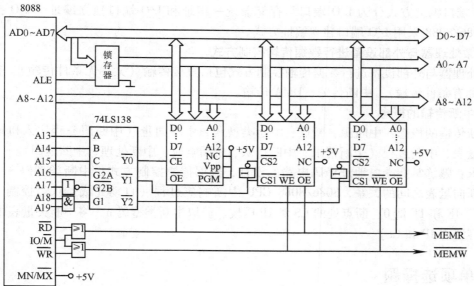

图 5-26　存储器接口电路原理图

第 6 章   微型计算机接口技术

6.1   学习指导

本章的主要内容与学习要求如下：

1. 计算机接口的基本结构与基本功能

简要介绍外部设备的类型特点、计算机接口的组成与功能以及端口地址编码方式。

2. I/O 端口编址方式

I/O 端口编址方式分为 I/O 端口与存储器统一编址和 I/O 端口独立编址（I/O 指令方式），8086/8088 采用 I/O 端口独立编址方式。

3. 微处理器与外部设备进行数据传输控制方式

微处理器与外部设备进行数据传输控制方式包括直接传输（又称无条件传输）、查询传输（又称有条件传输）、中断传输、DMA 传输。

4. 中断传输的概念

中断传输的概念：中断源、断点、中断类型码、中断向量（中断服务程序入口地址）、中断向量表、中断过程（中断请求、中断排队、中断响应、中断处理、中断返回）。

要求：熟练掌握端口地址译码电路的设计，数据传输控制方式，中断类型码、中断向量、中断向量表之间的关系，8086/8088 CPU 中断响应过程（自动完成：状态控制寄存器 FR 压栈、IF 和 TF 清 0、断点处的 CS 和 IP 压栈、获取中断类型码 n、将中断矢量表中 $4 \times n$ 处的内容置入 IP 和 CS）。

6.2   单项选择题

1. 8086/8088 CPU 对 I/O 端口使用（　　）编址方法。

   A. 独立　　　　　B. 统一　　　　　C. 直接　　　　　D. 间接

【解】 A

2. 80×86 CPU 使用（　　）根地址线对 I/O 端口寻址。

   A. 8　　　　　　　B. 10　　　　　　C. 16　　　　　　D. 20

【解】 C

3. 8088 CPU 对 I/O 端口的最大寻址空间为（　　）。

   A. 8KB　　　　　B. 16KB　　　　　C. 64KB　　　　　D. 1MB

【解】 C

4. 8086 有一个独立的 I/O 空间，该空间的最大范围是（　　）。

   A. 8KB　　　　　B. 64KB　　　　　C. 512KB　　　　　D. 1MB

【解】 B

5. 8086 CPU 采用 I/O 独立编址方式，可使用（　　）线的地址信息寻址 I/O 端口。

    A. $AD_7 \sim AD_0$　　B. $AD_{15} \sim AD_0$　　C. $AD_{19} \sim AD_0$　　D. $AD_{23} \sim AD_0$

【解】　B

6. 某 8088 CPU 构成的系统中，用 10 根地址线对 I/O 端口寻址，因而 I/O 端口的地址空间为（　　）。

    A. 1KB　　　　　B. 10KB　　　　C. 16KB　　　　D. 64KB　　　　E. 1MB

【解】　A

7. 某 8088 CPU 构成的系统中，占用地址空间 0 ~ 1FFH，因而至少需用（　　）根地址线对 I/O 端口寻址。

    A. 8　　　　　　B. 9　　　　　C. 10　　　　　D. 11　　　　E. 12

【解】　B

8. 若某 8086 CPU 构成的系统具有 1024 个 8 位端口，则至少需使用（　　）根地址线寻址。

    A. 4　　　　　　B. 8　　　　　C. 10　　　　　D. 16

【解】　C

9. 8086/8088 CPU 读/写一次存储器或 I/O 端口操作所需要的时间称为一个（　　）。

    A. 总线周期　　B. 指令周期　　C. 时钟周期　　D. 基本指令执行周期

【解】　A

10. 8086/8088 CPU 的基本 I/O 总线周期为（　　）个时钟周期。

    A. 6　　　　　　B. 5　　　　　C. 4　　　　　D. 3

【解】　C

11. 在 8086 CPU 构成的系统中，组合 16 位的 I/O 端口时，最好将其起始地址选为（　　）地址。

    A. 奇　　　　　　B. 偶　　　　　C. 页　　　　　D. 段

【解】　B

12. 在 8086 CPU 构成的系统中，组合 16 位的 I/O 端口时，最好将其起始地址选为偶地址是为了（　　）。

    A. 减少执行指令的总线周期　　　B. 减少执行指令的字节数

    C. 节省占用的内存空间　　　　　D. 对内存单元快速寻址

【解】　A

13. 8086/8088 CPU 按 I/O 指令寻址方式得到的地址是（　　）。

    A. 物理地址　　B. 有效地址　　C. 段内偏移量　　D. I/O 端口地址

【解】　D

14. 8088 CPU 对地址为 240H 的 I/O 端口读操作指令为（　　）。

    A. MOV　AL, 240H　　　　　　　B. MOV　AL, [24H0]

    C. IN　AL, 240H　　　　　　　　D. MOV　DX, 240H

                                        IN　AL, DX

【解】　D

15. 8086/8088 CPU 的输出指令 OUT Dest, Src 中，目的操作数 Dest 只能是（　　）。

    A. 8 位或 16 位端口地址　　　　　B. 8 位端口地址或 DX 寄存器

C. 16 位寄存器　　　　　　　　　　　D. 任意

【解】 B

16. 8088 CPU 从 I/O 端口输入指令 IN Dest，Src 中，目的操作数 Dest（　　）。

A. 只能是 AL　　　　　　　　　　B. 只能是 AL 或 AX

C. 8 位数据寄存器之一　　　　　　D. 任意寄存器

【解】 A

17. 8086 CPU 的输入指令是将输入设备的一个端口中的数据传送到（　　）寄存器。

A. CX　　　　B. DX　　　　C. AL 或 AX　　　　D. BX

【解】 C

18. 8086 CPU 的输出指令（OUT）是将（　　）寄存器的内容输出到外部设备的一个端口。

A. BX　　　　B. CX　　　　C. AL 或 AX　　　　D. DX

【解】 C

19. I/O 端口间接寻址方式是将被寻址的端口地址存放在（　　）寄存器中。

A. AX　　　　B. BX　　　　C. CX　　　　D. DX

【解】 D

20. 当采用 DX 间接寻址访问 I/O 空间的任何一个端口时，必须修改 DX 寄存器的内容，应使用（　　）指令。

A. MOV　　　DX，端口地址号　　　　B. IN　DX，端口地址号

C. DX　　　　EQU 端口地址号　　　　D. DX = 端口地址号

【解】 A

21. IN Dest，Src 指令中源操作数的直接寻址方式存在限制，下面说法不正确的是（　　）。

A. 端口地址不加括号　　B. 端口地址≤0FFH　　C. 端口地址使用 DX

【解】 C

22. IN 指令的源操作数采用寄存器间接寻址，间接寄存器只能使用（　　）。

A. AX　　　　B. BX　　　　C. CX　　　　D. DX

【解】 D

23. 在 8086 构成的系统中，CPU 要读取 I/O 端口地址为 320H 的端口内数据时，需要使用（　　）指令。

A. IN　　AL，320H　　　　　　　　B. OUT　320H，AL

C. MOV DX，320H　　　　　　　　D. MOV DS，320H
　　 IN　　AL，DX　　　　　　　　　　 IN　　AL，DS

【解】 C

24. 8086 在对 I/O 空间操作时，（　　）段寄存器。

A. 可以使用 ES　　B. 可以使用 DS　　C. 可以任选　　D. 不需要

【解】 D

25. 输入/输出指令对标志位的状态（　　）。

A. 有影响　　B. 部分影响　　C. 无影响　　D. 随意

【解】 C

26. 执行 IN 指令即是执行（　　）。

A. I/O 写操作　　B. I/O 读操作　　C. 存储器写操作　　D. 存储器读操作

【解】　B

27. 8086/8088 CPU 从数据端口读取数据时，使用（　　）指令。

    A. LODSB　　　　　　　　　　B. OUT Dest，Src

    C. IN Dest，Src　　　　　　　　D. MOV Dest，Src

【解】　C

28. 在 CPU 与外部设备的 I/O 传输控制方式中，实时性强的方式是（　　）。

    A. DMA 传输　　B. 查询传输　　C. 直接传输　　D. 中断传输

【解】　D

29. 在存储器与外部设备的 I/O 传输控制方式中，对于大量数据传输的速度最快的方式为（　　）。

    A. 直接传输　　　B. 查询传输　　C. 中断传输　　D. DMA 传输

【解】　D

30. 在 CPU 与外部设备的 I/O 传输控制方式中，占用 CPU 时间最多的数据传送方式是（　　）。

    A. DMA 传输　　B. 中断传输　　C. 查询传输　　D. 直接传输

【解】　C

31. 采用查询传输方式的工作流程是按（　　）的次序完成一个数据的传输。

    A. 先写数据端口，再读/写控制端口　　　　B. 先读状态端口，再读/写数据端口

    C. 先写控制端口，再读/写状态端口　　　　D. 先读控制端口，再读/写数据端口

【解】　B

32. 对于控制一组发光二极管的输出设备时，一般采用（　　）传输方式来输出信息。

    A. DMA　　　B. 中断　　　　C. 查询　　　　D. 直接

【解】　D

33. 中断控制方式的优点是（　　）。

    A. 提高 CPU 的利用率　　　　　B. 能在线进行故障处理

    C. 无须 CPU 干预　　　　　　　D. 硬件连接简单

【解】　A

34. 在中断方式下，CPU 和外部设备是处于（　　）工作。

    A. 串行　　　　B. 并行　　　　C. 部分重叠　　D. 交替

【解】　B

35. 在微机系统中引入中断技术，可以（　　）。

    A. 提高外部设备的速度　　　　B. 减轻主存负担

    C. 提高处理器的效率　　　　　D. 增加信息交换的精度

【解】　C

36. CPU 响应中断请求的时刻是在（　　）。

    A. 执行完正在执行的程序以后　　　　B. 执行完正在执行的指令以后

    C. 执行完正在执行的机器周期以后　　　D. 执行完本时钟周期以后

【解】　B

37. 在下列类型的 8086 CPU 中断中，中断优先权最高的是（　　　）。
   A. 单步中断　　　　　　　　　　B. 可屏蔽中断
   C. 不可屏蔽中断　　　　　　　　D. 除法出错中断
   【解】　D

38. CPU 对 INTR 中断请求响应的过程是执行（　　　）INTA 总线周期。
   A. 1 个　　　　　B. 2 个　　　　　C. 3 个　　　　　D. 4 个
   【解】　D

39. 8086/8088 CPU 具有（　　　）类中断源。
   A. 2　　　　　B. 3　　　　　C. 128　　　　　D. 256
   【解】　A

40. 8086/8088 CPU 具有（　　　）类硬件中断。
   A. 2　　　　　B. 3　　　　　C. 128　　　　　D. 256
   【解】　A

41. 状态信息是通过（　　　）总线进行传送的。
   A. 数据　　　　B. 地址　　　　C. 控制　　　　D. 外部
   【解】　A

42. 输出指令在 I/O 接口总线上产生正确的动作命令时序是（　　　）。
   A. 先发地址码，再发读命令，最后读数据
   B. 先发地址码，再送数据，最后发写命令
   C. 先发地址码，再发写命令，最后送数据
   D. 先发读命令，再发地址码，最后读数据
   【解】　B

43. 8086 CPU 工作在最小方式下，当 CPU 的引脚 $M/\overline{IO}$ 为低电平，$\overline{WR}$ 为低电平时，CPU
   （　　　）数据。
   A. 向存储器传输　　　　　　　　B. 向 I/O 端口传输
   C. 从存储器读入　　　　　　　　D. 从 I/O 端口读入
   【解】　B

44. 当 8086 CPU 为最小工作模式时，访问存储器还是访问 I/O 端口由 CPU 的（　　　）信号
   来判别。
   A. $M/\overline{IO}$　　　B. $IO/\overline{M}$　　C. $\overline{MRDC}$ 或 $\overline{MWTC}$　　D. $\overline{IORC}$ 或 $\overline{IOWC}$
   【解】　A

45. 当 8086 CPU 为最大工作模式时，访问存储器还是访问 I/O 端口是由（　　　）信号来判
   别。
   A. $\overline{MREQ}$　　　　　　　　　　B. $\overline{MRDC}/\overline{MWTC}$ 或 $\overline{IORC}/\overline{IOWC}$
   C. $\overline{IORQ}$　　　　　　　　　　D. $M/\overline{IO}$ 或 $IO/\overline{M}$
   【解】　B

46. 当 8086 CPU 为最小工作模式时，当执行 IN Dest, Src 时，CPU 的控制信号为（　　　）状
   态。
   A. $M/\overline{IO} = 0$、$\overline{WR} = 1$、$\overline{RD} = 0$　　　B. $M/\overline{IO} = 0$、$\overline{WR} = 0$、$\overline{RD} = 1$

C. $M/\overline{IO} = 1$、$\overline{WR} = 1$、$\overline{RD} = 0$ D. $M/\overline{IO} = 1$、$\overline{WR} = 0$、$\overline{RD} = 1$

【解】　A

47. 当 8088 CPU 为最小工作模式时，当执行 OUT Dest，Src 时，CPU 的控制信号为（　　　）状态。

    A. $IO/\overline{M} = 0$、$\overline{WR} = 1$、$\overline{RD} = 0$ B. $IO/\overline{M} = 0$、$\overline{WR} = 0$、$\overline{RD} = 1$

    C. $IO/\overline{M} = 1$、$\overline{WR} = 1$、$\overline{RD} = 0$ D. $IO/\overline{M} = 1$、$\overline{WR} = 0$、$\overline{RD} = 1$

【解】　D

48. 一个输入接口通过数据总线连接 CPU 必须要有（　　　）

    A. 锁存器　　　　B. 缓冲器　　　　C. 加法器　　　　D. 驱动器

【解】　B

6.3　判断题

1. 处理器并不直接连接外部设备，而是通过 I/O 接口电路与外部设备连接。（　　　）

2. 通常并行 I/O 接口的速度比串行 I/O 接口的速度快。（　　　）

3. CPU 与 I/O 接口是通过三总线连接的。（　　　）

4. 8086/8088CPU 读/写一次存储器或 I/O 端口操作所需要的时间称为一个基本读/写总线周期。（　　　）

5. 8088CPU 工作在最小工作模式下，当执行 OUT Dest，Src 时，CPU 的控制信号为 $IO/\overline{M} = 0$、$\overline{WR} = 1$、$\overline{RD} = 0$ 状态。（　　　）

6. 一个 I/O 接口中必须要有数据端口、控制端口和状态端口。（　　　）

7. I/O 接口的状态端口通常对应其状态寄存器。（　　　）

8. I/O 接口的数据寄存器保存处理器与外部设备间交换的数据，起着数据缓冲的作用（　　　）。

9. I/O 接口与存储器统一编址的优点是可用相同指令操作。（　　　）

10. 8086/8088 CPU 的 I/O 接口与存储器是统一编址的。（　　　）

11. 一个接口中必须要有锁存器。（　　　）

12. 8088 CPU 对 I/O 端口的寻址空间为 1MB。（　　　）

13. 8086 CPU 最多可访问 64K 个 I/O 字端口。（　　　）

14. 8086 CPU 采用 I/O 独立编址方式，可使用 $AD_{15} \sim AD_0$ 线的地址信息寻址 I/O 端口。（　　　）

15. 8088 CPU 的输入指令 IN Dest，Src 中目的操作数 Dest 只能是 AL。（　　　）

16. 8086 CPU 的输出指令 OUT Dest，Src 是将 AL 或 AX 寄存器的内容输出到外部设备的一个端口。（　　　）

17. 在 CPU 与外部设备的 I/O 传输控制方式分为直接传输、查询传输、中断传输、DMA 传输。（　　　）

18. 若 I/O 接口为直接传输方式，则接口中应有状态端口。（　　　）

19. 中断控制方式是由外部设备申请而发生的，无请求时 CPU 可以正常工作，因此中断传输可以提高 CPU 的利用率。（　　　）

20. 查询方式时 CPU 处于主动、外部设备处于被动，所以 CPU 效率不高。（　　　）

21. 外部设备的状态信息是通过 I/O 接口传送给 CPU 的。（　　　）

22. 查询传输方式是通过查询状态后决定是否传输的传输方式。（　　　）

23. ISA 总线可以传送 16 位数据。（　　　）

24. PCI 总线是即插即用的总线标准。（　　　）

25. 一个 USB 系统中仅有一个 USB HOST。（　　　）

26. RS-232 标准比 RS-485 标准传输数据的距离更远。（　　　）

27. 在 8086 CPU 构成的系统中，组合 16 位的 I/O 端口时，将其起始地址选为偶地址是为了节省占用的内存空间。（　　　）

28. 8088 CPU 对地址为 240H 的 I/O 端口读操作指令为 IN　AL，240H。（　　　）

【答案】

1. √	2. √	3. √	4. √	5. ×	6. ×	7. √	8. √	9. √
10. ×	11. ×	12. ×	13. ×	14. √	15. √	16. √	17. √	18. ×
19. √	20. √	21. √	22. √	23. √	24. √	25. √	26. ×	27. ×
28. ×								

6.4　填空题

1. 计算机能够直接处理的信号是___(1)___、___(2)___和___(3)___形式。

【解】　（1）数字量　　　（2）开关量　　　（3）脉冲量

2. 在计算机系统中，CPU 与外部设备之间的数据传输控制方式包括直接传输、___(1)___、___(2)___、___(3)___。

【解】　（1）查询传输　　　（2）中断传输　　　（3）DMA 传输

3. 采用中断传输的主要优点是___(1)___。

【解】　（1）提高 CPU 的工作效率

4. 采用 DMA 传输适合于___(1)___。

【解】　（1）存储器与 I/O 接口之间进行大批量的数据传输

5. 直接传输是指___(1)___。

【解】　（1）处理器利用输入/输出指令直接与外部设备传输数据

6. 查询传输是指___(1)___。

【解】　（1）处理器首先查询外部设备的状态，然后决定是否与外部设备传输数据

7. 中断传输是指___(1)___。

【解】　（1）外部设备需要传输数据时，首先向处理器的发出请求，打断处理器的正常工作，进行数据传输及处理，之后处理器继续完成打断前的工作

8. DMA 传输是指___(1)___。

【解】　（1）由 DMA 控制器接管总线，负责存储器与外部设备之间的直接数据传输

9. DMA 的意思是___(1)___，主要用于高速外部设备和主存间的数据传送。进行 DMA 传送的一般过程是：外部设备先向 DMA 控制器提出___(2)___，DMA 控制器通过___(3)___信号有效向处理器提出总线请求，处理器回以___(4)___信号有效表示响应。此时处理器的三态信号线将输出___(5)___状态，即将它们交由___(6)___进行控制，完成外部设备

和主存间的直接数据传送。

【解】 （1）直接存储器存取　（2）DMA 请求　（3）总线请求

（4）总线响应　（5）高阻　（6）DMAC（DMA 控制器）

10. 中断传输过程可由　(1)　、　(2)　、　(3)　、　(4)　、　(5)　5 个基本过程组成。

【解】 （1）中断请求　（2）中断排队　（3）中断响应

（4）中断服务　（5）中断返回

11. 8086/8088 CPU 的中断系统分　(1)　和　(2)　两大类中断。

【解】 （1）软件中断（内部中断）　（2）硬件中断（外部中断）

12. 8086/8088 CPU 的中断系统中的硬件中断又分为　(1)　和　(2)　两种。

【解】 （1）非屏蔽中断　（2）可屏蔽中断

13. 若中断类型号为 58H，则它的中断服务程序入口地址存放在中断向量表以　(1)　开始的连续 4 个字节单元中。

【解】 （1）0160H

14. 若中断向量表从 0200H 开始的连续 4 个字节单元中存放某中断服务程序入口地址，那么相应的中断类型号为　(1)　。

【解】 （1）80H

15. 实地址方式下，主存中最低　(1)　的存储空间用于中断向量表。向量号 8 的中断向量保存在物理地址　(2)　开始的　(3)　个连续字节空间；如果其内容从低地址开始依次是 00H、23H、10H、F0H，则其中断服务程序的首地址是　(4)　。

【解】 （1）1KB　（2）20H　（3）4　（4）F010H：2300H

16. 系统对外部设备编址方式包括　(1)　和　(2)　两种。

【解】 （1）独立编址　（2）与存储器混合编址

17. 8086/8088 CPU 对外部设备编址采用的是　(1)　。

【解】 （1）独立编址

18. 8086/8088 CPU 对外部设备端口的寻址方式包括　(1)　和　(2)　两种。

【解】 （1）8 位地址直接寻址　（2）DX 寄存器间接寻址

19. 8086/8088 CPU 使用　(1)　根地址线对 I/O 端口寻址，可寻址范围为　(2)　。

【解】 （1）16　（2）64KB

20. 某系统中，用 7 根地址线对 I/O 端口寻址，因而 I/O 端口的地址空间为　(1)　。

【解】 （1）0～7FH（即 128 个地址编码）

21. 串行接口传送信息的特点是　(1)　；并行接口传送的特点是　(2)　。

【解】 （1）一位一位传输，传输距离远　（2）多位同时传输，传输距离近

22. 总线的含义是　(1)　。

【解】 （1）一组公共信号线，用于为信息传送提供标准通路

23. CPU 在执行 IN AL, DX 指令时，M/IO引脚为　(1)　电平，$\overline{RD}$ 为　(2)　电平，$\overline{WR}$ 为　(3)　电平。

【解】 （1）低　（2）低　（3）高

6.5 简答题

1. 微处理器与外部设备（简称外设）之间传输哪 3 种信息？

【解】 数据信息、控制信息和状态信息。

2. 什么是 I/O 接口？什么是 I/O 端口？

【解】 I/O 接口是把微处理器同外设连接起来，实现数据传送的控制电路，又称为"外设接口"或"外设接口电路"。I/O 端口是 I/O 接口中用于暂存数据、控制和状态等 3 种信息的寄存器或电路。CPU 通过对 I/O 端口进行读/写操作，实现 3 种信息的传输。

3. I/O 接口的基本功能是什么？

【解】 I/O 接口的基本功能如下：

1）完成速度匹配。

2）实现信息格式转换或电气特性匹配。

3）提供联络信息（包括控制信息和状态信息）。

4）通过地址译码实现 I/O 端口选择。

5）实现中断和 DMA 管理等。

4. 微计算机通过 I/O 接口电路与外设之间交换的信号有哪几种类型？

【解】 通常有以下 4 种类型。

1）数字量：二进制数据形式的信息，最小单位为位（bit）。8 位称为 1 字节（B）。

2）模拟量：如电压或电流等物理量信息。

3）开关量：只有两种状态的信息，如"开"或"闭"，只需要用一位二进制数表示。

4）脉冲量：是以脉冲形式表示的一种信号，如计数脉冲、定时脉冲或者控制脉冲。

5. I/O 端口地址编码方式有几种？有何区别？

【解】 I/O 端口地址编码方式有两种：I/O 端口独立编址和 I/O 端口与存储器统一编址（又称存储器映像 I/O 编址）。I/O 端口独立编址有自己独立的地址空间、独立的控制信号和独立的操作指令。I/O 端口与存储器统一编址方式中的 I/O 端口相当于存储单元，所有对存储单元操作的指令均可对 I/O 端口操作。

6. 什么是 I/O 端口地址？如何产生 I/O 端口地址？

【解】 为了区别各 I/O 端口，必须为每个 I/O 端口分配不同的编号，称为 I/O 端口地址。如果采用 I/O 端口与存储单元独立编址方式，则可通过地址线和用于区别对存储单元操作的控制线经过译码产生 I/O 端口地址。

7. 8086/8088 CPU 采用哪种编址方式？对 I/O 端口操作的指令有哪些？

【解】 8086/8088 CPU 采用 I/O 端口独立编址方式。对 I/O 端口操作的指令有 IN 指令（I/O 端口读指令）和 OUT 指令（I/O 端口写指令）。

8. 如何选择 32 位 I/O 端口的起始地址？

【解】 为了能进行标准传送，减少总线周期，32 位的 I/O 端口的起始地址应为 4 的整数倍。

9. 采用 I/O 端口与存储器独立编址后，I/O 端口地址与存储单元地址可以重叠使用，会不会产生混淆？

【解】 I/O 端口与存储器独立编址后，由于 I/O 端口和存储器具有不同的控制信号和不同的指令，因此不会混淆。

10. 图 6-1 为某 I/O 接口的地址译码电路图，试问该 I/O 接口为输入口还是输出口？有效地址有多少个？写出所占有的 I/O 地址范围。

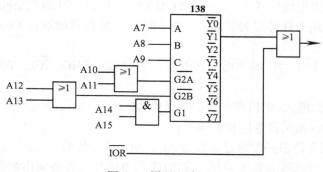

图 6-1　译码电路图 1

【解】

1）该 I/O 接口为输入口。

2）因为 7 根地址线没有参加译码，所以有效地址有 $2^7 = 128$ 个。

3）所占有的 I/O 地址范围为 C080H ~ C0FFH。

11. 图 6-2 为某接口的地址译码电路图，试问该 I/O 接口为输入口还是输出口？I/O 接口的有效地址有多少个？写出所占有的 I/O 地址范围。

【解】

1）该 I/O 接口为输出口。

2）因为有 9 根地址线没参加译码，所以有效地址有 $2^9 =$ 512 个。

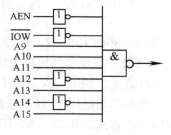

3）所占有的 I/O 地址范围为 AE00H ~ AFFFH。

12. 试设计一个地址范围为 8A00H ~ 8CFFH 的输出口地址译码电路，并写出该输出接口所占有有效地址的个数。

图 6-2　译码电路图 2

【解】　8A00H = 1000 1010 0000 0000B

　　　　8CFFH = 1000 1100 1111 1111B

由此可以观察出该输出接口所占有的有效地址个数 $= 3 \times 2^8 = 768$，其地址译码电路图如图 6-3 所示。

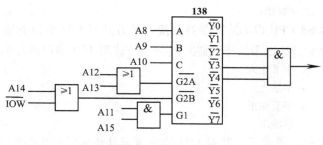

图 6-3　译码电路图

13. 简述 8086 CPU 与外部设备传输信息的特点。

【解】

1）8086 CPU 的地址和数据线采用的是分时复用的地址/数据总线，因此在电路设计时需要用地址锁存器将地址信号分离出来。

2）8086 CPU 只用地址线 A15 ~ A0 寻址 I/O 端口，因此 I/O 地址空间最大为 0 ~ FFFFH。

3）8086 CPU 采用 I/O 独立编址方式，对 I/O 端口操作只能通过 IN 或 OUT 两条指令实现。

4）8086 CPU 对 I/O 端口操作时，控制信号有 ALE、$\overline{BHE}$、$\overline{RD}$、$\overline{WR}$、$M/\overline{IO}$、$DT/\overline{R}$ 和 $\overline{DEN}$。

14. 8086/8088 CPU 的输入/输出指令的特点是什么？

【解】 CPU 输入/输出指令的特点如下：

1）输入/输出指令传输必须通过累加器 AL 或 AX 进行传输。

2）用 IN 指令从外部设备输入数据，用 OUT 指令向外部设备输出数据。

3）对 I/O 端口寻址有两种方式：直接寻址（适合于 8 位二进制数表示端口地址）和 DX 寄存器间寻址（适合于 16 位二进制数表示端口地址）。

15. 试述 8086/8088 CPU 的输入/输出指令中对 I/O 端口的寻址方式。

【解】 8086/8088 CPU 的输入/输出指令中对 I/O 端口的寻址方式分为直接寻址和 DX 寄存器间接寻址两种。

当 I/O 端口为 8 位地址表示时，可以采用直接寻址。

当 I/O 端口为 16 位地址表示时，只能采用寄存器间接寻址方式，而且寄存器只能用 DX。

16. 8086/8088 CPU 对 I/O 端口如何选用直接寻址方式或 DX 寄存器间接寻址方式？

【解】 当端口的地址范围为 00H ~ 0FFH 时，可选用直接寻址方式，即在指令中直接写出端口地址，如 IN AX，10H。

若端口地址用 16 位二进制数表示，其地址范围为 0000H ~ 0FFFFH，则选用 DX 寄存器间接寻址方式，如 IN AX，DX。

17. 试列举出 8086/8088 CPU 对 I/O 端口直接寻址的输入/输出的指令。

【解】 8086/8088 CPU 对 I/O 端口直接寻址指令：

```
IN    AL, n₈    ; 字节输入，n₈ 为 8 位二进制数
IN    AX, n₈    ; 字输入
OUT   n₈, AL    ; 字节输出
OUT   n₈, AX    ; 字输出
```

18. 试列举出 8086/8088 CPU 以 DX 寄存器间接寻址方式对 I/O 端口的输入/输出的指令。

【解】 8086/8088 CPU 以 DX 寄存器间接寻址方式对 I/O 端口操作的指令：

```
IN    AL, DX    ; 字节输入
IN    AX, DX    ; 字输入
OUT   DX, AL    ; 字节输出
OUT   DX, AX    ; 字输出
```

19. 8086 CPU 工作在最小模式下，其对 I/O 的控制信号是如何产生的？

【解】 8086 CPU 工作在最小模式下，对 I/O 的控制信号由 CPU 直接提供。当 8086 CPU

从 I/O 端口读入信息时，$M/\overline{IO}=0$ 且 $\overline{RD}=0$。当 8086 CPU 向 I/O 端口输出信息时，$M/\overline{IO}=0$ 且 $\overline{WR}=0$。图 6-4 给出了 8086 CPU 工作在最小模式下产生对 I/O 端口操作信号的电路示意图。

20. 8088 CPU 工作在最小模式下，其对 I/O 的控制信号是如何产生？

【解】 8088 CPU 工作在最小模式下，对 I/O 的控制信号由 CPU 直接提供。当 8086 CPU 从 I/O 端口读入信息时，$IO/\overline{M}=1$ 且 $\overline{RD}=0$。当 8088 CPU 向 I/O 端口输出信息时，$IO/\overline{M}=1$ 且 $\overline{WR}=0$。图 6-5 给出了 8088 CPU 工作在最小模式下产生对 I/O 端口操作信号的电路示意图。

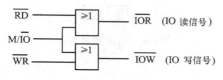

图 6-4 8086 对 I/O 端口操作信号产生的电路示意图

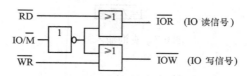

图 6-5 8088 对 I/O 端口操作信号产生的电路示意图

21. 8086/8088 CPU 工作在最大模式下，其 I/O 的控制信号如何产生？

【解】 8086/8088 CPU 工作在最大模式下，对 I/O 的控制信号由 CPU 的状态线 $\overline{S0}$、$\overline{S1}$、$\overline{S2}$ 经过总线控制器 8288 产生 $\overline{IORC}$（I/O 读信号）和 $\overline{IOWC}$（I/O 写信号），如图 6-6 所示。

图 6-6 最大模式产生 I/O 控制信号

22. 试述 8086 构成系统实现信息输入和输出有什么不同？

【解】 8086 构成系统实现信息输入和输出的不同点见表 6-1。

表 6-1 8086 构成系统实现信息输入和输出的不同点

	输　入	输　出
操作	把指定外设的数据输入到 CPU（即数据输入）	CPU 将数据送到指定的外部设备（即数据输出）
指令	使用 IN 指令	使用 OUT 指令
接口	需要通过缓冲器输入	一般需要通过锁存器输出
信号	$M/\overline{IO}=0$ 且 $\overline{RD}=0$	$M/\overline{IO}=0$ 且 $\overline{WR}=0$

23. CPU 控制数据传输的方式有哪几种？

【解】 CPU 对 I/O 的控制方式有以下 4 种：

1）直接程序传输（又称为无条件传输）。

2）程序查询传输方式（又称为有条件传输）。

3）中断控制方式。

4）DMA 传输方式（即直接存储器传输）。

24. 简述查询传输的工作流程。

【解】 查询传输的工作流程如下：

1）从 I/O 端口读入端口是否准备好的状态信息。

2）检查读入的状态，决定是否进行数据传输。

3）若 I/O 端口没有准备好，则重复执行步骤 1）和 2），直到准备好为止。

4）若 I/O 端口已准备好，则 CPU 通过输入或输出指令，从 I/O 端口读出或写入数据，同时使状态端口的状态复位。

25. 试画出查询输入方式和查询输出方式的程序框图。

【解】 查询输入方式的程序框图如图 6-7 所示，查询输出方式的程序框图如图 6-8 所示。

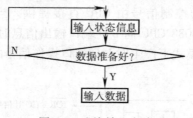

图 6-7 查询输入方式

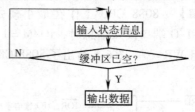

图 6-8 查询输出方式

26. 试述查询传输适用的场合。

【解】 由于查询传输方式具有较好的协调外部设备与 CPU 之间的时序差别，且所需硬件接口较为简单，但 CPU 必须不断查询外部设备的状态，占用 CPU 较多的时间，因此查询传输方式一般适用于所配外部设备不太多，实时性要求不强的系统中。

27. 试述 CPU 在程序查询传输方式和中断传输方式中所处的地位。

【解】 在程序查询传输方式中 CPU 处于主动地位，通过对 I/O 设备的当前状态决定是否进行数据传输。在中断传输方式中 CPU 处于被动地位，只有 I/O 设备在需要数据传输时，向 CPU 发出中断请求，CPU 才有可能与其进行数据传输。

28. 试阐述中断控制的基本思想。

【解】 首先由 I/O 设备主动提出服务请求，当 CPU 响应请求时，便暂停正在执行的程序，转去执行为请求服务的中断处理程序。在处理完毕后，继续执行被打断的程序。

29. 试说明中断控制输入/输出方式的特点。

【解】

1）在程序中仍然要写入 I/O 指令。

2）外设形成"已做好传输数据准备"的状态信息。该信息不是用指令输入和测试的，而是从 CPU 的中断请求输入端直接加入的。

3）中断控制 I/O 是软、硬件相配合实现的。其主要优点是提高 CPU 利用率；缺点是 CPU 本身必须具有响应和处理中断请求的能力，需要配有专用的中断控制器。

30. 简述查询传输方式与中断控制方式的主要异同点。

【解】 相同点：两种方式都是 CPU 通过执行指令实现数据输入/输出。不同点见表 6-2。

表 6-2 查询传输方式与中断控制方式的不同点

查询传输方式	中断控制方式
CPU 利用率低，数据传输速度慢	CPU 利用率高，数据传输速度较快
CPU 主动查询外设状态，然后决定是否传输	CPU 处于被动，当外设发出请求后，CPU 响应，实现传输或控制
对软、硬件要求较低	工作过程较复杂，编程较难

31. 中断控制过程包括哪几个基本过程？

【解】 中断控制过程包括以下5个基本过程：

1）中断请求。

2）中断排队。

3）中断响应。

4）中断处理。

5）中断返回。

32. 什么是中断源？为什么要安排中断优先级？什么是中断嵌套？什么情况下程序会发生中断嵌套？

【解】 在计算机系统中，凡是能引起中断的事件或原因称为中断源。处理器随时可能会收到多个中断源提出的中断请求，因此为每个中断源分配一级中断优先权，根据它们的高低顺序决定响应的先后。一个中断处理过程中又有一个中断请求、并被响应处理，称为中断嵌套。只有在中断服务程序中打开中断，程序才会发生中断嵌套。

33. 简述如下与中断有关的概念：中断源、中断请求、中断响应、关中断、开中断、中断返回、中断识别、中断优先权、中断嵌套、中断处理、中断服务。

【解】

中断源：能引起中断的事件或原因。

中断请求：是外部设备通过硬件信号的形式、向处理器引脚发送有效请求的信号。

中断响应：是在满足一定条件时，处理器进入中断响应总线周期。

关中断：禁止处理器响应可屏蔽中断。

开中断：允许处理器响应可屏蔽中断。

中断返回：处理器执行中断返回指令，将断点地址从堆栈中弹出，程序返回断点继续执行原来的程序。

中断识别：处理器识别出当前究竟是哪个中断源提出了请求，并确定与之相应的中断服务程序在主存中的位置。

中断优先权：为每个中断源分配一级中断优先权，即系统设计者事先为每个中断源确定处理器响应它们的先后顺序。

中断嵌套：在一个中断处理过程中又有一个中断请求被响应处理。

中断处理：接收到中断请求信号后，随之产生的整个工作过程。

中断服务：处理器执行相应的中断服务程序，进行数据传送等处理工作。

34. 在中断服务程序的入口处，为什么常常要使用开中断指令？

【解】 中断服务程序分为以下两种：一种是在进入服务子程序后不允许被中断，另一种则可以被中断。在入口处使用开中断指令表示该中断服务程序是允许被中断的服务程序，即在进入服务子程序后，允许 CPU 响应比它级别高的中断请求。

35. CPU 满足什么条件能够响应可屏蔽中断？

【解】 CPU 满足以下条件之一方可响应可屏蔽中断：

1）CPU 要处于开中断状态，即 IF = 1，才能响应可屏蔽中断。

2）当前指令结束。

3）当前没有发生复位（RESET）、保持（HOLD）和非屏蔽中断请求（NMI）。

4）若当前执行的指令是开中断指令（STI）和中断返回指令（IRET），则在执行完该指令后再执行一条指令，CPU 才能响应 INTR 请求。

5）对前缀指令，如 LOCK、REP 等，CPU 会把它们和它们后面的指令看作一个整体，直到这个整体指令执行完，方可响应 INTR 请求。

36. 简述 8086/8088CPU 在中断响应时自动完成的工作。

【解】 8086/8088 CPU 在中断响应时自动完成：

1）FR 进栈保护，即 FR→SS：[SP]，SP-2→SP。

2）0→IF，0→TF。

3）断点进栈保护，即断点的 IP→SS：[SP]，SP-2→SP，断点的 CS→SS：[SP]，SP-2→SP。

4）获取中断类型码 n。

5）0000H：[4×n]→IP，0000H：[4×n+2]→CS。

37. DMA（直接存储器存取）传输方式的由来。

【解】 无论查询传输还是中断传输都是通过 CPU 控制的。在执行每条数据传输指令时都需要取值和执行时间，且数据传输过程必须通过 CPU 内部寄存器 AL 或 AX 传输。通常传送一个字节需要几微秒，甚至几十微秒的时间，这对于高速 I/O 设备以及成组交换数据的情况（如磁盘与内存的信息交换），就显得速度太慢了。为了提高传输速度，必须不依赖 CPU 传输，而由硬件完成。CPU 不再参与，让存储器与外部设备直接进行数据传递。这就是"直接存储器存取"传输方式，即 DMA 方式。此时数据传输是由 DMA 控制器控制的，数据传输的速度可以很高，一般可达 0.5MB/s 以上。

38. 什么是 DMA 传输方式？

【解】 DMA 传输方式不需要 CPU 介入，由 DMA 控制器控制完成存储器与 I/O 设备之间实现高速数据传输。CPU 不干预数据传输过程且整个过程全部由硬件完成，使存储器与 I/O 设备之间直接进行数据交换，所以其数据传输速率可以很高。

39. 试述 8086/8088 CPU 实现 DMA 传输的步骤。

【解】 DMA 数据传输的步骤如下：

1）当外部设备需要传输数据时，向 DMA 控制器（DMAC）发出请求。

2）DMAC 马上向 CPU 发出总线请求（HOLD = 1）。

3）CPU 收到请求后，在执行完当前指令后向 DMAC 发出应答信号（HLDA = 1），同时让出总线控制权（即 CPU 的所有三态信号线均处于高阻状态）。

4）DMAC 收到应答线后接管总线，并向 I/O 接口发出请求确认信号。

5）DMAC 为存储器提供地址，用于寻址存储单元。

6）DMAC 同时向存储器发出存储器读信号（$\overline{\text{MEMR}}$），使数据从存储器传出。

7）接着，DMAC 向 I/O 接口发出写入信号（$\overline{\text{IOW}}$），将存储器传来的数据锁存；如果传输多个数据，每传送一个字，DMAC 的地址寄存器加 1，从而得到下一个 DMAC 地址；字计数器减 1。如此循环，直至字计数器的内容为 0，重复步骤 5）～步骤 7）的工作，直到全部数据传送完毕。

8）当数据传送完毕，DMAC 撤回总线请求，同时交出总线管理权。

9）CPU 也随之撤回总线应答信号，并重新接管总线。

40. 什么情况下使用 DMA？

【解】 当出现下列情况时，可以使用 DMA：

1）需要大量的数据传输。

2）要求数据传输的速度比 CPU 所能完成的传输更快。

41. 简述 DMA 工作方式的主要特点。

【解】

1）数据传输速度快，而且进行批量数据传送。

2）传送速率只受存储器存取速度的限制。

3）CPU 不参加操作，要把总线控制权交给 DMAC。

4）通过专门的硬件 DMAC，直接控制数据传输，硬件电路比较复杂。

42. DMA 传输有几种不同的形式？

【解】 在 DMAC 的控制下，DMA 传输有 I/O 设备与内存之间、内存与内存之间以及外部设备与外部设备之间的高速数据传送等几种形式。

43. 简述 DMAC 与其他 I/O 控制器的异同点。

【解】 DMAC 一方面可以接管总线，控制其他 I/O 接口和存储器之间进行直接读/写操作。此时，DMAC 像 CPU 一样成为总线的主控器件。另一方面，在对 DMAC 初始化编程时，CPU 通过输入/输出指令对 DMAC 进行读/写操作，此时，DMAC 和其他 I/O 接口一样成为总线的从属器件。

44. 简述中断方式和 DMA 方式的主要区别。

【解】 中断方式与 DMA 方式的比较见表 6-3。

表 6-3　中断方式与 DMA 方式的比较

中断方式	DMA 方式
通过 CPU 执行输入/输出指令来实现数据传输	不需要 CPU 执行任何指令，而是在 DMAC 的硬件控制下实现数据传输
数据传输路径必须经过 CPU	数据传输路径不需要经过 CPU
适合少量数据传输场合	适用于批量数据高速传输的要求
中断传输是在 CPU 与外设之间	DMA 传输形式多样：外设与内存，内存与内存，外部设备与外部设备之间 DMA 操作类型多样：DMA 读、写，DMA 校验
中断处理按中断优先次序排列，正在进行的中断服务可以被更高级别的中断请求打断，允许存在中断嵌套	DMA 的优先权排序只是用来决定同时请求 DMA 服务的通道的响应次序。而任何一个通道一旦进入 DMA 服务以后，其他通道就不能打断它的服务，即不允许存在 DMA 嵌套

45. DMA 控制器 8237A 的主要性能是什么？

【解】 8237A 是一种高性能的可编程 DMA 控制器，其主要性能如下。

1）具有 4 个独立通道，每个通道都允许开放或禁止 DMA 请求，所有通道都可以自动预置。

2）具有 3 种基本传送方式：单字节传送、数据块传送和请求传送。

3）具有存储器到存储器传送功能。

4）具有两种基本时序：正常时序和压缩时序。

5）通过级联 8237A，可以扩充 DMAC 通道数。

6）具有两种优先级管理：固定优先级（通道 0 优先级级别最高）和循环优先级。

7）标准的 8237A 的时钟频率为 3MHz，8237A-5 可使用 5MHz 时钟，其数据传输速率可达 1. 6Mbit/s。

46. 在一个微型计算机系统中，确定采用何种方式进行数据传送的依据是什么？

【解】 无条件传送方式主要用于对简单外设进行操作，或者外部设备的定时是固定的或已知的场合。条件传送方式主要用于不能保证输入设备总是准备好了数据或者输出设备已经处在可以接收数据的状态。中断控制方式主要用于需要提高 CPU 利用率和进行实时数据处理的情况。DMA 控制方式主要用于快速完成大批的数据交换任务。

在实际工作中，具体采用哪种方式要根据实际工作环境，需要结合各种方式的特点进行选择。

第7章 简单接口电路设计

7.1 学习指导

本章的主要内容如下：

1）为了实现 CPU 与外部设备的速度匹配，一般接口电路中使用锁存器把输出的信息锁存，再由外设处理。

2）CPU 与外部设备交换信息只允许在读/写周期占用总线，所以在接口电路中一般使用三态缓冲器实现 CPU 与外部设备的隔离。

3）开关量即只具有两种状态的量，如开关（打开与闭合）、灯（亮与灭）等。

4）D-A 转换就是将数字量按照相应的比例关系转换成模拟量。按电阻解码网络形式来分，D-A 转换器主要分为权电阻解码网络和 R-2R 梯形电阻解码网络两大类。DAC 0832 为 8 位 R-2R 梯形电阻解码网络结构 D-A 转换器。

5）A-D 转换是将模拟信号转换成相应比例关系的数字量。A-D 转换的方法很多，常用的有计数式、逐次逼近式、双积分式、并行式比较型/串并行比较型、Σ-Δ 调制型、电容阵列逐次比较型及压频变换型等。ADC 0809 是 CMOS 工艺制作的逐次逼近型 8 路 8 位 A-D 转换芯片。

本章要求：能根据要求设计出简单的开关量输入、开关量输出、模拟量输入、模拟量输出接口电路及相应的程序。

7.2 单项选择题

1. 对接口电路中的各类 I/O 端口来说，必须具有三态功能的是（   ）。
   A. 数据输入缓冲器和状态寄存器　　　　B. 控制寄存器和状态寄存器
   C. 数据输入缓冲器和控制寄存器　　　　D. 数据输出缓冲器和控制寄存器
   【解】　A

2. 设被测温度的变化范围为 0 ~ 100℃，要求测量误差不超过 0.1℃，则应选用的 A-D 转换器的分辨率至少应该为（   ）位。
   A. 4　　　　　　　B. 0　　　　　　　C. 10　　　　　　　D. 12
   【解】　C

3. 下面芯片中可作为双向数据缓冲器的是（   ）。
   A. 74LS244　　　B. 74LS138　　　C. 74LS245　　　D. 74LS373
   【解】　C

4. 下面芯片中可作为地址总线缓冲器的是（   ）。
   A. 74LS244　　　B. 74LS138　　　C. 74LS273　　　D. 74LS373

【解】 A

5. 采用单通道 A-D 转换器，在多个模拟量需要转换时，可采用（　　）作为多路转换器使用。

    A. 74LS273　　　　　B. 74LS04　　　　　C. CD4051　　　　　D. 74LS138

【解】 C

6. 图 7-1 所示为一个 LED 8 段数码管，若显示数字"3"，则 abcdefg dp 的状态应为（　　）。

    A. 00001101B　　　　　　　　　　B. 11110010B

    C. 01001111B　　　　　　　　　　D. 10110000B

【解】 D

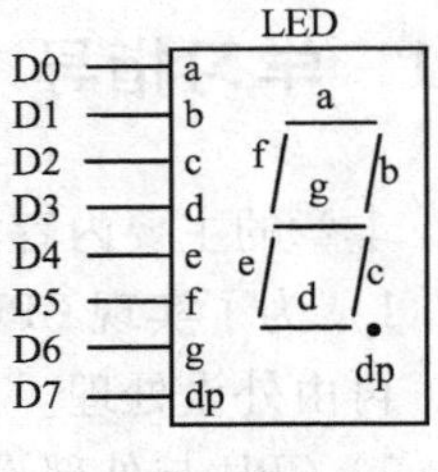

7. 已知一个 8 位 A-D 转换电路的量程是 $0 \sim 6.4V$，当输入电压为 5V 时，A-D 转换值为（　　）。

    A. 00H　　　　　B. 64H　　　　　C. 7DH　　　　　D. 0C8H

【解】 D

图 7-1　LED 8 段数码管示意图

8. 一个 10 位 A-D 转换器，若基准电压为 10V，则该 A-D 转换器能分辨的最小电压变化是（　　）。

    A. 2.4mV　　　　　B. 4.9mV　　　　　C. 9.8mV　　　　　D. 10mV

【解】 C

9. 一个 8 位 D-A 转换器，采用双极性电压输出电路，当 Vref = +5V 时，输出电压为 $-5V \sim +5V$，当输出为 0V 时，对应输入的 8 位数据为（　　）。

    A. 00H　　　　　B. 0FFH　　　　　C. 80H　　　　　D. 0C0H

【解】 C

10. 1 个 10 位 D-A 转换器的分辨能力是满量程的（　　）。

    A. 1/10　　　　　B. 1/256　　　　　C. 1/16　　　　　D. 1/1024

【解】 D

11. 如果输入信号的最高有效频率为 10kHz，则 A-D 转换器的转换时间不应大于（　　）。

    A. 1ms　　　　　B. 100μs　　　　　C. 40μs　　　　　D. 30μs

【解】 B

12. 行扫描法识别有效按键时，如果读入的列线值全为 1，则说明（　　）。

    A. 没有键被按下　　　　　　　　B. 有一个键被按下

    C. 有多个键被按下　　　　　　　D. 以上说法都不对

【解】 A

13. 使用 A-D 转换器对一个频率为 4kHz 的正弦波信号进行输入，要求在一个信号周期内采样 5 个点，则应选用 A-D 转换器转换时间最大为（　　）。

    A. 1μs　　　　　B. 100μs　　　　　C. 10μs　　　　　D. 50μs

【解】 D

14. 一个 4 位的 D-A 转换器，满量程电压为 10V，其线性误差为 $\pm 1/2LSB$。当输入为 0CH 时，其输出为（　　）。

    A. +10V　　　　　B. −10V　　　　　C. 7.25V　　　　　D. 7.00V

【解】 C

    提示：$\pm 1/2LSB = \pm 1/2 \times 10V/2^4 = \pm 1/2 \times 10V/16 = \pm 0.28V$，$10V/2^4 \times 0CH = 10V/16$

$\times 12 = 7.5\mathrm{V},7.5 \pm 0.28\mathrm{V}$,即$7.22 \sim 7.78\mathrm{V}$。

15. 一个 10 位 D/A 的转换器,若精度为 ±1/2LSB,则其最大可能误差为(   )。

    A. 满量程的 1/256　　　　　　　　B. 满量程的 1/1024

    C. 满量程的 1/512　　　　　　　　D. 满量程的 1/2048

【解】 D

16. 从转换工作原理上看,(   ) 的 A-D 转换器速度快。

    A. 逐次逼近式　　B. 双积分型　　C. 并行比较型　　D. 电压频率式

【解】 C

17. 具有模数转换功能的芯片是(   )。

    A. ADC0809　　　B. DAC0832　　　C. MAX813　　　D. PCF85631

【解】 A

18. 关于 ADC0809,下列(   ) 的说法正确。

    A. 只能接一个模拟量输入　　　　　B. 可以接 6 个模拟量输入

    C. 某时刻只对一个模拟量采样　　　D. 同时对 8 个模拟量采样

【解】 C

19. 当使用中断方式从 ADC0809 芯片读取数据时,ADC0809 向 CPU 发出的中断请求信号是(   )。

    A. START　　　　　B. OE　　　　　C. EOC　　　　　D. INTR

【解】 C

7.3　判断题

1. 单片机系统中,消除按键抖动只能采用延时子程序方法。(   )

2. 若 A-D 转换芯片的位数越高,则它的转换精度越高。(   )

3. A-D 的分辨率与转换位数和转换时间有关。(   )

4. ADC0809 是 8 位逐次逼近型 A-D 转换芯片。(   )

5. ADC0809 可采用延时等待方式实现数据采集,但延时时间必须小于转换时间。(   )

6. ADC0809 有 8 路模拟信号输入,可以同时对 8 路模拟信号进行 A-D 转换。(   )

7. ADC0809 只能通过转换结束信号 EOC,利用中断或查询方式实现对模拟量的采集。(   )

8. 8 位 CPU 可以通过接口电路分次完成对 10 位 A-D 的数据采集。(   )

9. 计算机通过传声器录音,需要 ADC 器件将音波转换为数字音频信号。(   )

10. D-A 转换器在输入一个数字量后可以立即得到相应的模拟量。(   )

11. DAC0832 是 8 位 D-A 转换芯片。(   )

12. DAC0832 工作于直通方式时所有控制线可控。(   )

13. DAC0832 工作于单缓冲方式时部分控制线可控。(   )

14. DAC0832 工作于双缓冲方式时所有控制线可控。(   )

15. 目前计算机中声卡中的 D-A 转换是双通道 8 位。(   )

16. 模拟量转换为数字量一定会引入转换误差,所以一定有失真。(   )

17. 当处理器提供数字量后 DAC 器件将输出相应的模拟量，但 ADC 器件需要启动转换，隔一定时间后才能获得数字结果。（　　）

18. 采样频率的选取和输入频率无关，可以自由选取。（　　）

19. LED 数码管显示电路在应用中可分为静态显示和动态显示方式，其中后者较前者硬件简单。（　　）

【答案】

1. ×　　2. √　　3. ×　　4. √　　5. ×　　6. ×　　7. ×　　8. √　　9. √
10. ×　　11. √　　12. ×　　13. √　　14. √　　15. ×　　16. √　　17. √　　18. ×
19. √

7.4　填空题

1. LED 发光二极管数码显示管分　__(1)__　和　__(2)__　两种，主要区别在于前者　__(3)__　，后者　__(4)__　。

【解】　（1）共阴极

（2）共阳极

（3）构成字段的二极管的阴极连在一起作公共端

（4）构成字段的二极管的阳极连在一起作公共端

2. 某 8 位 A-D 转换器的满刻度输入电压为 10V，其量化误差为　__(1)__　V。

【解】　（1）±0.02

3. 一个计算机控制的温度检测系统，设温度变化范围为 0 ~ 100℃，检测精度为 0.05℃，应选用　__(1)__　位 A-D 转换器。

【解】　（1）12

4. 用锁存器或缓冲器驱动执行元器件一般采用　__(1)__　电平驱动，其主要原因是　__(2)__　。

【解】　（1）低电平　　（2）高电平(拉电流)比低电平(灌电流)驱动电流小。

5. A-D 转换器根据转换原理有多种方式，请写出 3 种方法：　__(1)__　、　__(2)__　、　__(3)__　。

【解】　（1）逐次逼近式　　（2）双积分式　　（3）V/F 变换型

6. 键盘在触点闭合和断开瞬间会产生接触不稳定（即键的抖动）现象。去除抖动现象，硬件去抖动主要采用　__(1)__　，软件去抖动方法主要采用　__(2)__　。

【解】　（1）RC 滤波　　（2）延时

7. 键盘与 CPU 的连接方式可以分为　__(1)__　和　__(2)__　，其中　__(3)__　方式适于按键数量少的场合。

【解】　（1）独立式按键　　（2）矩阵式按键　　（3）独立式按键

8. 若 AD0809 参考电压为 5V，输入模拟信号电压为 2.5V 时，则 A-D 转换后的数字量是　__(1)__　，若 A-D 转换后的结果为 60H，则输入的模拟电压为　__(2)__　。

【解】　（1）80H　　（2）1.875V

9. 如果 ADC0809 正基准电压连接 10V，负基准电压接地，输入模拟电压 2V，则理论上的输出数字量为　__(1)__　。

【解】　（1）53H（$= 51 \approx 51.2 = 2 \div 10 \times 256$）

10. 1 个 8 位 A-D 转换器的分辨率是＿＿(1)＿＿，若基准电压为 5V，则该 A-D 转换器能分辨的最小电压变化是＿＿(2)＿＿。

【解】 （1）$1/256 \approx 3.9\%$　　　（2）$5V/256 \approx 20mV$

11. A-D 转换时，若输入模拟信号的最高有效频率为 20kHz，采样频率最小为＿＿(1)＿＿，则应选用转换时间为＿＿(2)＿＿的 A-D 转换器。

【解】 （1）40kHz　　　（2）$25\mu s$

12. DAC0832 是一个＿＿(1)＿＿位的 D-A 转换器，具有＿＿(2)＿＿级锁存功能，输出的是＿＿(3)＿＿信号。

【解】 （1）8　　　（2）二　　　（3）电流

13. 1 个 10 位 D-A 转换器最大模拟输出为 5V，该 D-A 转换器输出的最小电压变化是＿＿(1)＿＿。

【解】 （1）$5V/1024 \approx 4.88mV$

14. 某测控系统要求模拟控制信号的分辨率必须达到 1‰，则 D-A 转换器的位数至少是＿＿(1)＿＿。

【解】 （1）10 位（$1/2^8 = 1/256 = 3.91‰$　　$1/2^{10} = 1/1024 = 0.9‰$）

15. 对于共阴极连接的 7 段数码显示器，如果要使某一段发光，则需要在对应的输入引脚上输入＿＿(1)＿＿。

【解】 （1）TTL 高电平

16. LED 数码管在采用动态扫描显示时，如果显示闪烁，则延时时间应该＿＿(1)＿＿；如果显示分不清字形，则延时时间应该＿＿(2)＿＿。

【解】 （1）缩短　　　（2）延长

17. 在动态扫描显示方式下，为了达到足够的亮度，需要增加＿＿(1)＿＿电流。

【解】 （1）瞬时

7.5　应用题

1. 图 7-2 所示为某 8088 系统，通过 2 个 74 系列芯片构成输入/输出接口，试编写程序由输入端口读 10 个数据反向后由输出端口输出。

【解】 74LS273 为锁存器作输出端口，端口地址为 200H。74LS244 为缓冲器作输入端口，端口地址为 201H。从输入端口读入数据后求反，再通过输出端口输出。其程序段如下：

```
        MOV     CX，10
L1：MOV     DX，201H
        IN      AL，DX
        NOT     AL
        MOV     DX，200H
        OUT     DX，AL
        LOOP    L1
```

2. 什么是静态显示和动态显示？

【解】 静态显示是每一个显示器的每一

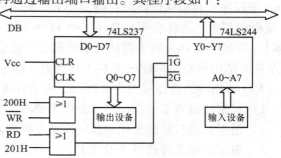

图 7-2　输入/输出接口电路

位字段需要一条 I/O 端线控制，而且该 I/O 端线需有锁存功能，显示保持不变直至 CPU 刷新显示为止。静态显示方式编程较简单，但占用 I/O 端口线多，即软件简单、硬件成本高，一般适用显示位数较少的场合。

动态显示是在某一瞬时，只有一位在显示，其他几位暗；而在下一瞬时，顺序显示下一位。这样依次轮流显示，由于人的视觉滞留效应，人们看到的是多位同时稳定显示。动态扫描显示电路的特点是占用 I/O 端线少；电路较简单，硬件成本低；编程较复杂，CPU 要定时扫描刷新显示。当要求显示位数较多时，通常采用动态扫描显示方式。

3. 图 7-3 所示为两个共阳极 LED 数码管及接口电路，试编写程序使 LED1 和 LED2 显示 3.5。

【解】 由于共阳极 LED 数码管字段锁存器 U1 输出低电平，则相应的字段亮。为此，显示 3. 的字型码为 30H、5 的字型码为 92H。实现题目要求的程序段如下：

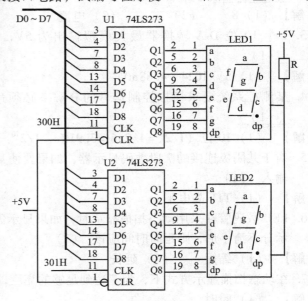

```
MOV      DX , 300H
MOV      AL , 30H
OUT      DX, AL
MOV      DX , 301H
MOV      AL, 92H
OUT      DX, AL
```

图 7-3 LED 数码显示接口电路

4. 按键开关为什么有抖动问题？如何消除抖动？

【解】 由于按键开关的结构为机械弹性元件，因此在按键按下和断开时，触点在闭合和断开瞬间会产生接触不稳定现象，引起输出电平不稳定。键盘的抖动时间一般为 5 ~ 10ms，抖动现象会引起 CPU 对一次键操作进行多次处理，从而可能产生错误，因此必须设法消除抖动的不良后果。

消除抖动不良后果的方法有硬件去抖动和软件去抖动两种方法：

硬件去抖动通常有双稳去抖电路、单稳去抖电路和 RC 滤波去抖电路。其中 RC 滤波去抖电路简单实用。

软件去抖动的原理是根据按键抖动的特性，在第一次检测到按键按下后，执行延时 10ms 子程序后再确认该键是否确实按下，从而消除抖动的影响。

5. 实际应用中，怎样合理地选择 A-D 和 D-A 转换器？

【解】 首先考虑 D-A 转换器的分辨率和工作温度范围是否满足系统要求，其次根据 D-A 转换芯片的结构和应用特性选择 D-A 转换器，应使接口方便，外围电路简单。

A-D 转换器的选择原则主要有以下 4 个方面：

1）根据检测通道的总误差和分辩率要求，选取 A-D 转换精度和分辨率。

2）根据被测对象的变化率及转换精度要求确定 A-D 转换器的转换速率。

3）根据环境条件选择 A-D 芯片的环境参数。

4）根据接口设计是否简便及价格等选取 A-D 芯片。

6. 一个 8 位 A-D 转换器的分辨率是多少? 若基准电压为 5V, 则该 A-D 转换器能分辨的最小电压变化是多少? 10 位和 12 位呢?

【解】

8 位 A-D 转换器的分辨率是 $1/2^8 = 1/256 \approx 3.9‰$。基准电压为 5V 时,能分辨的最小电压变化是 $5V/256 \approx 20mV$。

10 位 A-D 转换器的分辨率是 $1/2^{10} = 1/1024 \approx 0.98‰$。基准电压为 5V 时,能分辨的最小电压变化是 $5V/1024 \approx 4.9mV$。

12 位 A-D 转换器的分辨率是 $1/2^{12} \approx 1/4096 \approx 0.24‰$。基准电压为 5V 时,能分辨的最小电压变化是 $5V/4096 \approx 1.22mV$。

7. 若 A-D 转换器 0809 的比较电压 $U_{REF} = 5V$,输入的模拟信号电压为 2.5V 时,则 A-D 转换后的数字量 D 是多少? 若 A-D 转换后的结果为 60H,则输入的模拟信号电压 U_A 为多少?

【解】 $D = 2^N \times U_A/U_{REF} = 256 \times 2.5/5 = 128 = 80H$

$U_A = D \times U_{REF}/2^N = 96 \times 5V/256 = 1.875V$

8. D-A 转换的基本原理是什么? 若输出的数字量 $D = 65H$,D-A 转换器的比较电压值 $U_{REF} = 5V$,D-A 转换器为 8 位,求 D-A 转换后输出电压多少?

【解】 D/A 转换的基本原理是应用电阻解码网络,将 N 位数字量逐位转换为模拟量并求和,从而实现将 N 位数字量转换为相应的模拟量。输出电压 U_A 应与输入数字量 D 成正比:

$U_A = (D_0 \times 2^0 + D_1 \times 2^1 + \cdots + D_{N-1} \times 2^{N-1}) \times U_{REF}/2^N = 101 \times 5V/256 \approx 1.973V(65H = 101)$

9. 设 D 为输出的数字量,U_{REF} 为 D-A 转换器的比较电压值,N 为 D-A 转换器位数。根据下列已知条件,求 D-A 转换后输出电压值 U_A。

1)$D = 80H$, $U_{REF} = 5V$, $N = 8$。

2)$D = 345H$, $U_{REF} = 3V$, $N = 12$。

3)$D = CDH$, $U_{REF} = 5V$, $N = 8$。

4)$D = 12H$, $U_{REF} = 4V$, $N = 8$。

【解】

1)$U_A = 128 \times 5V/256 = 2.50V$

2)$U_A = 837 \times 3V/4096 = 0.613V$

3)$U_A = 205 \times 5V/256 = 4.00V$

4)$U_A = 18 \times 4V/256 = 0.281V$

10. 试根据图 7-4 所示的电路,编写程序完成:按下 K0 ~ K7 键,在 LED1 数码管上显示 0 ~ 7 数字。

【解】 根据图 7-4 所示电路可知数码管为共阳极数码管,0 ~ 7 数字对应的字型码存入 TAB 表中,采用查表指令 XLAT 实现查找按键所对应的字型编码。编程流程图如图 7-5 所示。

参考程序如下:

```
DATA        SEGMENT
TAB         DB 0C0H, 0F9H, 0A4H, 0B0H, 99H, 92H, 82H, 0F8H, 80H, 90H
DATA        ENDS
STACK1      SEGMENT   STACK
            DW        10 DUP (?)
```

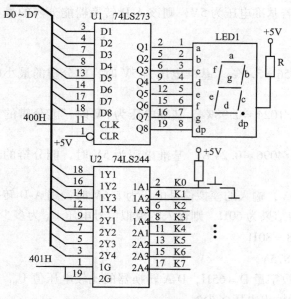

图 7-4 键盘显示接口电路

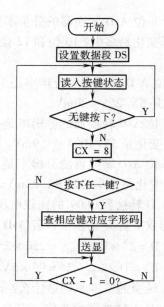

图 7-5 编程流程图

```
STACK1      ENDS
CODE        SEGMENT
            ASSUME CS：CODE, DS：DATA, SS：STACK1
START：      MOV   AX, DATA
            MOV   DS, AX
KEY1：       MOV DX , 401H
            IN    AL , DX
            CMP   AL , 0FFH
            JZ    KEY1
            MOV   CX , 8
            MOV   AH , 0
KEY2：SHR    AL , 1
            JC    KEY3
            MOV   AL , AH
            LEA   BX , TAB
            XLAT                    ; AL←DS：[BX + AL]
            MOV   DX , 400H
            OUT   DX , AL
            PUSH  CX              ; 延时
            MOV   CX, 0FFFFH
LP：  NOP
            NOP
            LOOP  LP
            POP   CX
KEY3：INC          AH
```

192

```
        LOOP        KEY2
        JMP         KEY1
        MOV         AH，4CH
        INT         21H
CODE  ENDS
        END         START
```

11. 试为图 7-6a 所示电路编制程序，使之输出 100 个图 7-6b 所示的梯形波。请问如何改变波形的周期和幅值。

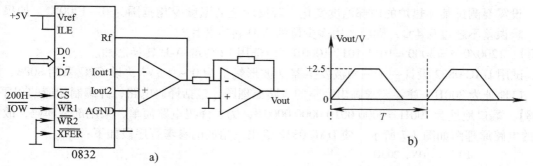

图 7-6　电路及输出波形

【解】

1）计算参数值 N_1 和幅值增量 N_2（均取整数）：$N_1 = T/4, N_2 = 0FFH/(5V/2.5V)/N_1$。

```
CODE        SEGMENT
            ASSUME     CS：CODE
START：MOV     DX，200H
        MOV     CL，100
LP0：  MOV     AL，0
        MOV     CH，N1
LP1：  OUT     DX，AL
        ADD     AL，N2
        DEC     CH
        JNZ     LP1
        MOV     CH，N1
LP2：  OUT     DX，AL
        DEC     CH
        JNZ     LP2
        MOV     CH，N1
LP3：  OUT     DX，AL
        SUB     AL，N2
        DEC     CH
        JNZ     LP3
        MOV     CH，N2
LP4：  OUT     DX，AL
        DEC     CH
```

```
        JNZ     LP4
        DEC     CL
        JNZ     LP0
        MOV     AH, 4CH
        INT     21H
CODE    ENDS
        END     START
```

2）调整 T 值可以改变波形的周期，调整输出电压最大值可以改变波形的幅值。

12. 设需要测试某加热炉的内部温度变化。若反应釜的温度变化范围为 0 ~ 1200℃，如果要求误差不超过 0.4℃，则应选用多少位的 A-D 转换芯片？

【解】 1200/0.4 = 3000 = 1011 1011 1000B，应选用 12 位的 A-D 转换芯片。

13. 试用 DAC 0832 设计一个三角波发生器（波形幅值为 0 ~ + 5V），设 CPU 采用 8088，端口地址为 200H。注：要求画出完整的电路原理图，包括译码电路，并编制相应的程序。

【解】 端口地址为 200H = 0000 0010 0000 0000B，为了译码电路简单，采用部分译码，故完整的电路原理图如图 7-7 所示。使 DAC 0832 输出三角波的参考程序段如下：

```
        MOV     DX, 200H
LP0:    MOV     AL, 0
        MOV     CX, 0FFH
LP1:    OUT     DX, AL
        INC     AL
        LOOP    LP1
        MOV     CX, 0FFH
LP2:    OUT     DX, AL
        DEC     AL
        LOOP    LP2
        JMP     LP0
```

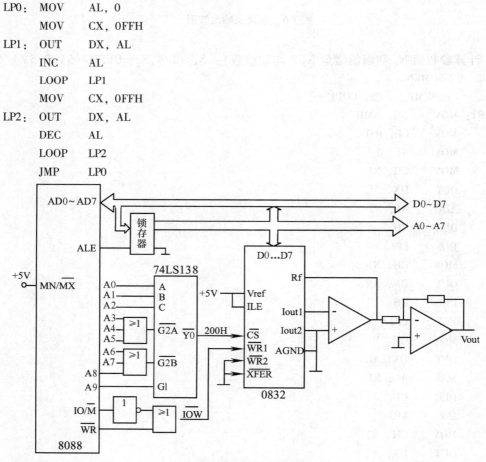

图 7-7　电路原理图

第8章 可编程接口技术

8.1 可编程计数器 8253/8254

8.1.1 学习指导

8253/8254 为可编程计数/定时接口芯片，+5V 供电，拥有 3 个 16 位的计数器和 1 个 8 位控制端口，占用 4 个端口地址，其内部结构如图 8-1 所示。8253/8254 共有 24 条引脚，除了电源线 Vcc 和地线 GND 外，与 CPU 连接有 13 条引脚（8 条数据线 D0 ~ D7、读线 $\overline{RD}$、写线 $\overline{WR}$、选通线 $\overline{CS}$、地址线 A0 和 A1），每个计数器有 3 条引线（计数脉冲输入信号线 CLK、计数到输出信号线 OUT、门控线 GATE）。表 8-1 给出了 8253/8254 读/写操作真值表。

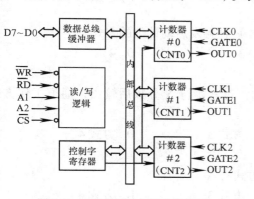

图 8-1 8253/8254 内部功能框图

表 8-1 8253/8254 读/写操作真值表

$\overline{CS}$	$\overline{RD}$	$\overline{WR}$	A1	A0	寄存器读/写
0	1	0	0	0	写计数器 0
0	1	0	0	1	写计数器 1
0	1	0	1	0	写计数器 2
0	1	0	1	1	写控制字寄存器
0	0	1	0	0	读计数器 0
0	0	1	0	1	读计数器 1
0	0	1	1	0	读计数器 2
0	0	1	1	1	无操作（$D_7 \sim D_0$ 三态）
1	X	X	X	X	禁止（$D_7 \sim D_0$ 三态）
0	1	1	X	X	无操作（$D_7 \sim D_0$ 三态）

8253/8254 每个计数器具有 6 种工作方式（不同的工作方式启动的计数方式不同、输出波形不同、参数改变后有效时间不同），1 个方式控制字可以为 3 个计数器设置工作方式，如图 8-2 所示。

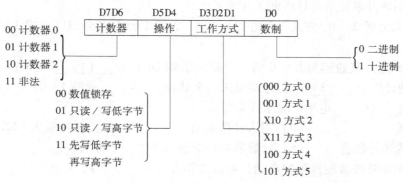

图 8-2 8253/8254 控制字格式

8253 在正常工作之前，需要通过写入方式控制字来对各计数器的工作方式进行设置，还需要向各计数器预置计数初值（定时器的计数初值 $N = T_{定时}/T_{CLK} = T_{定时} \times f_{CLK}$），这个操作过程称为 8253 的初始化。

注意，方式控制字需写入控制端口，而计数初值应写入相应的计时器，且计数初值应与方式控制字中设定的计数形式相对应，即二进制数计数器的计数初值为二进制数（或十六进制），十进制数计数器的计数初值为压缩型 BCD 码。所有用到的计数器必须逐一进行初始化。8253 是 8 位接口芯片，而计数器为 16 位的，故在设置 16 位计数初值时必须送两次，先送低字节，再送高字节。在读入当前计数值前，需要送控制字锁存计数值。

8.1.2 单项选择题

1. 8253/8254 为可编程定时/计数器，包含有（　　）计数通道。
   A. 3 个 8 位　　　　　B. 3 个 16 位　　　　　C. 4 个 8 位　　　　　D. 4 个 16 位
【解】 B

2. 8253/8254 为可编程定时/计数器，每个计数通道具有（　　）种工作方式。
   A. 3　　　　　　　　B. 4　　　　　　　　C. 5　　　　　　　　D. 6
【解】 D

3. 8253/8254 为可编程定时/计数器，具有（　　）种触发启动计数的方式。
   A. 1　　　　　　　　B. 2　　　　　　　　C. 3　　　　　　　　D. 4
【解】 B

4. 若以 8253 某通道的 CLK 时钟脉冲信号为基础，对其实行 N 分频后输出，通道工作方式应设置为（　　）。
   A. 方式 0　　　　　　B. 方式 2　　　　　　C. 方式 3　　　　　　D. 方式 4
【解】 B

5. 8253 的以下工作方式中，可自动重复计数的方式有（　　）。
   A. 方式 0　　　　　　B. 方式 1　　　　　　C. 方式 3　　　　　　D. 方式 4
【解】 C

6. 8253 只采用软件触发启动计数的工作方式为（　　）。
   A. 方式 0 和方式 1　　B. 方式 0 和方式 4　　C. 方式 0 和方式 5　　D. 方式 0 和方式 2
【解】 B

7. 8253 只采用硬件触发启动计数的工作方式为（　　）。
   A. 方式 1 和方式 2　　B. 方式 2 和方式 4　　C. 方式 1 和方式 5　　D. 方式 3 和方式 5
【解】 C

8. 若设定 8253 芯片某通道为方式 0 后，其输出引脚 OUT 为＿＿(1)＿＿电平；当＿＿(2)＿＿后通道开始计数，＿＿(3)＿＿信号端每来一个脉冲＿＿(4)＿＿就减 1；若＿＿(5)＿＿，则输出引脚输出＿＿(6)＿＿电平，表示计数结束。
【解】 （1）低　　　　　　　（2）写入计数初值　　　　　（3）脉冲输入 CLK
　　　 （4）减法计数器　　　（5）计数器的计数值减为 0　　（6）高

9. 8253 可以采用软件或硬件触发启动计数的工作方式为（　　）。
   A. 方式 0 和方式 1　　B. 方式 2 和方式 3　　C. 方式 4 和方式 5　　D. 方式 0 和方式 5

【解】 B

10. 8253 能够自动循环计数的工作方式为（　　）。

A. 方式 0 和方式 1　B. 方式 2 和方式 3　C. 方式 4 和方式 5　D. 方式 0 和方式 5

【解】 B

11. 当写入计数初值相同，8253 的方式 0 和方式 1 的不同之处是（　　）。

A. 输出波形不同

B. 门控信号方式 0 为低电平，方式 1 为高电平

C. 方式 0 为写入后即触发，方式 1 为 GATE 的上升边触发

D. 输出信号周期相同，但一个为高电平，一个为低电平

【解】 C

12. 当 8253 可编程定时/计数器工作在方式 0 时，控制信号 GATE 变为低电平后，对计数器的影响是（　　）。

A. 结束本次计数循环，等待下一次计数的开始

B. 暂时停止现行计数工作

C. 不影响本次计数，即计数器的计数工作不受该信号的影响

D. 终止本次计数过程，立即开始新的计数循环

【解】 B

13. 8253/8254 为可编程计数器，其占有（　　）个端口地址。

A. 1　　　　　　　B. 2　　　　　　　C. 3　　　　　　　D. 4

【解】 D

14. 当 8253 的控制线引脚 $\overline{WR}$ = L，A_0 = H，A_1 = H，$\overline{CS}$ = L 时，完成的工作为（　　）。

A. 写计数器 0　　　B. 写计数器 1　　　C. 写计数器 2　　　D. 写控制字

【解】 D

15. 当 8253 的控制线引脚 $\overline{RD}$ = L，A_0 = H，A_1 = L，$\overline{CS}$ = L 时，完成的工作为（　　）。

A. 读计数器 0 中的计数值　　　　　　B. 读计数器 1 中的计数值

C. 读计数器 2 中的计数值　　　　　　D. 读控制字的状态

【解】 B

16. 若对 8253 写入控制字的值为 96H，则说明设定 8253 的（　　）。

A. 计数器 1 工作在方式 2，且将只写低 8 位计数初值

B. 计数器 1 工作在方式 2，且将一次写入 16 位计数初值

C. 计数器 2 工作在方式 3，且将只写低 8 位计数初值

D. 计数器 2 工作在方式 3，且将一次写入 16 位计数初值

【解】 C

17. 当 8253 控制字设置为 3AH 时，CPU 将向 8253（　　）初值。

A. 一次写入 8 位　　　　　　　　　　B. 一次写 16 位

C. 先写入低 8 位、再写入高 8 位　　　D. 上述 3 种情况均不对

【解】 C

　　说明：8253 与 CPU 之间通过 8 位数据线相连接，当 CPU 对 8253 设置 16 位计数器初值时必须分两次操作，且必须先写入低 8 位，再写入高 8 位。

18. 8253 能够通过门控信号 GATE = H 产生连续波形的方式有（　　　　）。

A. 方式 1 和方式 2　　B. 方式 2 和方式 3　　C. 方式 4 和方式 5　　D. 方式 0 和方式 5

【解】　B

19. 8253 可以实现定时功能，若计数脉冲为 1kHz，则定时 1s 的计数初值应为（　　　　）。

A. 100　　　　　　　B. 1000　　　　　　C. 10000　　　　　D. 100000

【解】　B

20. 若使 8253 的计数器 1 发出 1kHz 的方波（设输入时钟周期为 Ti = 2MHz），则其控制字应为（　　　　）。

A. 36H　　　　　　　B. 76H　　　　　　C. B6H　　　　　　D. 56H

【解】　B

8.1.3　判断题

1. 称为定时器也好，称为计数器也好，其实它们都是采用计数电路实现的。（　　　）

2. 8253 的每个计数器只能按二进制计数。（　　　）

3. 8253 进行计数时最小计数值是 0。（　　　）

4. 8253 为可编程定时/计数器，具有 3 个计数通道，每个计数通道具有 6 种工作方式。（　　　）

5. 8253 既可以做计数器，也可以做定时器，本质上是计数器，定时器是通过对固定频率的脉冲计数而实现的。（　　　）

6. 8253 的每种工作方式都具有硬件触发启动和软件触发启动两种启动计数方式。（　　　）

7. 8253 的计数器在输入脉冲控制下完成加 1 计数。（　　　）

8. 对 8253 初始化就是向其控制寄存器写入方式控制字和计数初值。（　　　）

9. 8253 具有 3 个 16 位计数通道，初始化设置时可以向计数通道 1 次写入 16 位计数初值。（　　　）

10. 某系统为 8253 的计数器 0 ~ 2 和控制寄存器分配的地址分别为 87H、86H、85H、84H。（　　　）

11. 8253 的十进制计数方式比二进制计数方式的最大计数范围小。（　　　）

【答案】

1. √　　2. ×　　3. ×　　4. √　　5. √　　6. ×　　7. ×　　8. ×　　9. ×
10. ×　　11. √

8.1.4　填空题

1. 接口芯片按照可编程性分类可分成　(1)　和　(2)　。接口芯片按与外部设备数据的传送方式可分成　(3)　和　(4)　。

【解】　(1) 可编程接口芯片　　　(2) 不可编程接口芯片
　　　　(3) 并行 I/O 接口芯片　　(4) 串行 I/O 接口芯片

2. 8253 中包含有　(1)　个　(2)　位的计数通道，占用　(3)　个端口地址，每个计数通道拥有　(4)　种工作方式和 3 条信号线，即　(5)　、　(6)　和　(7)　。

【解】　(1) 3　　　(2) 16　　　(3) 4　　　(4) 6
　　　　(5) CLK　　(6) OUT　　(7) GATE

3. 8253 具有两种触发计数方式，分别为　(1)　和　(2)　。

【解】 （1）硬件触发计数方式　　　　（2）软件触发计数方式

4. 在对 8253 初始化时，需要向___(1)___写入方式控制字，向___(2)___写入计数初值。

【解】 （1）控制寄存器　　　　（2）计数通道

5. 将 8253 计数器 0 设置为工作于方式 2，计算初值为 8 位二进制数，则控制字为___(1)___B。将 8253 计数器 1 设置为十进制计数，工作方式 4，只送计数初值高 8 位，控制字为___(2)___B。将 8253 计数器 2 设置为十进制计数，工作方式 5，初值为 16 位，控制字为___(3)___B。

【解】 （1）00010100　　　（2）01101001　　　（3）10111011

6. 若设定 8253 芯片某通道为方式 0 后，则其输出引脚 OUT 为___(1)___电平；当___(2)___后通道开始计数，___(3)___信号端每来一个脉冲___(4)___就减 1；若___(5)___，则输出引脚输出___(6)___电平，表示计数结束。

【解】 （1）低　　　　　　（2）写入计数初值　　　　　　（3）脉冲输入 CLK
（4）减法计数器　　　（5）计数器的计数值减为 0　　　（6）高

7. 8253 的地址是 80H ~ 83H，计数器 1 的 CLK1 = 2kHz，OUT1 每隔 250ms 输出一个 CLK 周期的负脉冲，GATE = 1，则该计数器的方式字是___(1)___，写入的地址是___(2)___，计数值是___(3)___，写入的地址是___(4)___。

【解】 （1）01100100B　　　（2）83H　　　（3）5　　　（4）81H
或（1）01110100B　　　（2）83H　　　（3）500　　　（4）81H
或（1）01110101B　　　（2）83H　　　（3）500H　　　（4）81H

8. 若 8253 的某一计数器用于输出方波，则该计数器应工作在___(1)___。若该计数器的输入频率为 1MHz，输出方波频率为 5kHz，则计数初值应设为___(2)___。

【解】 （1）方式 3　　　（2）200

9. 假设某 8253 的 CLK0 接 1.5MHz 的时钟，欲使 OUT0 产生频率为 300kHz 的方波信号，则 8253 的计数值应为___(1)___，应选用的工作方式是___(2)___。

【解】 （1）5　　　（2）3

10. 下面为某 8253 的初始化程序，执行程序段后，将使 8253 的___(1)___输出___(2)___波形。

```
MOV     AL, 54H
MOV     DX, 2AFH
OUT     DX, AL
MOV     DX, 2ADH
MOV     AL, 0F0H
OUT     DX, AL
```

【解】 （1）计数通道　　　（2）连续负脉冲

8.1.5　简答题

1. 试问 8253 是什么接口芯片？

【解】 8253 是可编程计数/定时器。

2. 8353 中包括几个计数器？占用多少个端口地址？每个计数器拥有几种工作方式？

【解】 8353 中包括 3 个十六位计数器，占用 4 个端口地址，每个计数器拥有 6 种工作方式。

3. 8253 在正常工作之前为什么必须进行初始化？

【解】 因为 8253 中每个计数器均拥有 6 种工作方式，可以为二进制数计数器，也可以为十进制数计数器，计数初值可以只送 8 位数据，也可以送 16 位数据，但是在 8253 正常工作时只能按照 1 种模式工作，所以在计数器正常工作前必须进行初始化，设置其工作模式。

4. 如何对 8253 进行初始化编程？

【解】 对 8253 进行初始化编程应首先向控制端口写入对某个计数器设置工作方式的控制字，然后向相应的计数器中写入计数初值，而且每一个计数器均要进行初始化。

5. 将 8253 中的计数通道 0 和计数通道 1 串接，CLK0 接 500kHz 时钟脉冲，若均采用方式 2，十进制数计数。问 OUT1 输出信号的最大周期是多少？

【解】 OUT1 输出信号的最大周期是（1/500kHz）× 10000 × 10000 = 20000s。

6. 为什么写入 8253/8254 的计数初值为 0 却代表最大的计数值？

【解】 因为计数器是先减 1，再判断是否为 0，所以写入 0 实际代表最大计数值。

7. 8253 芯片每个计数通道与外部设备接口有哪些信号线，每个信号的用途是什么？

【解】 CLK 时钟输入信号：在计数过程中，此引脚上每输入一个时钟信号（下降沿），计数器的计数值减 1。

GATE 门控输入信号：控制计数器工作，可分成电平控制和上升沿控制两种类型。

OUT 计数器输出信号：当一次计数过程结束（计数值减为 0），OUT 引脚上将产生一个输出信号。

8.1.6 应用题

1. 设 8253 的端口地址为 0C8H ~ 0CBH，计数脉冲为 1MHz，试说明下述程序段的作用。

```
        MOV     AL, 35H
        OUT     0CBH, AL
        MOV     AL, 00H
        OUT     0C8H, AL
        MOV     AL, 50H
        OUT     0C8H, AL
        MOV     CX, 100
LP:     NOP
        LOOP    LP
        MOV     AL, 00H
        OUT     0CBH, AL
        IN      AL , 0C8H
        MOV     AH, AL
        IN      AL, 0C8H
```

【解】 设置 8253 计数通道 0 工作在方式 2，每 5ms（（1/1MHz）× 5000 = 5ms）发一个负脉冲。延时一段时间后读其当前计数值，并存入 AX 中。

2. 编程将 8253 计数器 0 设置为模式 1，计数初值为 3000H；计数器 1 设置为模式 2，计数初值为 2010H；计数器 2 设置为模式 4，计数初值为 4030H。端口地址为 80H ~ 83H，CPU 为 8088。

【解】

1）根据题意，8253 的 3 个通道和控制寄存器端口地址如下：

通道 0	80H	通道 1	81H
通道 2	82H	控制寄存器	83H

2）计数通道 0：控制字 CW0 = 00 10 001 0B = 22H，计数初值 N0 = 30H，低字节自动置 0。

3）计数通道 1：控制字 CW1 = 01 11 010 0B = 74H，计数初值 N1 = 2010H。

4）计数通道 2：控制字 CW2 = 10 11 100 0B = 0B8H，计数初值 N2 = 4030H。

参考初始化程序段：

```
        ; 对通道 0 初始化
        MOV     AL, 22H
        OUT     83H, AL          ; 送通道 0 的方式控制字
        MOV     AL, 30H
        OUT     80H, AL          ; 送通道 0 的计数初值
        ; 对通道 1 初始化
        MOV     AL, 74H
        OUT     83H, AL          ; 送通道 1 的方式控制字
        MOV     AL, 10H
        OUT     81H, AL          ; 送通道 1 的计数初值低 8 位
        MOV     AL, 20H
        OUT     81H, AL          ; 送通道 1 的计数初值高 8 位
        ; 对通道 2 初始化
        MOV     AL, 0B8H
        OUT     83H, AL          ; 送通道 2 的工作方式控制字
        MOV     AX, 4030H        ; 设置通道 2 的计数初值
        OUT     82H, AL
        MOV     AL, AH
        OUT     82H, AL
```

3. 试用 8253 输出周期为 100ms 的方波。设系统时钟为 2MHz，端口地址为 1E0H ~ 1E3H，CPU 为 8088。

【解】 根据题意，8253 的 3 个通道和控制寄存器端口地址如下：

通道 0	1E0H	通道 1	1E1H
通道 2	1E2H	控制寄存器	1E3H

计数初值 $N = 100ms/(1/2MHz) = 200000 = 20 \times 10000 > 65535$，故需要两个计数通道协作完成，设选用通道 0 和通道 1。

通道 0：控制字 = 00 01 011 1B = 17H，十进制数据，计数初值 N0 = 20H（压缩型 BCD 码）。

通道 1：控制字 = 01 01 011 1B = 57H，十进制数据，计数初值 N1 = 00H，只送低字节，高字节自动置 0，实际上计数初值 = 10000。

参考初始化程序段：

```
; 对通道 0 初始化
        MOV   AL, 17H
        MOV   DX, 1E3H
        OUT   DX, AL
        MOV   AL, 20H
```

```
                MOV     DX, 1E0H
                OUT     DX, AL
; 对通道 1 初始化
                MOV     AL, 57H
                MOV     DX, 1E3H
                OUT     DX, AL
                MOV     AL, 00H
                MOV     DX, 1E1H
                OUT     DX, AL
```

4. 设 8253 的通道 0、1、2 和控制口的地址分别为 300H、302H、304H、306H，设系统的时钟脉冲频率为 2MHz。要求：

1）通道 0 输出 1kHz 的方波。

2）通道 1 输出频率为 500Hz 的序列负脉冲。

3）通道 2 输出单脉冲，宽度为 400μs。

试编写各通道的初始化程序。

【解】

1）通道 0 输出 1kHz 的方波，应工作在方式 3。2MHz/1kHz = 2000，则可得通道 0 的定时初值为 2000。

2）通道 1 输出频率为 500Hz 的序列负脉冲，应工作在方式 2。2MHz/500Hz = 4000，则可得通道 1 的定时初值为 4000。

3）通道 2 输出单脉冲，宽度为 400μs，应工作在方式 0，400μs/(1/2MHz) − 1 = 799，则可得通道 2 的定时初值为 799。

参考初始化程序段：

```
; 通道 0 初始化程序
                MOV     DX, 306H
                MOV     AL, 00110111B       ; 通道 0 控制字，读/写两字节，方式 3，BCD 码计数
                OUT     DX, AL
                MOV     DX, 300H
                MOV     AL, 00H
                OUT     DX, AL              ; 写入低字节
                MOV     AL, 20H
                OUT     DX, AL              ; 写入高字节
; 通道 1 初始化程序
                MOV     DX, 306H
                MOV     AL, 01110101B       ; 通道 1 控制字，读/写两字节，方式 2，BCD 码计数
                OUT     DX, AL              ; 写入方式字
                MOV     DX, 302H
                MOV     AL, 00H             ; 低字节
                OUT     DX, AL              ; 写入低字节
                MOV     AL, 40H
                OUT     DX, AL              ; 写入高字节
```

; 通道 2 初始化程序

```
        MOV     DX, 306H
        MOV     AL, 10110001B        ; 通道 2 方式字, 读/写两字节, 方式 0, BCD 码计数
        OUT     DX, AL
        MOV     DX, 304H
        MOV     AL, 99H              ; 计数初值字节
        OUT     DX, AL               ; 写入低字节
        MOV     AL, 07H
        OUT     DX, AL               ; 写入高字节
        HLT
```

5. 设某 8088 系统中, 8253 占用口地址 40H ~ 43H。其实现产生电子时钟基准（定时时间为 50ms）和产生方波用作扬声器音调控制（频率为 1kHz）。试为其编制 8253 的初始化程序（设系统中提供计数时钟为 2MHz）。

【解】

1）根据题意 8253 的 3 个通道和控制寄存器端口地址如下：

通道 0   40H   通道 1   41H

通道 2   42H   控制寄存器   43H

2）产生电子时钟基准可采用方式 2, 计数初值 $N = 50\text{ms} \times (1/2\text{MHz}) = 100000 > 65535$, 故需要 2 个计数通道协作完成, 设选用通道 0 和通道 1。

通道 0：控制字 $= 00110100\text{B}$, 计数初值 $N0 = 1000$。

通道 1：控制字 $= 01010100\text{B}$, 计数初值 $N1 = 100$。

3）产生方波采用方式 2, 计数初值 $N = (1/\text{kHz}) \times (1/1\text{MHz}) = 1000 < 65535$, 故只需要 1 个计数通道完成, 设选用通道 2。计数初值 $N2 = 1000\text{H}$, 控制字 $= 10100111\text{B}$（可采用十进制数计数, 故此时计数初值必须为压缩型 BCD 码, 而且对于 1000H 可以只送高字节 10H, 低字节将自动置 0）。

参考初始化程序段：

```
; 对通道 0 初始化
        MOV     AL, 00110100B
        OUT     43H, AL
        MOV     AX, 1000
        OUT     40H, AL
        MOV     AL, AH
        OUT     40H, AL
; 对通道 1 初始化
        MOV     AL, 01010100B
        OUT     43H, AL
        MOV     AL, 100
        OUT     41H, AL
; 对通道 2 初始化
        MOV     AL, 10100111B
        OUT     43H, AL
```

```
        MOV     AL, 10H
        OUT     42H, AL
```

6. 试用计算机系统中的 8254 组成一个时钟系统。0 通道作为秒的计时器，1 通道作为分的计数器，2 通道作为时的计数器。试画出硬件电路并编制程序。设系统提供的计数脉冲频率已被分频为 50kHz，端口地址为 90H ~ 93H。若希望在屏幕上显示该时钟，应如何编程？

【解】

N0 = 1s∕（1/50kHz）= 50000   CW0 = 00 11 010 0 B = 34H，二进制计数，方式 2

N1 = 60   CW1 = 01 01 010 0B = 54H，二进制计数，方式 2

N2 = 60   CW2 = 10 01 010 1B = 95H，十进制计数，方式 2

参考初始化程序段：

; 对通道 0 初始化
```
        MOV     AL, 34H
        OUT     93H, AL
        MOV     AX, 50000
        OUT     90H, AL
        MOV     AL, AH
        OUT     90H, AL
```
; 对通道 1 初始化
```
        MOV     AL, 54H
        OUT     93H, AL
        MOV     AL, 60
        OUT     91H, AL
```
; 对通道 2 初始化
```
        MOV     AL, 95H
        OUT     93H, AL
        MOV     AL, 60H
        OUT     92H, AL
```

8.2　并行通信接口 8255A

8.2.1　学习指导

8255A 为可编程的并行接口芯片，具有 40 个引脚，+5V 供电，全部信号与 TTL 电平兼容。8255A 与 CPU 连接有 14 条信号线（8 条数据线 D0 ~ D7、读线$\overline{RD}$、写线$\overline{WR}$、选通线$\overline{CS}$、地址线 A0、A1 和复位线 RESET）。其芯片内部拥有 3 个 8 位并行端口（A 口、B 口、C 口）和 1 个控制端口，占用 4 个口地址，每个端口有 8 条数据线与外设进行信息传输。图 8-3 给出了 8255A 的内部结构图。

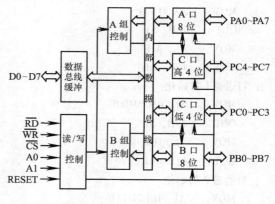

图 8-3　8255A 的内部结构图

8255A 具有 3 种工作方式（包括基本的输入或输出方式 0、选通的输入或输出方式 1、输入/输出双向传输方式 2）。其中，A 口具有 3 种工作方式、B 口具有 2 种工作方式、C 口只有 1 种工作方式。2 个控制字（方式控制字、C 口位控控制字）如图 8-4 和图 8-5 所示。

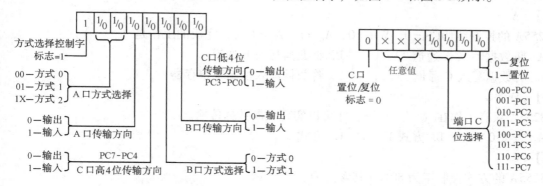

图 8-4　8255A 方式控制字　　　　　图 8-5　8255A 的 C 口位控控制字

通过编程设置，8255A 可以构成 4 位端口、8 位端口、12 位端口、16 位端口、20 位端口或 24 位端口。8255A 在应用之前，首先需要通过初始化编程对各端口设置工作方式和输入/输出状态，然后即可根据需求进行数据传输。方式 1 和方式 2 可以采用中断方式，除了需要对处理器中断状态初始化外，还需要对 8255A 的中断允许位 INTE 进行设置。8255A 在不同工作状态下，C 口作联络线时各位表示的意义如图 8-6 所示。

注意：方式控制字和 C 口置位/复位控制字均写入控制端口，通过特征位进行区分。

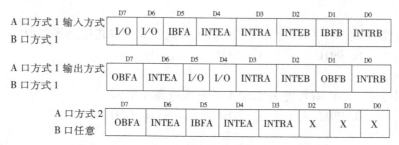

图 8-6　8255A 的 C 口作联络线时各位表示的意义

8.2.2　单项选择题

1. 8255A 与 CPU 间的数据总线为（　　）数据总线。

　　A. 4 位　　　　　B. 8 位　　　　　C. 16 位　　　　　D. 32 位

【解】　B

2. 8255A 与外设间每个端口的数据线为（　　）。

　　A. 4 位　　　　　B. 8 位　　　　　C. 16 位　　　　　D. 32 位

【解】　B

3. 由（　　）引脚的连接状态，可以确定 8255 的端口地址。

　　A. $\overline{RD}$，$\overline{CS}$　　B. $\overline{WR}$，A_0　　C. A_0，A_1　　D. A_0，A_1，$\overline{CS}$

【解】　D

4. 8255A 的控制线为 $\overline{CS}=0$、$\overline{RD}=0$、$A_0=0$、$A_1=0$ 时，完成的工作是（　Ａ　）。

　　A. 将 A 通道数据读入　　　　　　B. 将 B 通道数据读入

　　C. 将 C 通道数据读入　　　　　　D. 将控制字寄存器数据读入

【解】　A

5. 8255A 的控制线为 $\overline{CS}=0$、$\overline{WR}=0$，$A_0=1$，$A_1=1$ 时，完成的工作是（　　　）。

　　A. 将数据写入 A 通道　　　　　　B. 将数据写入 B 通道

　　C. 将数据写入 C 通道　　　　　　D. 将数据写入控制字寄存器

【解】　D

6. 8255A 只有工作在（　　　）下，才可以实现双向数据传输。

　　A. 方式 0　　　　　B. 方式 1　　　　　C. 方式 2

【解】　C

7. 8255A 的方式控制字为 80H，其含义为（　　　）。

　　A. A、B、C 口全为方式 0 输入方式

　　B. A、B、C 口全为方式 0 输出方式

　　C. A 口为方式 2 输出方式、B、C 口全为方式 0 输出方式

　　D. A、B 口全为方式 0 输出方式、C 口任意

【解】　B

8. 当并行接口芯片 8255A 的 A 口被设定为方式 2 时，下列说法（　　　）是对的。

　　A. 其端口仅能作输入口使用　　　　B. 其端口仅能作输出口使用

　　C. 其端口可实现双向数据传输　　　　D. 其端口仅能作不带控制信号的输入口或输出口使用

【解】　C

9. 某 8255A 设置为 A、B、C 口全为方式 0 输入方式，此时方式控制字应为（　　　）。

　　A. 98H　　　　　　B. 99H　　　　　　C. 9AH　　　　　　D. 9BH

【解】　D

10. 下列数据中，（　　　）有可能为 8255A 的方式选择控制字。

　　A. 00H　　　　　　B. 79H　　　　　　C. 80H　　　　　　D. 54H

【解】　C

提示：方式选择控制字的最高一位必须为 1。

11. 下列数据中，（　　　）有可能为 8255A 的 C 口置位/复位控制字。

　　A. 00H　　　　　　B. 80H　　　　　　C. FFH　　　　　　D. 88H

【解】　A

提示：写入置位/复位控制字时，最高一位必须为 0。

12. 当 8255A 的 A 口工作在方式 2 时，B 口可以工作在（　　　）。

　　A. 方式 0　　　　　B. 方式 1　　　　　C. 方式 2　　　　　D. 方式 0 或方式 1

【解】　D

13. 8255A 工作在方式 1 输入状态下，可以通过信号（　　　）知道外部设备的输入数据已准备好。

　　A. READY　　　　　B. IBF　　　　　C. $\overline{STB}$　　　　　D. INTR

【解】　C

14. 在 8255 可编程并行接口芯片中，可用于双向选通 I/O 方式（即方式 2）的端口为（　　　）。

A. PA 口   B. PB 口   C. PC 口   D. PA 和 PB 口

【解】 A

15. 如果 8255A 端口 A 工作于方式 2，则端口 B 可工作于 （   ）。

A. 方式 0   B. 方式 1   C. 方式 2   D. 方式 0 或方式 1

【解】 D

8.2.3 判断题

1. 8255A 没有时钟信号，其工作方式 1 的数据传输采用异步时序。（   ）

2. 8255A 工作在方式 1 的输出时，OBF 信号表示输出缓冲器满信号。（   ）

3. 8286、74LS273、74LS373 和 8255A 等都是通用并行接口芯片。（   ）

4. 8286 和 8255A 都是可编程并行接口芯片。（   ）

5. 8255A 的 2 个控制字均写入控制寄存器。（   ）

6. 8255A 具有 3 个 8 位的并行接口，均拥有 3 种工作方式。（   ）

7. 当 8255A 的 A 口和 B 口均工作在方式 0 时，C 口的所有位均可用。（   ）

8. 当 8255A 的 A 口和 B 口均工作在方式 1 时，C 口的所有位均可用。（   ）

9. 若 8255A 的 A 端口工作于方式 2，则 B 端口只能工作方式 1。（   ）

10. 77H 可能是 8255A 的方式控制字。（   ）

11. 若 8255A 的 A 端口工作于方式 2，则方式控制字可以为 FFH。（   ）

12. 8255A 写入控制字 77H 和写入控制字 07H 的作用一样。（   ）

13. 8255A 与 8086 连接时，4 个寄存器地址是连续分配的。（   ）

14. 给 8255A 的 C 口 PC3 按位置位控制字是 06H。（   ）

15. 8255A 的 A 口工作在方式 1 输入，B 口工作在方式 0 输出的方式控制字是 $0011 \times 00 \times$ B。
（   ）

16. 8255A 与 8088 连接时，4 个寄存器地址是连续分配的。（   ）

【答案】

1. √   2. √   3. √   4. ×   5. √   6. ×   7. √   8. ×   9. ×
10. ×   11. √   12. √   13. ×   14. ×   15. ×   16. √

8.2.4 填空题

1. 8255A 具有 ___(1)___ 个外部设备数据引脚，分成 3 个端口，引脚分别是 ___(2)___ 、
___(3)___ 和 ___(4)___ 。

【解】 （1）24   （2）PA0 ~ PA7   （3）PB0 ~ PB7   （4）PC0 ~ PC7

2. 8255A 为 ___(1)___ 芯片，占有 ___(2)___ 个口地址。

【解】 （1）并行通信接口   （2）4

3. 8255A 为并行通信接口芯片，包含有 ___(1)___ 个并行端口。每个通道均为 ___(2)___ 位。

【解】 （1）3   （2）8

4. 8255A 的 A 口具有 ___(1)___ 种工作方式，B 口具有 ___(2)___ 种工作方式，C 口具有
___(3)___ 种工作方式。

【解】 （1）3   （2）2   （3）1

5. 8255A 中工作方式 ___(1)___ 具有中断申请功能。

【解】 （1）1 和 2

6. 8255A 具有 ___(1)___ 个控制字，分别为 ___(2)___ 和 ___(3)___ 。

【解】 （1）2 　　　　（2）方式控制字 　　　　（3）C 口位控控制字

7. 8255A 的 B 口工作在方式 1 输出方式，若 8255A 的 PC$_1$ 端有低电平输出（即$\overline{OBFB}=0$），则其功能为 ___(1)___ ；若 CPU 查询到 PC$_2$ 为低电平（即$\overline{ASKB}=0$），则表示 ___(2)___ 。

【解】 （1）CPU 已将输出数据写入 B 通道的数据缓冲区中

　　　　（2）外设已将 B 通道输出数据缓冲区中的数据取走

8. 8255A 的 A 口设置为方式 1 输入方式，其引脚$\overline{STBA}$收到一个负脉冲说明 ___(1)___ 。引脚 IBFA 输出高电平，即表示 ___(2)___ 。

【解】 （1）外部设备已将数据打入 A 通道并锁存

　　　　（2）A 通道输入缓冲满，CPU 还没有将数据取走，外部设备暂时不能送新的数据

9. 8255 的 A 和 B 端口都定义为方式 1 输入，端口 C 上半部分定义为输出，则方式控制字是 ___(1)___ ，其中 D0 位已经没有作用，可为 0 或 1。

【解】 （1）10110110

10. 某一 8255 芯片，设置其 A 口为方式 2，B 口工作于方式 1 输出方式，C 口中不做联络线的信号线均为输入状态，此时方式控制字应为 ___(1)___ 。

【解】 （1）1 10X X 10 1 B

11. 某一 8255 芯片，需对 PC4 置 1，其控制字应为 ___(1)___ 。

【解】 （1）09H

　　　　注：设置 8255A 的 C 口位控控制字：b$_7$ = 0，b$_6$b$_5$b$_4$ 未用，b$_3$b$_2$b$_1$ = 100，b$_0$ = 1 为将 PC4 置 1，则 C 口位控控制字为 00001001B。

12. 对 8255 的控制寄存器写入 A0H，则其端口 C 的 PC7 引脚被用作 ___(1)___ 信号线。

【解】 （1）$\overline{OBF}$

13. 8255A 的 A 口工作在方式 1 输出方式，若采用中断方式传输数据，则需要将 8255A 的中断允许触发器 INTEA 置 1（即 PC6 = 1），C 口位控控制字应为 ___(1)___ 。

【解】 （1）0 000 110 1 B

8.2.5 应用题

1. 试编制 8255A 初始化程序段。要求端口 A 工作在方式 1 输入方式；端口 B 工作在方式 0 输出方式；端口 C 的高 4 位配合端口 A 工作；低 4 位为输入 I/O 线，8255A 的口地址占用 0D8H ~ 0DFH，CPU 为 8086。

【解】 8255A 的方式控制字要求：b$_7$ = 1，b$_6$b$_5$ = A 口工作方式，b$_4$ = A 口方向，b$_3$ = C 口高 4 位方向，b$_2$ = B 口工作方式，b$_1$ = B 口方向，b$_0$ = C 低 4 位。所以，8255A 的方式控制字 CW1 = 1 01 1 0 0 0 1 B = 0B1H。根据题目要求，8255A 的控制寄存器口地址为 0DEH。

　　　　8255A 初始化程序段：

　　　　　　MOV　　AL,0B1H

　　　　　　OUT　　0DEH,AL

2. 下面是 8255A 初始化程序，根据指令说出 8255A 的工作状态及后两条指令的作用

（8255A 的地址是 60H ~ 63H）。

```
        MOV     AL, 0B0H
        OUT     63H, AL
        MOV     AL, 09H
        OUT     63H , AL
```

【解】

1）0B0H = 1011 0000B，8255A 的 A 口工作于方式 1 输出方式，B 口和 C 口均工作于方式 0 输出方式。

2）后两条指令的作用是设置 PC4 = 1（09H = 0000 1001B）。

3. 试编制程序段使 B 口和 C 口均工作在方式 0 输出方式，并使 PB_5 和 PC_5 输出低电平，而其他位的状态不变。设 8255A 的口地址为 8CH ~ 8FH，CPU 为 8088。

【解】

1）根据题目要求，8255A 的方式控制字 CW_1 = 1 × × × 0 00 0 B，设其为 10000000B = 80H。

2）使 PB_5 输出低电平而其他位状态不变的方法：使原 B 口状态"与"11101111B 后，从 B 口输出。

3）使 PC_5 输出低电平，而其他位的状态不变的方法有两种：

第一种：同上，使原 C 口状态"与"11011111B 后，从 C 口输出。

第二种：通过 C 口位控控制字使得 PC_5 = 0，即 CW_2 = 0000 101 0B = 0AH。

参考程序段：

```
        MOV     AL, 80H         ; 设置 8255A 的工作方式
        OUT     8FH, AL
        MOV     AL, PB          ; 设 PB 为原 B 口状态
        AND     AL, 11011111B
        OUT     8DH, AL         ; 使 PB₅ = 0，其他位状态不变
        MOV     AL, 0AH
        OUT     8FH, AL         ; 使 PC₅ = 0
```

4. 试设计一接口电路并编制相应的程序。要求 CPU 为 8088，用 8255A 构成 3 个 LED 发光二极管循环发亮，端口地址为 180H ~ 183H。

【解】

1）接口电路原理图如图 8-7 所示，通过地址锁存器获得地址 A0 ~ A7、A8 和 A9CPU 直接提供。

2）8255A 的端口地址为 180H ~ 183H。分析 $A_9A_8A_7A_6A_5A_4A_3A_2A_1A_0$ = 01100000xxB，可以得到译码电路。

3）A 口工作于方式 0 输出方式，因此方式控制字应为 1000 0 00 0B。

4）A 口接 LED 灯，PA0 ~ PA2 输出为 1 时，使灯 L0 ~ L2 亮；PA0 ~ PA2 输出为 0 时，使灯 L0 ~ L2 灭。

5）编程思想：令 AL = 00000001B，输出使 L0 亮，延时，AL 左移 1 位，输出使 L1 亮……直到左移成 AL = 00001000B 时重新开始。编程参考流程图如图 8-8 所示。

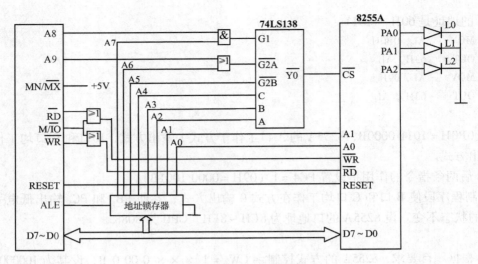

图 8-7　接口电路原理图

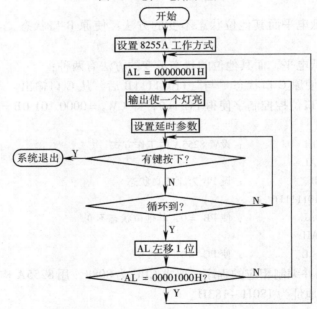

图 8-8　流程图

6）参考程序：

```
        CODE    SEGMENT
                ASSUME  CS: CODE
START:  MOV     AL, 80H
        MOV     DX, 183H
        OUT     DX, AL          ; 设置工作方式
LP1:    MOV     AL, 0000 0001B
LP2:    MOV     DX , 180H
        OUT     DX, AL          ; 输出使一灯亮
        MOV     CX, 8FFFH
```

LP3：	MOV	AH，0BH	；延时，此时判断如有键按下，则转去系统退出
	INT	21H	
	CMP	AL，0	
	JZ	LP4	
	LOOP	LP3	
；			
	SHL	AL，1	；左移1位
	CMP	AL，0000 1000B	
	JNZ	LP2	
	JMP	LP1	
；			
LP4：	MOV	AH，4CH	
	INT	21H	；系统退出
CODE	ENDS		
	END	START	

5. 8088 CPU 与 8255A 构成打印机接口，其电路原理图如图 8-9 所示。要求编写程序实现采用查询方法判断打印机状态，在打印机不忙时（BUSY = 0），将内存 DATA 中的 10 个字符送到打印机打印，并向打印机发送一个负脉冲信号（STB），通知打印机数据已送出。

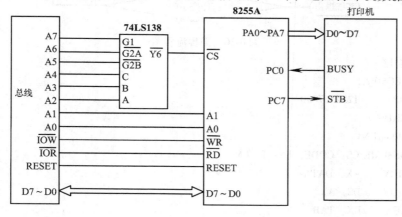

图 8-9　电路原理图

【解】

1）根据图意，设 8255A 的 A 口工作在方式 0 和 C 口高 4 位为输出方式，C 口低 4 位为输入方式，因此，8255A 的控制字为 = 1 000 0 × × 1B = 81H。

2）打印机的工作过程描述如下：

①将打印数据已输出负选通脉冲设置为无效状态（PC7 = 1）。

②读打印机"忙"状态（读 PC0）。

③测试打印机是否"忙"（判断 PC0 = 1）。

④若"忙"（PC0 = 1），则转第②步。

⑤若"不忙"（PC0 = 0），则取数输出到打印机。

⑥通过 PC7 输出负选通脉冲，通知打印机打印数据已送出。

⑦判断是否打印完全部数据。

⑧若没有打印完，则转到第一步。

⑨若打印完，则系统退出。

3）分析途中译码电路，$A_7 A_6 A_5 A_4 A_3 A_2 A_1 A_0 = 1001\ 10 \times \times B$，得出 8255A 占用端口地址为 98H ~ 9BH。

4）编程流程图如图 8-10 所示。

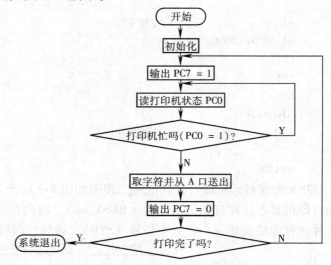

图 8-10　编程流程图

5）参考程序：

```
DATA      SEGMENT
TAB       DB      '1234567890'
DATA      ENDS
CODE      SEGMENT
          ASSUME CS：CODE，DS：DATA
START：   MOV     AX，DATA
          MOV     DS，AX
          LEA     BX，TAB
          MOV     CX，10
          MOV     AL，81H
          OUT     9BH，AL        ；设置工作方式
          MOV     AH，0
LP0：     MOV     AL，0000 1111B
          OUT     9BH，AL        ；令 PC7 = 1
LP1：     IN      AL，9AH        ；读 PC0
          TSET    AL，0         ；测试打印机是否忙
          JNZ     LP1           ；忙（PC0 = 1）则转到 LP1
          MOV     AL，[BX]       ；AL = DS：[BX] 取打印字符
          OUT     98H，AL        ；将字符输出到打印机
          MOV     AL，0000 1110B
          OUT     9BH，AL        ；令 PC7 = 0，通知打印机数据已送出
```

```
        LOOP    LP0
        MOV     AH,4CH
        INT     21H                     ; 系统退出
CODE    ENDS
        END     START
```

6. 图 8-11 所示为 8088 系统中由 8255A 实现开关控制 LED 灯亮灭的接口电路。

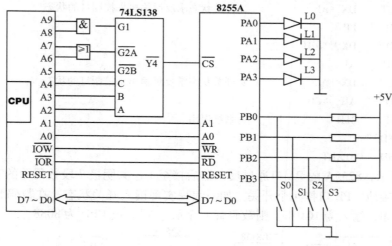

图 8-11 电路原理图

试问:

1）8255A 的口地址是多少?

2）试编制程序实现功能，并能在所有开关打开时系统退出。

【解】

1）A 口接 LED 灯，工作于方式 0 输出方式。B 口接开关，工作于方式 0 输入方式。因此，方式控制字应为 1000 0 01 0B。

2）PA0 ~ PA3 输出为 1 时，使灯 L0 ~ L3 亮；PA0 ~ PA3 输出为 0 时，使灯 L0 ~ L3 灭。

3）开关 K0 ~ K3 合上时，B 口的相应位为 0；开关 K0 ~ K3 打开时，B 口的相应位为 1。

4）读入开关状态后求反，再从 A 口输出，来实现开关合上相应灯亮，开关打开相应灯灭。

5）当开关 S0 ~ S3 全打开时，PB0 ~ PB3 均为 1，则系统退出。

6）分析图 8-11 可得到，A9A8A7A6A5A4A3A2A1A0 =11000100 × ×B，所以本题 8255A 分配的口地址为 310H ~ 313H。

7）编程参考流程如图 8-12 所示。

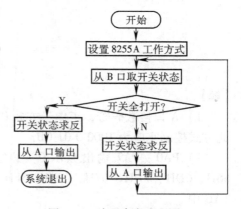

图 8-12 编程参考流程图

8）参考程序如下:

```
CODE    SEGMENT
        ASSUME  CS：CODE
START： MOV     AL,82H
        MOV     DX,313H
        OUT     DX,AL           ; 设置工作方式
```

```
LP:     MOV     DX, 311H
        IN      AL, DX          ; 读开关状态
        AND     AL, 0FH         ; 屏蔽无效位
        JZ      LP0             ; 开关全合上转到 LP0
        MOV     DX, 310H
        NOT     AL
        OUT     DX, AL          ; 开关状态求反后输出来控制灯的状态
        JMP     LP
LP0:    MOV     DX, 310H
        NOT     AL
        OUT     DX, AL          ; 开关状态求反后输出来控制灯的状态
        MOV     AH, 4CH
        INT     21H             ; 系统退出
CODE    ENDS
        END     START
```

7. 如图 8-13 所示，8255A 的 PA 口通过反向器后接至 1 位共阴极 7 段数码管的字型端，数码管的公共端接地。PB 口接 4 个开关。如何编程实现读入开关状态，在数码管上显示相应的字符。例如，输入为 1010B，则数码管上显示 "A"。设 CPU 为 8088。

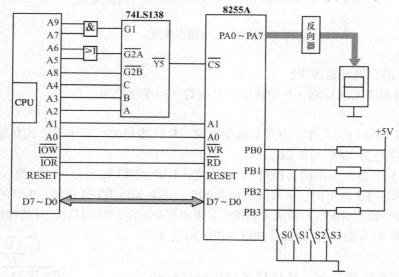

图 8-13　电路原理图

【解】

1）A 口接数码管，工作于方式 0 输出方式。B 口接开关，工作于方式 0 输入方式。因此方式控制字应为 1000 0 01 0B。

2）PA0 ~ PA7 输出显示 0 ~ F 字符，对应的字形码分别为 3FH、06H、5BH、4FH、66H、6DH、7DH、07H、7FH、6FH、77H、7CH、39H、56H、79H、71H，存入数据表 TAB 中。

3）开关 S0 ~ S3 可产生 0000B ~ 1111B 编码。

4）读入开关状态后，查表找到相应的字形码，求反后再从 A 口输出（因为外面接了反向器）。

5）分析图 8-13 可得，A9A8A7A6A5A4A3A2A1A0 = 10100101 × ×B，所以本题 8255A 分配的口地址为 294H ~ 297H。其中，A 口、B 口、C 口、控制寄存器分别为 294H、295H、296H、297H。

6）编程流程图如图 8-14 所示。

7）参考程序：

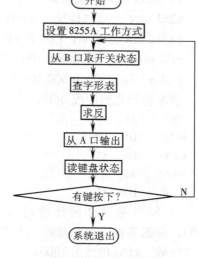

图 8-14　编程流程图

```
DATA      SEGMENT
TAB       DB        3FH, 06H, 5BH, 4FH
          DB        66H, 6DH, 7DH, 07H
          DB        7FH, 6FH, 77H, 7CH
          DB        39H, 56H, 79H, 71H
DATA      ENDS
CODE      SEGMENT
          ASSUME CS：CODE, DS：DATA
START：    MOV       AX, DATA
          MOV       DS, AX
          LEA       BX, TAB
          MOV       AL, 82H
          MOV       DX, 297H        ; 设置控制 R 口地址
          OUT       DX, AL          ; 设置工作方式
LP：       MOV       DX, 295H        ; 设置 B 口地址
          IN        AL, DX          ; 从 B 口读开关状态
          AND       AL, 0FH         ; 屏蔽无效位
          XLAT                      ; AL = DS：[BX + AL]
          MOV       DX, 294H        ; 设置 A 口地址
          NOT       AL              ; 字形码求反
          OUT       DX, AL          ; 输出显示相应的字符
          MOV       AH, 0BH
          INT       21H             ; 读键盘状态
          CMP       AL, 0
          JZ        LP              ; AL = 0 表示无键按下
          MOV       AH, 4CH         ; AL = FFH 表示有键按下
          INT       21H             ; 系统退出
CODE      ENDS
          END       START
```

8. 某定时数据输出系统与 8086 CPU 的接口电路图如图 8-15 所示，将 8255A 的端口 A 设置为方式 0 输出，CPU 每隔 1s 输出一个数据到 8255A 的端口 A，该数据在 PC4 输出的选通负脉冲作用下被送入工况现场。请按图完成如下问题：

1）请分别写出 8255A 和 8253 的 4 个端口地址。

2）写出 8255A 的初始化程序段。

3）若系统使用 8253 实现 1s 定时操作，请按图 8-15 所示数据写出 8253 的初始化程序段

（所用计数通道均工作于方式3）。

4）写出8255A的定时输出驱动程序的主要指令部分（包括实现从8255A的端口A中输出数据，数据由字节变量DAT_VAR提供，以及PC4输出选通脉冲的指令）。

【解】

1）8255的4个端口地址为320H、322H、324H、326H。

8253的4个端口地址为330H、332H、334H、336H。

2）8255A方式字：1 00 0 0 0 0 0 B = 80H

PC4 = 0位控字：0 000 100 0 B = 08H

PC4 = 1位控字：0 000 100 1 B = 09H

参考初始化程序段如下：

```
MOV     AL, 80H
MOV     DX, 326H
OUT     DX, AL
MOV     AL, 09H
OUT     DX, AL
```

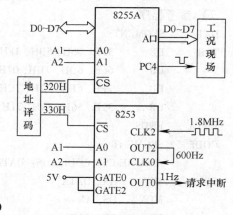

图8-15　接口电路图

3）8253通道2的计数初值：1.8MHz/600Hz = 3000，根据题意，设置通道2工作于方式3，以BCD方式计数，计数初值为3000；方式字为10 10 011 1B = 0A7H。

8253通道0的计数初值为600Hz/1Hz = 600，根据题意，设置通道2工作于方式3，以BCD方式计数，计数初值为600；方式字为00 10 011 1B = 27H。

参考初始化程序段如下：

```
MOV     AL, 27H          ; 通道0方式字
MOV     DX, 336H
OUT     DX, AL
MOV     AL, 06H          ; 时间常数高位
MOV     DX, 330H
OUT     DX, AL
MOV     AL, 0A7H         ; 通道2方式字
MOV     DX, 336H
OUT     DX, AL
MOV     AL, 30H          ; 时间常数高位
MOV     DX, 334H
OUT     DX, AL
```

4）输出驱动程序主要指令如下：

```
MOV     AL, DAT_BUF
MOV     DX, 320H
OUT     DX, AL
MOV     AL, 08H
MOV     DX, 326H
OUT     DX, AL
```

```
INC      AL
OUT      DX, AL
```

8.3 串行通信接口 8250/8251

8.3.1 学习指导

1. 串行通信中的一些基本术语

（1）异步通信和同步通信

异步串行通信规定每个数据以相同的帧格式传送，每一帧信息间传输所需要的时间都是相同的，帧间允许有间隙即空闲，通信线路将自动处于逻辑"1"状态（高电平）。每一帧信息由起始位（1 位）、数据位（5～8 位）、奇偶校验位（1 位）和停止位（1～2 位）组成。

同步通信是数据块传输，通信双方需要按同一个时钟进行收/发通信的，以 1 个或 2 个同步字符作为传输的开始，每位占用的时间都相等，字符数据之间不允许有空隙，当线路空闲或没有字符可发送时发送同步字符，最后用校验字符来反映传输过程中是否出错。

（2）波特率和接收/发送时钟

通信线路上数据传输的速率称为波特率，即每秒传输数据的位数，以 bit/s 为单位，又称波特。接收/发送时钟是通信双方数据传输时钟，同步通信的发送时钟和接收时钟必须采用同一个时钟，异步发送时钟和接收时钟可以采用两个相同频率的时钟。发送/接收时钟与波特率之间存在倍数关系称为波特率因子 n。一般 n 可取为 1、16、32 或 64 等，同步通信的波特率因子为 1。

（3）单工、半双工、全双工通信方式

在串行通信中，要把数据从一个地方传送到另一个地方，必须通过通信线路。按照通信线路连接方式，数据传送线路分成 3 种基本传输方式：单工、半双工、全双工。

（4）通信数据的差错检测和校正

通常，把如何发现传输中的错误称为检错。发现错误之后，如何消除和纠正错误称为纠错。检错的方法有奇偶校验、校验和、循环冗余码等。校验错误方法主要有海明码校验、交叉奇偶校验等。通信双方事先必须约定好传输方式，从而判断出传输中是否出错。

2. 可编程串行接口芯片 8251A

Intel 8251A 是一种可用于同步或异步串行通信的可编程接口芯片，5V 供电，28 条引脚中除了电源线（V_{CC}）、地线（GND）和时钟线（CLK）外，其余的分成两部分（对系统连接的引脚有 13 条和对外部通信设备连接的引脚有 12 条）。图 8-16 给出了 8251A 的内部结构和引脚框图，8251A 占用 2 个端口地址：数据端口（C/$\overline{D}$ = 0）和控制状态端口（C/$\overline{D}$ = 1），表 8-2 给出了 8251A 读/写端口时的信号状态真值表。

8251A 具有下列基本性能：

1）通过编程可以工作于同步方式或异步方式，全双工方式，全部输入/输出与 TTL 兼容。

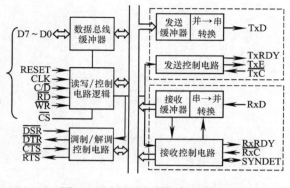

图 8-16 8251A 的内部结构框图

表 8-2   8251A 读/写端口真值表

$\overline{CS}$	$C/\overline{D}$	$\overline{RD}$	$\overline{WR}$	操作
0	0	0	1	从 8251A 读数据
0	1	0	1	从 8251A 读状态
0	0	1	0	向 8251A 写数据
0	1	1	0	向 8251A 写控制字
0	X	1	1	8251A 数据总线浮空
1	X	X	X	8251A 未选中

2）在同步方式时，传输波特率为 0 ~ 64kbit/s，可以传输 5、6、7 或 8 位数据，可以选择内同步或外同步，可以自动插入同步字符，可以有一个或两个同步字符，8251A 也允许同步方式下增加奇/偶校验位进行校验。

3）在异步方式下，传输波特率为 0 ~ 19.2kbit/s，也可以传输 5、6、7 或 8 位字符，用 1 位作为奇/偶校验。此外，8251A 在异步方式下能自动为每个数据增加 1 个启动位，并能编程设定为 1 个、1.5 个或 2 个停止位。

4）具有自动错误检测功能，可以检测奇偶错、溢出错和帧错误。可以通过读入状态寄存器查询到。

8251A 具有 7 个可编程寄存器，如图 8-17 所示。

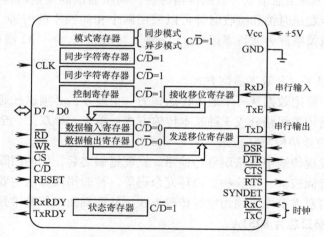

图 8-17   8251A 的编程结构框图

模式控制寄存器用于设置通信模式和通信格式，如图 8-18 所示。

操作命令寄存器用来控制 8251A 的工作状态，如图 8-19 所示。状态寄存器在 8251A 的工作过程中提供一定的状态信息，如图 8-20 所示。

输入缓冲寄存器用于暂存接收的数据，数据输出缓冲器用于暂存发送的数据。

8251A 在工作之前需要通过初始化设置工作模式、联络信号的状态及启动工作等，在数据传输时需要查询状态正确后再传输。图 8-21 给出了 8251A 编程流程图。

218

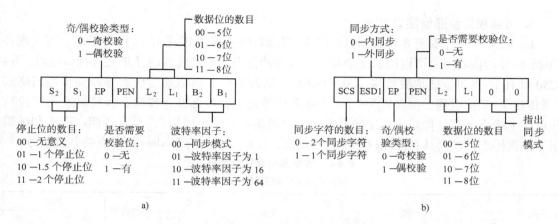

图 8-18　8251A 模式控制字

a）异步模式　b）同步模式

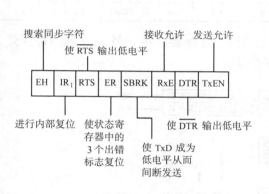

图 8-19　8251A 的操作命令字

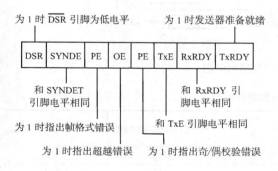

图 8-20　8251A 的工作状态字

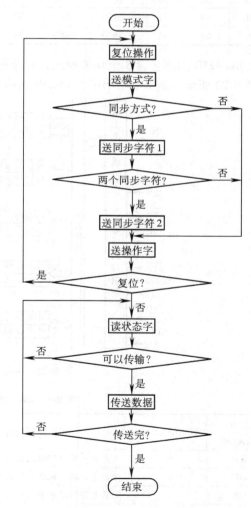

图 8-21　8251A 编程流程图

3. 可编程异步通信接口 8250

Ins 8250 是一个具有 8 位数据总线的 40 引脚双列直插式 IC 芯片，+5V 供电。可实现并-串及串-并转换功能，可以构成完全双工、双缓冲器发送和接收器的异步通信接口电路。Ins 8250 具有 16 种可变通信波特率：50～19200（见表 8-3），可以通过编程选择异步通信格式（可传输 5～8 位数据，可设置为 1、1.5 或 2 位停止位，可选择奇校验、偶校验或无校验），并可产生终止字符（即输出连续的低电平，以通知对方终止通信），具有奇偶、溢出和帧错误等检测标志，片内具有优先权中断控制逻辑，可以生成所有 Modem 所必要的联络信号。

表 8-3　波特率与除数的关系

（外时钟 = 1.8432MHz 时）

波特率	除数		波特率	除数		波特率	除数		波特率	除数	
	高字节	低字节		高字节	低字节		高字节	低字节		高字节	低字节
50	09	00	1800	00	40	150	03	00	4800	00	18
75	06	00	2000	00	3A	300	01	80	7200	00	10
110	04	17	2400	00	30	600	00	C0	9600	00	0C
134. 5	03	59	3600	00	20	1200	00	60	19200	00	06

Ins 8250 内部包含 5 个功能模块，每个模块包含两个寄存器，共 10 个可访问的寄存器，如图 8-22 所示。表 8-4 给出了 Ins 8250 内部寄存器寻址。

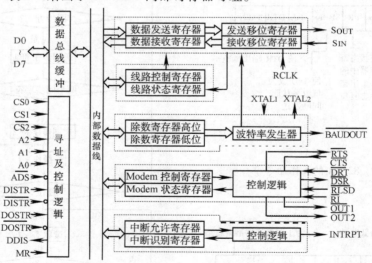

图 8-22　Ins 8250 内部结构框图

表 8-4　Ins 8250 内部寄存器寻址

地址 A2A1A0	标志位 DLAB	可以访问的寄存器	PC/XT 的 COM1 地址	PC/XT 的 COM2 地址
000	0	发送寄存器（TBR，只写）	3F8H	2F8H
000	0	接收寄存器（RBR，只读）	3F8H	2F8H
000	1	除数寄存器低字节（DRL，只写）	3F8H	2F8H
001	1	除数寄存器高字节（DRH，只写）	3F9H	2F9H
001	0	中断允许寄存器（IER，只写）	3F9H	2F9H

地址 A2 A1 A0	标志位 DLAB	可以访问的寄存器	PC/XT 的 COM1 地址	PC/XT 的 COM2 地址
010	×	中断识别寄存器（IIR，只读）	3FAH	2FAH
011	×	线路控制寄存器（LCR）	3FBH	2FBH
100	×	Modem 控制寄存器（MCR，只写）	3FCH	2FCH
101	×	线路状态寄存器（LSR）	3FDH	2FDH
110	×	Modem 状态寄存器（MSR，只读）	3FEH	2FEH
111	×	不用	3FFH	2FFH

图 8-23 ~ 图 8-28 给出了 8250 寄存器的功能定义。

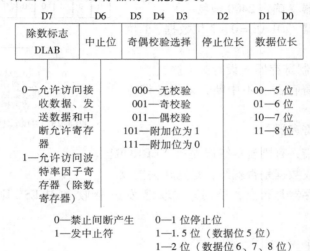

图 8-23 线路控制寄存器（LCR）

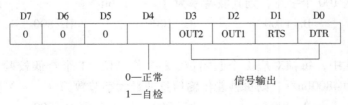

图 8-24 线路状态寄存器（LSR）

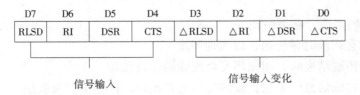

图 8-25 Modem 控制寄存器（MCR）

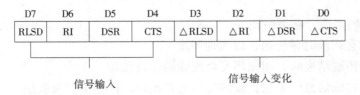

图 8-26 Modem 状态寄存器（MSR）

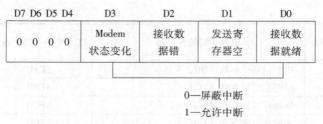

图 8-27 中断允许寄存器（IER）

8250 在正常工作之前，同样需要进行编程设置，其编程的流程如下：

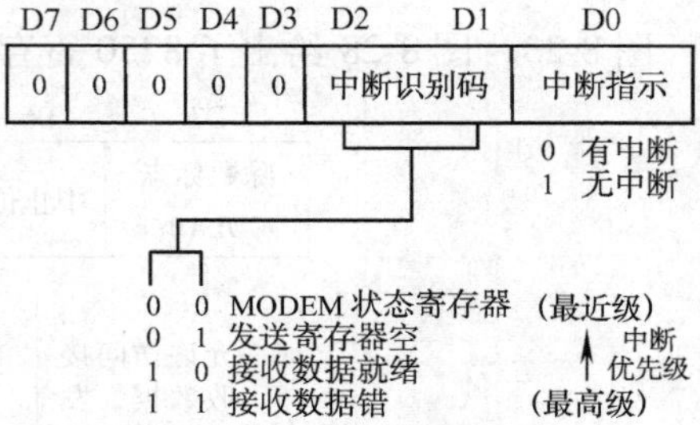

写线路寄存器（DLAB＝1）。

写除数寄存器（确定 2400 波特率）。

写线路寄存器（DLAB＝0、7 位数据、1 位停止、奇校检）。

写 Modem 控制寄存器（设置为自验）。

写中断允许寄存器（不中断，采用查询方式）。

读线路状态寄存器。

图 8-28　中断识别寄存器（IIR）

判断是否有错，有则显示错误提示"ERROR！"。

无错则判接收数据是否就绪，是则转去接收。

判断发送寄存器是否空，是则完成取键-发送-接收-判是 ESC 则结束程序，否则转去读线路状态寄存器。

8.3.2　单项选择题

1. 串行接口中，并行数据和串行数据的转换是用（　　）来实现的。

　　A. 数据寄存器　　　B. 移位寄存器　　　C. 锁存器　　　　　D. A-D 转换器

【解】　B

2. 某异步串行发送器，发送具有 8 位的数据位的字符，在系统中使用一个偶校验和 2 个停止位，每秒发送 100 个字符，则其波特率为（　　）bit/s。

　　A. 1200　　　　　　B. 1100　　　　　　C. 1000　　　　　　D. 800

【解】　A

3. 在异步传输方式中，每帧对应 1 个起始位、8 个信息位、1 个奇偶校验位、2 个停止位，如果传输速度为 4800bit/s，则每秒能传输信息的最大字节数为（　　）字节。

　　A. 4800　　　　　　B. 400　　　　　　　C. 960　　　　　　　D. 800

【解】　B

4. 异步串行通信的实现，必须做到（　　）。

　　A. 通信双方有同步时钟传送，以实现同步

　　B. 一块数据传输结束时，用循环冗余校验码进行校验

　　C. 以字符为传输信息的单位，按约定加上起始位、停止位、校验位

　　D. 块与块间用同步字符 01111110 隔开

222

【解】 C

5. 异步通信中下一个字符的开始，必须以高电平变成低电平的（　　）作为标志。

 A. 下降   B. 低电平   C. 负脉冲   D. 正脉冲

【解】 A

6. 8251A 占有（　　）个口地址。

 A. 1   B. 2   C. 4   D. 8

【解】 B

7. 8251A 内部共有（　　）个允许用户访问的寄存器。

 A. 3   B. 4   C. 5   D. 6

【解】 C

8. 8251A 控制线引脚 $C/\overline{D}=0$，$\overline{RD}=0$，$\overline{CS}=0$ 时，8251A 工作在（　　）。

 A. CPU 从 8251A 读数据   B. CPU 从 8251A 读状态

 C. CPU 写数据到 8251A   D. CPU 写命令到 8251A

【解】 A

9. 8251A 的方式控制字为 4EH，正确的工作方式为（　　）。

 A. 同步检验允许方式   B. 异步检验允许方式

 C. 同步检验禁止方式   D. 异步检验禁止方式

【解】 D

 提示：方式控制字 4EH＝01001110B，根据 8251A 方式控制字定义：b1b0＝10 为异步方式，b4＝0 为检验禁止方式，故选 D。

10. 8251A 的命令控制字为 27H，8251A 工作在（　　）。

 A. 启动发送器   B. 启动接收器

 C. 启动发送器和接收器   D. 发送器和接收器不工作

【解】 C

 提示：命令控制字 27H＝00100111B，根据 8251A 命令控制字定义，b0＝1 为发送允许，b2＝1 为接收允许，故应选 C。

11. 8251A 可以提供（　　）种错误信息。

 A. 1   B. 2   C. 3   D. 4

【解】 C

12. 8250 占有（　　）个口地址。

 A. 1   B. 2   C. 4   D. 8

【解】 D

13. 8250 内部共有（　　）个允许用户访问的寄存器。

 A. 4   B. 6   C. 8   D. 10

【解】 D

14. 8250 可管理（　　）种中断。

 A. 2   B. 4   C. 6   D. 8

【解】 B

8.3.3 判断题

1. 串行通信的传输距离可以比并行通信的传输距离长。（　　　）
2. 串行通信的抗干扰性能力比并行通信的抗干扰性能强。（　　　）
3. 串行通信只需要一根导线。（　　　）
4. TTL 电平的数字脉冲可以直接通过电话线传输，而不必进行调制。（　　　）
5. 电缆越长，数据传输的波特率越高。（　　　）
6. RS232 的信号电平规范同 TTL 兼容。（　　　）
7. 半双工就是串行接口只工作一半时间。（　　　）
8. 8251A 和 8250 均既可以异步通信，也可以同步通信。（　　　）
9. 向打印机发送数据是双工通信。（　　　）
10. 串行接口中"串行"的含义仅指串行接口与外设之间的数据交换是串行的，而串行接口与 CPU 之间的数据交换仍是并行的。（　　　）
11. 一次实现 16 位并行数据传输需要 16 个数据信号线。进行 32 位数据的串行发送只用一个数据信号线就可以。（　　　）
12. 8251 只能做异步传输使用。（　　　）
13. 8251A 占有 2 个口地址，内部共有 2 个允许用户访问的寄存器。（　　　）
14. 8251A 中包含了 Modem 所需要的全部信号。（　　　）
15. 8251A 可以工作在同步通信方式或异步通信方式。（　　　）
16. 8250 占有 8 个口地址，内部共有 8 个允许用户访问的寄存器。（　　　）

【答案】

　　1. ✓　　2. ✓　　3. ×　　4. ×　　5. ×　　6. ×　　7. ×　　8. ×　　9. ×
　　10. ✓　　11. ✓　　12. ✓　　13. ×　　14. ×　　15. ✓　　16. ×

8.3.4 填空题

1. 计算机数据通信方式分＿＿(1)＿＿和＿＿(2)＿＿，其中＿＿(3)＿＿方式又分为＿＿(4)＿＿通信和＿＿(5)＿＿通信两种通信协议方式。

【解】（1）并行通信　（2）串行通信　（3）串行通信　（4）同步　（5）异步

2. 并行通信为＿＿(1)＿＿，串行通信为＿＿(2)＿＿。

【解】（1）数据的所有位被同时传送　（2）数据的所有位被逐位地顺序传送

3. 在串行通信中，计算机中的数据经＿＿(1)＿＿转换后送出，外部设备的数据经＿＿(2)＿＿转换后送入计算机。完成此功能的芯片称为＿＿(3)＿＿。

【解】（1）并-串　（2）串-并　（3）串行通信接口芯片

4. 串行通信有 3 种连接方式，即＿＿(1)＿＿、＿＿(2)＿＿和＿＿(3)＿＿。

【解】（1）单工方式　（2）半双工方式　（3）全双工方式

5. 串行通信中调制的作用是＿＿(1)＿＿，解调的作用是＿＿(2)＿＿。

【解】（1）将数字信号转换为模拟信号　（2）将模拟信号转换为数字信号

6. RS-232C 标准的主要内容为＿＿(1)＿＿和＿＿(2)＿＿。

【解】（1）信号电平标准的定义　（2）信号引脚的定义

7. 在异步通信时，发送端和接收端之间 ___(1)___ 共同的时钟，在同步通信时，发送端和接收端之间 ___(2)___ 共同的时钟。

【解】 （1）允许没有 （2）必须使用

8. 一台微机采用异步通信接口，已知发送/接收时钟施加 19.2kHz 的时钟信号，波特率因子通过编程选择为 64，则其通信速率为 ___(1)___ 波特。

【解】 （1）300

9. 计算机异步通信规程中一帧数据的格式为 ___(1)___、___(2)___、___(3)___、___(4)___。

【解】 （1）1 位起始位 （2）5~8 位数据位 （3）1 位校验位 （4）1~2 位停止位

10. 已知异步串行通信的帧信息为 0011000101B，其中包括 1 位起始位、1 位停止位、7 位 ASCII 码数据位和 1 位校验位。此时传送的字符是 ___(1)___，采用的是 ___(2)___ 校验，校验位的状态为 ___(3)___。

【解】

（1）实际传送字符的 ASCII 码为 01000110B = 46H，其对应字符的 ASCII 码为 F

（2）奇

（3）0

11. 欲使通信字符为 8 个数据位、偶校验、2 个停止位，则应向 8250 的 ___(1)___ 寄存器写入控制字 ___(2)___。

【解】 （1）CLR （2）00011111（1FH）

12. 当 8251A 的控制线引脚电平为 C/$\overline{D}$ = H，$\overline{WR}$ = L，$\overline{CS}$ = L 时，功能为 ___(1)___。

【解】 （1）CPU 向 8251A 写控制字

13. 8251A 模式控制字和操作命令控制字拥有相同的地址。在设置时区别方法为 ___(1)___。

【解】 （1）通过写控制字的先后顺序来区别（先写模式控制字，再写操作命令控制字）

14. 8251A 写命令控制字和读状态字的地址相同，通过 ___(1)___ 控制信号来区别。

【解】 （1）$\overline{RD}$ 和 $\overline{WR}$

15. 若 CPU 读 8251A 状态字节的 b_0 = 1，则说明 8251A 的 ___(1)___。若 CPU 读 8251A 状态字中的 b_2 = 1，则说明 8251A 的 ___(2)___。

【解】 （1）发送数据缓冲区已空，CPU 可以写入新的数据

（2）接收数据缓冲区已有新的数据，CPU 可以读取数据

16. 232C 用于发送串行数据的引脚是 ___(1)___，接收串行数据的引脚是 ___(2)___，信号地常用 ___(3)___ 名称表示。

【解】 （1）TxD （2）RxD （3）GND

8.3.5 简答题

1. 什么是并口？什么是串口？它们各自的特点是什么？

【解】 能支持数据各位同时传送的接口称为并行接口（简称并口）。能实现并-串、串-并转换的接口称为串行接口（简称串口）。并行接口数据传输快，传输距离近，抗干扰能力弱。串行接口数据传输慢，传输距离远，抗干扰能力强。

2. 串行通信通道传输方式分为哪 3 种？它们各自具有哪些特点？

【解】 串行通信通道传输方式分为单工、半双工和全双工。单工为单向数据传输方

式，即数据只能从一端传输到另一端。半双工为单通道双向传输方式，即在任何时刻只能单向数据传输。全双工为双通道双向传输方式，即在任何时刻均可实现双向数据传输。

3. 什么是波特率？

【解】 波特率是串行通信中传输速度的一种定义，表示每秒传输的码元数目，即每秒钟传送的二进制位数。

4. 试述串行通信中波特率与发送/接收时钟之间的关系。

【解】 波特率与发送/接收时钟之间存在比例关系，波特率 = $\dfrac{发送/接收时钟频率}{波特率因子}$

5. 简述8250内部的发送缓冲器/接受缓冲器的作用。

【解】 发送缓冲器用于接收 CPU 送来的待发送的并行数据，然后又并行装入到输出移位寄存器。该数据通过移位串行送到输出线上（数据移位输出之前首先发送起始位，数据移位输出完之后送出奇偶校验位及停止位）。

串行输入数据依次地被接收，并传给接收移位寄存器。接收移位寄存器接收这些数据位，直到装满为止，然后输入数据从移位寄存器并行地传送到接收缓冲器中（去掉了起始位、停止位与奇偶检测位后的结果送入），CPU 从接收缓冲器就可以读出收到的数据。

6. 简述8250内部波特率的设定过程。

【解】 先写通信控制寄存器，使 DLAB = 1，然后根据通信双方约定的时钟频率和波特率算出波特率因子 n（时钟频率 = n × 波特率），最后通过端口输出指令 OUT 将波特率因子写入 16 位的除数锁存器即实现波特率设定过程。

7. 计算机中串行传输方式分为哪两种？其传输一帧格式有何区别？

【解】 计算机中串行传输方式分为同步传输和异步传输。同步传输的帧格式为 1 ~ 2 个同步字符，然后为无间隙的数据字符，最后为校验字符。异步通信传输一帧的一般格式：1 位起始位、5 ~ 8 位数据位、1 位校验位、1 ~ 2 位停止位。

8. 说明异步传输方式和同步传输方式的区别。

【解】 异步串行通信规定了字符数据的传送格式：每个数据以相同的帧格式传送，每一帧信息由起始位、数据位、奇偶校验位和停止位组成，如图 8-29 所示。

同步通信在每个数据块传送开始时，通过收/发同步字符（SYN）使双方同步，其通信格式如图 8-30 所示。

同步通信的双方需要按同一个时钟进行收/发通信的，以 1 个或 2 个同步字符作为传送的开始。每位占用的时间都相等。字符数据之间不允许有空隙，当线路空闲或没有字符可发送时，发送同步字符。最后用校验字符来反映传输过程中是否出错（如干扰引起的接收漏位等）。

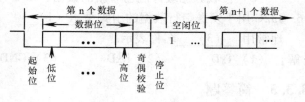

图 8-29　异步通信格式

9. 试画出 8251A 的编程流程图。

【解】 8251A 的编程流程图如图 8-31 所示。

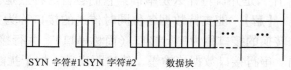

图 8-30　同步通信格式

226

10. 8251A 编程时，对其奇地址写入模式控制字为 DFH，试问：

1）通信格式？

2）若传送速率是 9600bit/s，则接收/发送时钟是多少？

【解】

1）根据模式控制字 DFH = 1011 1111 B，可知通信格式为 1 位起始位、8 位数据位、1 位偶校验位和 1.5 位停止位。波特率因子为 64。

2）若传送速率是 9600bit/s，则接收/发送时钟是 64×9600bit/s = 614400Hz。

11. 8250 芯片能管理哪 4 级中断？如何识别是否有中断产生？哪级中断发出的请求？

【解】

1）8250 芯片能管理：Modem 状态寄存器、发送寄存器空、接收数据就绪、接收数据错等 4 级中断。

2）可以通过测试中断识别寄存器（IIR）中 D0 位的状态来识别是否有中断产生（D0 = 1 有中断产生）。

3）通过测试中断识别寄存器（IIR）中 D1D2 位的状态来识别哪级中断发出的请求（D1D2 = 00 为 Modem 状态寄存器有变化产生中断，D1D2 = 01 为发送寄存器空，D1D2 = 10 为接收数据就绪，D_1D_2 = 11 为接收数据错）。

12. 简述 8250 中有多少个用户可以访问的寄存器？如何区别？

【解】 8250 中共有 10 个用户可访问的寄存器，对其寻址方式见表 8-5。

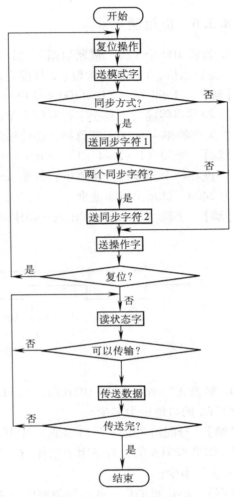

图 8-31 8251A 的编程流程图

表 8-5 Ins 8250 内部寄存器寻址

选通线CS2 $\overline{CS1}$ $\overline{CS0}$	地址 $A_2A_1A_0$	标志位 DLAB	可以访问的寄存器
011	000	0	发送寄存器（TBR，只写）
011	000	0	接收寄存器（RBR，只读）
011	000	1	除数寄存器低字节（DRL，只写）
011	001	1	除数寄存器高字节（DRH，只写）
011	001	0	中断允许寄存器（IER，只写）
011	010	×	中断识别寄存器（IIR，只读）
011	011	×	线路控制寄存器（LCR）
011	100	×	Modem 控制寄存器（MCR，只写）
011	101	×	线路状态寄存器（LSR）
011	110	×	Modem 状态寄存器（MSR，只读）
011	111	×	不用

8.3.6 应用题

1. 设将 100 个 8 位二进制数据采用异步串行传输，波特率为 2400。其帧格式为 1 位起始位、8 位数据位、1 位偶校验位、2 位停止位。试计算传输完毕所用的时间。

【解】 $(1+8+1+2)\times100\times/2400=0.5$（s）。

2. 设异步传输时，每个字符对应 1 个起始位、7 个信息位、1 个奇/偶校验位和 1 个停止位，如果波特率为 9600，则每秒钟能传输的最大字符数为多少个？

【解】 $9600/(1+7+1+1)=960$（个）。

3. 设在一个异步串行通信中，传输 ASCII 字符 "F"，并使用奇校验和 2 位停止位，波特率为 2400，试画出发送波形。

【解】 字符 "F" 的 ASCII 码 $=46H=01000110B$，其通信的波形如图 8-32 所示。

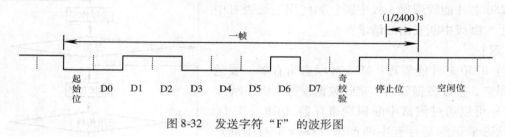

图 8-32 发送字符 "F" 的波形图

4. 如果 A7～A1 $=1110\ 101B$ 激活 8251A 的片选信号 $\overline{CS}$，此时 C/$\overline{D}$ 接到 A0 上，试问分配给 8251A 的口地址为多少？

【解】 分配给 8251A 的口地址为 EAH 和 EBH。

5. 如果 8251A 的波特率因子选择 16，要获得 4800 的波特率，接在 RxC 和 TxC 上的时钟频率应为多少？

【解】 RxC 和 TxC 上的时钟频率应为 $4800\times16=76800$（Hz）。

6. 下面是对一个主从式 8259A 系统进行初始化的程序段。请对以下程序段加上注释，并具体说明各初始化命令字的含义。

主片初始程序如下：

```
M82590   EQU 40H
MOV      AL, 11H
MOV      DX, M82590
OUT      DX, AL        ; (1)
MOV      AL, 08H
IN       CDX
OUT      DX, AL        ; (2)
MOV      AL, 04H
OUT      DX, AL        ; (3)
MOV      AL, 01H
OUT      DX, AL        ; (4)
```

从片初始化程序如下：

228

```
S82590        EQU 90H
MOV           DX, S82590
MOV           AL, 11H
OUT           DX, AL            ; (5)
MOV           AL, 70H
INC           DX
OUT           DX, AL            ; (6)
MOV           AL, 02H
OUT           DX, AL            ; (7)
MOV           AL, 01H
OUT           DX, AL            ; (8)
```

【解】

（1）设 ICW1，中断请求信号为上升沿，级联方式，需设 ICW4。

（2）设 ICW2，中断类型码基值为 08H。

（3）设 ICW3，IR2 与从片的 INT 相连。

（4）设 ICW4，正常的完全嵌套，非缓冲方式；正常中断结束，8086/8088 方式。

（5）同主片 ICW1。

（6）设 ICW2，中断类型码基值为 70H。

（7）设 ICW3，从片 INT 与主片的 IR2 相连。

（8）同主片 ICW4。

7. 试编制 8251A 的初始化程序。设口地址为 180H 和 181H、全双工、无调制解调器、传输过程中出错不复位。

1）异步方式、6 位数据、奇校验、2 位停止位、收/发时钟及传输波特率均为 1200。

2）同步通信、5 位数据、双同步字符为 32H 和 88H、外检测方式、无校验。

【解】

1）异步方式、6 位数据、奇校验、2 位停止位、收/发时钟及传输波特率均为 1200。

```
MOV     DX, 181H
MOV     AL, 11010101B
OUT     DX , AL        ; 送 8251A 的线路控制字，设置为异步通信
MOV     AL, 00110111B
OUT     DX, AL         ; 送 8251A 的操作命令字
```

2）同步通信、5 位数据、双同步字符为 32H 和 88H、外检测方式、无校验。

```
MOV     DX , 181H
MOV     AL, 01000000B
OUT     DX, AL         ; 送 8251A 的线路控制字，设置为同步通信
MOV     AL, 32H
OUT     DX, AL         ; 送 8251A 的同步字符 1
MOV     AL, 88H
OUT     DX, AL         ; 送 8251A 的同步字符 2
MOV     AL, 10110111B
OUT     DX, AL         ; 送 8251A 的操作命令字
```

8. 设 8251A 为异步工作方式，波特率因数为 16、7 位/字符，奇校验，两位停止位。CPU 对 8251A 输入 80 字符。进行初始化编程，端口地址为 0F2H。要求增加状态检测，当出现错误时，跳转到 ERROR 子程序。

【解】 参考初始化程序段如下：

```
        MOV     AL, 0DAH
        OUT     0F2H, AL
        MOV     AL, 35H
        OUT     0F2H, AL
        MOV     DI, 0
        MOV     CX, 80
    A:  IN      AL, 0F2H        ; 读状态字, 测试 RxRDY 是否为 1, 为 0 则等待
        TEST    AL, 02
        JZ      A
        IN      AL, 0F0H
        MOV     [DI], AL
        INC     DI
        IN      AL, 0F2H
        TEST    AL, 38H         ; 检测各种错误
        JNZ     ERROR
        LOOP    A
```

9. 在一系统中，用 8251 实现串行数据传输。其数据通信格式如下：异步通信，7 位数据位，1.5 位停止位，奇校验，波特率因子为 16，波特率为 300bit/s。用 8253 作为 8251 的 T_xC 时钟发生器，8253 工作方式 3，输入时钟为 120kHz。试写出 8251A 和 8253 的初始化程序。若 8088 CPU 经 8251 把存放在 4000∶30H 的 100 个字符发送出去，将如何编制程序。设 8253 的地址为 204H、205H、206H、207H，8251 的地址为 200H、201H。

【解】

1) 收/发时钟 $= 16 \times 300 = 4800$。

8253 的计数初值 $= 120/4800 = 25$。

8253 的控制字 $= 00010110B = 16H$。

2) 8251A 线路控制字 $= 10011010B$。

8251A 操作命令控制字 $= 00110111B$。

3) 参考初始化程序如下：

```
        MOV     DX, 207H
        MOV     AL, 16H
        OUT     DX, AL          ; 送 8253A 控制字
        MOV     DX, 204H
        MOV     AL, 25
        OUT     DX, AL          ; 送 8253A 计数初值
        MOV     DX, 201H
        MOV     AL, 99H
```

```
        OUT     DX , AL              ; 送 8251A 线路控制字
        MOV     AL , 37H
        OUT     DX , AL              ; 送 8251A 操作命令控制字
```

10. 以下程序为 8251 的应用程序，请说明串行通信的格式和程序的功能，并给程序加注释（FFDAH，FFDBH 为 8251 的口地址）。

```
        MOV     AL , 7AH
        MOV     DX, 0FFDBH
        OUT     DX , AL
        MOV     AL , 23H
        OUT     DX , AL
     A: IN      AL, DX
        TEST    AL, 01
        JZ      A
        MOV     AL, [200H]
        MOV     DX , 0FFDAH
        OUT     DX , AL
        HLT
```

【解】

1）线路控制字 = 7AH = 01111010B，通信格式如下：1 位起始位、7 位数据位、1 位偶校验位、1 位停止位，且波特率因子为 16。

2）本程序段是对 8251A 初始化并将 [200H] 单元的内容发送出去。

3）给程序加注释。

```
        MOV     AL , 7AH             ; 1 位停止位、偶校验、7 位数据、波特率因子为 16
        MOV     DX, 0FFDBH           ; 设置控制寄存器地址
        OUT     DX , AL              ; 送 8251A 线路控制字
        MOV     AL , 23H             ;
        OUT     DX , AL              ; 送 8251A 操作命令控制字
     A: IN      AL, DX               ; 读 8251A 状态字
        TEST    AL, 01               ;
        JZ      A                    ; 若发送器没有准备好，则转去继续读 8251A 状态字
        MOV     AL, [200H]           ; 若发送器准备就绪，则取发送数据
        MOV     DX , 0FFDAH          ; 设置 8251A 数据寄存器地址
        OUT     DX , AL              ; 发送数据
        HLT                          ; 暂停
```

11. 以下程序为 8250 部分初始化程序，试阅读程序，说出串行通信的通信格式，通信波特率是多少。

```
        MOV     DX , 3FBH
        MOV     AL , 80H
        OUT     DX , AL
        MOV     DX, 3F8H
        MOV     AL , 80H
        OUT     DX , AL
```

```
MOV     DX , 3F9H
MOV     AL , 01H
OUT     DX , AL
MOV     DX , 3FBH
MOV     AL , 1FH
OUT     DX , AL
```

【解】

　　1）串行通信的通信格式：1 位起始位、8 位数据位、1 位偶校验位和 2 个停止位。

　　2）通信波特率为 300bit/s。

12. 试对 8250A 编制初始化程序段，实现数据传输速率为 9600bit/s，通信格式为 8 位数据、1 位停止位、奇校验（设 8250 占用的地址为 0B60H ~ 0B63H，CPU 为 8088）。

【解】　数据传输速率为 9600bit/s，则除数应为 000CH，线路控制寄存器 = 00001011B = 0BH。

```
MOV     DX , 0B63H        ;设置线路控制寄存器地址
MOV     AL , 80H
OUT     DX , AL           ;DLAB = 1
MOV     DX , 0B60H        ;设置低位除数寄存器地址
MOV     AL , 0CH
OUT     DX , AL
MOV     DX , 0B61H        ;设置高位除数寄存器地址
MOV     AL , 00H
OUT     DX , AL           ;除数 = 000CH，对应 9600 波特率
MOV     DX , 0B63H        ;设置线路控制寄存器地址
MOV     AL , 0BH          ;
OUT     DX , AL
```

13. 下面为 8250A 的数据通信程序段，阅读后说明其功能，并给程序段加注释。

```
        MOV     AX , SEG  DATA
        MOV     DS , AX
        LEA     BX , OFFSET DATA
        MOV CX , 100
LP0 :MOV        DX , 3FDH
        IN      AL , DX
        TEST    AL , 1EH
        JNE     ERROR _ ROUTINE
        TEST    AL , 20H
        JZ      LP0
        MOV     DX , 3F8H
        MOV     AL , [BX]
        OUT     DX , AL
        LOOP    LP0
        RET
```

【解】　程序段的功能为通过 8250A 传输 100 字节数据。程序注释如下：

232

```
        MOV     AX, SEG  DATA          ; 取数据段的段基值
        MOV     DS, AX                 ; DS = 数据段的段基值
        LEA     BX, OFFSET DATA        ; BX = 数据段的偏移量
        MOV     CX, 100                ; CX = 数据传输个数 = 100
LP0:
        MOV     DX, 3FDH               ; 设置线路状态寄存器口地址
        IN      AL, DX                 ; 读线路状态寄存器
        TEST    AL, 1EH                ; 检查是否出错
        JNE     ERROR                  ; 转出错处理
        TEST    AL, 20H                ; 检查可否发送字节
        JZ      LP0                    ; 发送寄存器不为空, 则重新检查
        MOV     DX, 3F8H               ; 若发送寄存器为空, 则设置发送寄存器地址
        MOV     AL, [BX]               ; 取发送数据
        OUT     DX, AL                 ; 发送字符 (DLAB 已为 0)
        LOOP    LP0                    ; 发送数据个数减 1 且不等于 0, 则转检查线路状态寄存器
        RET
```

8.4 可编程中断控制器 8259A

8.4.1 学习指导

8259A 为中断控制器, 具有以下特点:

1) 1 片 8259A 能管理 8 级中断, 在基本不增加其他电路的情况下, 可以用 9 片 8259A 来构成 64 级的主从式中断系统。

2) 每一级中断可以被设置成屏蔽或允许, 内部有中断优先级判别电路, 可将优先级高的中断请求提供给 CPU, 能够在 CPU 响应中断请求时提供相应的中断类型码。

3) 由于 8259A 是可编程的, 因此使用起来非常灵活。在实际系统中, 可以通过编程设置 8259A 的工作方式。

4) 8259A 用 NMOS 工艺制造, 只需要一组 5V 电源。

8259A 内部主要由 8 个基本部分构成, 外部的 28 条引脚中除了电源 (Vcc) 和地线 (GND) 外, 其余的分为 3 部分: 与 CPU 连接的 14 条引脚 (D7 ~ D0、A0、$\overline{CS}$、$\overline{WR}$、$\overline{RD}$、INT、$\overline{INTA}$), 与外设连接的 8 条引脚 (IR$_7$ ~ IR$_0$) 和用于多片级联的 4 条引脚 (SP/$\overline{EN}$、CAS$_2$ ~ CAS$_0$), 如图 8-33 所示。

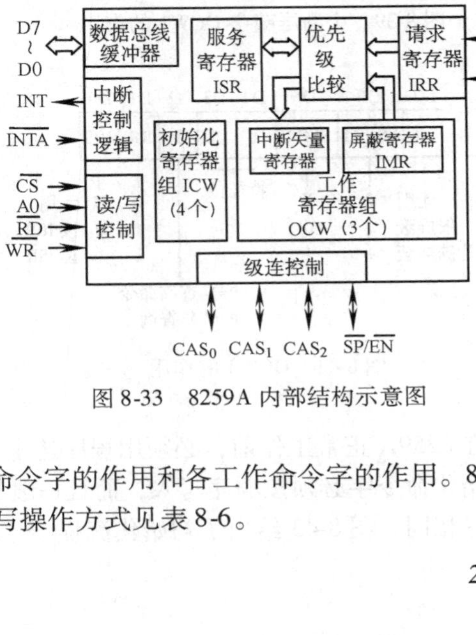

图 8-33 8259A 内部结构示意图

8259A 共有 4 个初始化寄存器组和 3 个工作寄存器组, 图 8-34 ~ 图 8-42 给出了各初始化命令字的作用和各工作命令字的作用。8259A 只占用 2 个端口地址, 各命令字和寄存器的读/写操作方式见表 8-6。

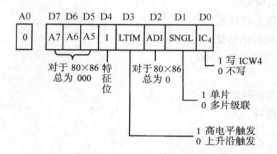

图 8-34　主初始化命令字 ICW1

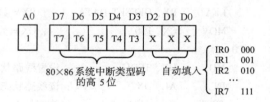

图 8-35　中断矢量命令字 ICW2

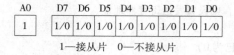

图 8-36　主片级联命令字 ICW3

图 8-37　从片级联命令字 ICW3

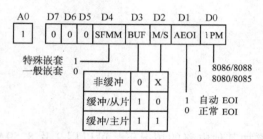

图 8-38　方式控制命令字 ICW4

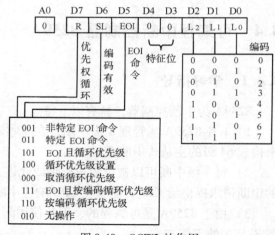

图 8-40　OCW2 的作用

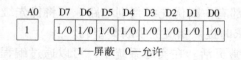

图 8-39　中断屏蔽字 OCW1 的作用

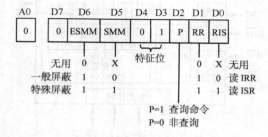

图 8-41　OCW3 的作用

图 8-42　查询操作字

在 8259A 正常工作前，必须用程序选定工作状态，即需要进行初始化工作。8259A 的 4 个初始化命令字必须按顺序写入，而且一般只需要写入一次。主片和从片需要分别初始化，且不尽相同。图 8-43 给出了初始化流程图。

表 8-6　8259A 读/写操作表

$\overline{CS}$	A0	$\overline{RD}$	$\overline{WR}$	读/写操作　（特征位）
0	0	1	0	数据总线→OCW2　（D4D3 = 00）
0	0	1	0	数据总线→OCW3　（D3D4 = 01）
0	0	1	0	数据总线→ICW1　　（D4 = 1）
0	1	1	0	数据总线→ICW2、ICW3、ICW4、OCW1
0	0	0	1	数据总线←IRR 或 ISR，或中断级别编码
0	1	0	1	数据总线←IMR

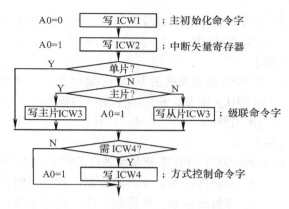

图 8-43　8259A 初始化编程流程图

8259A 在初始化编程后，可以进行工作编程，可以屏蔽或允许 $IR_7 \sim IR_0$ 中任何一个，可以设置优先级方式，可以发送中断结束命令 EOI，可以设置中断屏蔽方式，还可以读出中断请求寄存器 IRR、中断服务寄存器 ISR、中断屏蔽寄存器 IMR 和中断状态等。工作命令字和寄存器状态可以根据需要随时重复写入或读出。

注意，初始化写入顺序和地址，中断矢量装入矢量表的方法，IRR、ISR、IMR 和中断编码的读取方法，EOI 命令设置。

8.4.2　单项选择题

1. 8086/8088 CPU 的可屏蔽中断请求信号 INTR 为（　　）有效。

　　A. 高电平　　　　　B. 低电平　　　　　C. 上升沿　　　　　D. 下降沿

【解】　A

2. 8086/8088 CPU 的非屏蔽中断请求信号 NMI 为（　　）有效。

　　A. 高电平　　　　　B. 低电平　　　　　C. 上升沿　　　　　D. 下降沿

【解】　C

3. 8086/8088 CPU 响应可屏蔽中断的条件是（　　）。

　　A. IF = 0，TF = 0　B. IF = 1，TF = 1　C. IF = 0，TF 无关　D. IF = 1，TF 无关

【解】　D

4. 响应 INTR 请求不是必要条件的为（　　）。

　　A. IF = 1　　　　　B. IF = 0　　　　　C. 无 DMA 请求　D. 无 NMI 请求

【解】　B

5. IBM PC/XT 开机后，中断向量表将存放在（　　）。

　　A. ROM 地址高端　B. ROM 地址低端　C. RAM 地址高端　D. RAM 地址低端

【解】　D

6. 8086/8088 的中断向量表（　　）。

　　A. 用于存放中断类型码　　　　　　　B. 用于存放中断服务程序入口地址

　　C. 是中断服务程序的入口　　　　　　D. 是断点

【解】　B

7. 若可屏蔽中断类型号为 32H，则它的中断向量应存放在以（　　）开始的 4 字节单元中。

    A. 00032H　　　　　B. 00128H　　　　　C. 000C8H　　　　　D. 00320H

【解】 C

8. 某 8086 微机系统的 RAM 存储单元中，从 0000H：0060H 开始依次存放 23H、45H、67H 和 89H 4 字节，相应的中断类型码为（　　）。

    A. 15H　　　　　　B. 18H　　　　　　C. 60H　　　　　　D. C0H

【解】 B

9. 8086/8088 CPU 中断系统的中断优先级的顺序为（　　）。

    A. 可屏蔽中断，非屏蔽中断，内部中断

    B. 非屏蔽中断，可屏蔽中断，内部中断

    C. 内部中断，可屏蔽中断，非屏蔽中断

    D. 内部中断，非屏蔽中断，可屏蔽中断

【解】 D

10. CPU 可访问 8259A 的端口地址数为（　　）。

    A. 1 个　　　　　　B. 2 个　　　　　　C. 4 个　　　　　　D. 8 个

【解】 B

11. 外设有 46 个中断源，至少需用（　　）8259A 管理。

    A. 6 片　　　　　　B. 7 片　　　　　　C. 8 片　　　　　　D. 46 片

【解】 B

12. 用两片 8259A 级连时，系统能最多管理（　　）外部中断。

    A. 13 级　　　　　　B. 14 级　　　　　　C. 15 级　　　　　　D. 16 级

【解】 C

13. 若 8295A 工作在电平触发，单片使用，写 ICW4，则初始化命令字 ICW1 的值为（　　）。

    A. 11H　　　　　　B. 1BH　　　　　　C. 13H　　　　　　D. 1DH

【解】 B

14. 8259A 的中断屏蔽字 OCW1 在程序运行中（　　）设置。

    A. 在设置 ICW 后　　B. 只允许一次　　C. 可允许多次　　D. 仅屏蔽某中断源时

【解】 C

15. 若 8259A 的初始化命令字 ICW2 的值为 2AH，则说明 8259A 的 8 个中断源 IR0～IR7 所对应的中断类型号为（　　）。

    A. 2AH～32H　　　B. 28H～2FH　　　C. 22H～2AH　　　D. A8H～AFH

【解】 B

16. 8259A 工作在 8086/8088 模式时，初始化命令字 ICW2 用来设置（　　）。

    A. 中断向量的高 8 位　　　　　　　　B. 中断类型码的低 5 位

    C. 中断向量的高 5 位　　　　　　　　D. 中断类型码的高 5 位

【解】 D

17. 某 8259A 系统中，需对 IR7、IR3 进行屏蔽，则应将操作命令 OCW1 置为（　　）。

    A. 73H　　　　　　B. 37H　　　　　　C. 88H　　　　　　D. 77H

【解】 C

18. 8259A 的中断屏蔽寄存器为（　　）。

    A. IRR　　　　　　B. IMR　　　　　　C. ISR　　　　　　D. PR

【解】　B

19. 8259A 的中断服务寄存器为（　　）。

    A. IRR　　　　　　B. IMR　　　　　　C. ISR　　　　　　D. PR

【解】　C

20. 8259A 的中断请求寄存器为（　　）。

    A. IRR　　　　　　B. IMR　　　　　　C. ISR　　　　　　D. PR

【解】　A

21. 8259 芯片中，中断结束是指使（　　）中相应位复位的动作。

    A. IMR　　　　　　B. IRR　　　　　　C. ISR　　　　　　D. 以上都不对

【解】　C

22. 8259 芯片共有（　　）个初始化命令字。

    A. 3　　　　　　B. 4　　　　　　C. 6　　　　　　D. 7

【解】　B

23. 如果 8259 的 OCW1 = 80H，则屏蔽（　　）中断。

    A. IR7　　　　　　B. IR8　　　　　　C. IR4　　　　　　D. IR0

【解】　A

24. 8259A 操作命令字 OCW2 写入值为 20H，功能为（　　）。

    A. 正常 EOI 中断结束　　　　　　B. 自动 EOI 中断结束

    C. 在自动 EOI 时循环　　　　　　D. 在正常 EOI 时循环

【解】　A

25. 若将 8259A 的 OCW3 设置为 0AH，则其后从计算机的 20H 口中读入的是（　　）。

    A. 中断查询结果　　　　　　B. ISR 寄存器内容

    C. IMR 寄存器内容　　　　　　D. IRR 寄存器内容

【解】　D

26. 80×86 CPU 用于中断请求的输入引脚信号是（　　）。

    A. INTR 和 NMI　　B. INTA 和 NMI　　C. INTR 和 INTA　　D. INTE 和 IRET

【解】　A

27. 响应 NMI 请求的必要条件是（　　）。

    A. IF = 1　　　　　　B. IF = 0

    C. 一条指令结束且无 DMA 请求　　D. 无 INTR 请求

【解】　C

28. 下面（　　）中断的优先级最高。

    A. NMI 中断　　　B. INTR 中断　　　C. 单步中断　　　D. 断点中断

【解】　D

29. 当 8086 CPU 的 INTR = 1，且中断允许位 IF = 1 时，则 CPU 完成（　　）后，响应该中断请求，进行中断处理。

    A. 当前时钟周期　　B. 当前总线周期　　C. 当前指令周期　　D. 下一个指令周期

【解】 C

30. INT n 指令中断是（　　　　）。

A. 由外部设备请求产生   B. 由系统断电引起的

C. 通过软件调用的内部中断   D. 可用 IF 标志位屏蔽的

【解】 C

8.4.3 判断题

1. 中断传送方式下，由硬件实现数据传送，不需要处理器执行 IN 或 OUT 指令。（　　　）

2. 在中断服务程序中，可响应优先权更高的中断请求。（　　　）

3. 中断向量即中断程序的入口地址用 4 字节表示。（　　　）

4. 每一个中断向量在中断向量表中占 4 个单元。（　　　）

5. 只有中断控制标志位 IF 为 0 才可以响应可屏蔽中断 INTR。（　　　）

6. 响应非屏蔽中断 NMI 的条件是中断控制标志位 IF 必须置 1。（　　　）

7. 8086 CPU 响应中断后应将标志位 IF 和 TF 置 1。（　　　）

8. 8086/8088 CPU 的中断系统分为内部中断和外部中断两大类。（　　　）

9. 8086/8088 CPU 的外部中断分为可屏蔽中断和非屏蔽中断两大类。（　　　）

10. 80486 将内部中断称为异常。（　　　）

11. 当同时发生非屏蔽中断请求和可屏蔽中断请求时，8088 CPU 先响应非屏蔽中断请求，而 8086 CPU 先响应可屏蔽中断请求。（　　　）

12. 8086/8088 CPU 的中断向量表处于内存中的任意位置，其容量为 1KB 存储空间。（　　　）

13. 8086 响应中断的条件是执行完当前指令。（　　　）

14. 中断类型码为 12H 的中断向量存放在中断向量表内 00048H 开始的 4 个单元中。（　　　）

15. 中断向量在中断向量表中的存放格式：较低地址单元中存 CS，较高地址单元中存 IP。（　　　）

16. 8086 可处理 1K 个中断源，因为中断向量表的最大存储空间为 1KB。（　　　）

17. 一个中断控制芯片 8259 可管理 8 个中断源。（　　　）

18. 若管理 24 个中断源，则需要 3 片 8259。（　　　）

19. 某外部设备中断通过中断控制器 IR 引脚向处理器提出可屏蔽中断，只要处理器开中断就一定能够响应。（　　　）

20. 8259 的中断源 IR0 ~ IR7 为高电平有效。（　　　）

21. 通过设置 8259 的中断屏蔽寄存器 IMR 的状态就可以控制 8088 CPU 是否响应可屏蔽中断。（　　　）

22. 8259 的初始化控制字 ICW1 ~ ICW4 是必写控制字，而且只需要写入一次。（　　　）

23. 8259 的 IRR、IMR、ISR 寄存器的读操作必须先设置控制字 OCW3。（　　　）

24. 8259 的中断类型号需要写入 OCW1 中。（　　　）

25. 8259 中各寄存器是通过不同的地址区别的。（　　　）

26. CPU 对 INTR 中断请求的响应过程是执行 3 个 INTA 总线周期。（　　　）

【答案】

    1. ×   2. √   3. √   4. √   5. ×   6. ×   7. ×   8. √   9. √

10. ✓　11. ×　12. ×　13. ✓　14. ✓　15. ×　16. ×　17. ✓　18. ×
19. ×　20. ×　21. ×　22. ×　23. ×　24. ×　25. ×　26. ×

8.4.4　填空题

1. 8086 CPU 的中断系统中最多可分配中断类型码___(1)___个，中断向量表放在内存的___(2)___到___(3)___存储空间。

【解】　（1）256　（2）00000H　（3）003FFH

2. 外部中断向 8086 CPU 发出 INTR 有效的中断请求信号，若中断标志 IF = ___(1)___，则 CPU 会响应中断。

【解】　（1）1

3. 8086/8088 CPU 的中断请求信号 NMI 对应的中断类型码为___(1)___。

【解】　（1）02H

4. 某时刻中断控制器 8259A 的 IRR 内容是 08H，说明其___(1)___引脚有中断请求。某时刻中断控制器 8259A 的 ISR 内容是 08H，说明___(2)___中断正在被服务。

【解】　（1）IR3　　　　（2）IR3 请求的

5. 利用 DOS 功能调用 INT 21H 中的 25H 功能可将中断服务程序的入口地址置入中断向量表中，但是要求功能号 25H 存入___(1)___、中断类型码存入___(2)___、中断向量的 CS 存入___(3)___、中断向量的 IP 存入___(4)___，之后执行指令 INT 21H 即可。

【解】　（1）AH　（2）AL　（3）DS　（4）DX

6. 利用 DOS 功能调用 INT 21H 中的 35H 功能，可以从中断向量表中读出中断向量。具体操作方法如下：将功能号 35H 存入___(1)___、中断类型码存入___(2)___，执行指令 INT 21H，则会把中断向量的 CS 取出存入___(3)___、中断向量的 IP 取出存入___(4)___。

【解】　（1）AH　（2）AL　（3）ES　（4）BX

7. 8259A 在特殊优先级方式下，初始优先权顺序规定为___(1)___，此种方式的最大优点是___(2)___。

【解】　（1）IR0→IR7　（2）各中断源优先响应的概率完全相同

8. 8259A 允许外设中断中请求触发方式包括___(1)___和___(2)___。

【解】　（1）电平触发方式　（2）边沿触发方式

9. 8259A 的 4 个初始化命令字符 ICW1、ICW2、ICW3、ICW4 的写入方法为顺序写入，其中，___(1)___为必写初始化命令字，___(2)___为选写初始化命令。

【解】　（1）ICW1 和 ICW2　（2）ICW3 和 ICW4

10. 8259A 的 ICW1、OCW2 和 OCW3 占用一个地址，主要区别是通过对 D4D3 的设置，对于 ICW1 的 D4D3 = ___(1)___，OCW2 的 D4D3 = ___(2)___，OCW3 的 D4D3 = ___(3)___。

【解】　（1）1X　（2）00　（3）01

11. 若要对 8259A 的中断源 IR2、IR6 进行屏蔽，则应将 OCW1 设置为___(1)___。

【解】　（1）44H

12. 在 8086 CPU 系统中，设某中断源的中断类型码为 18H，中断向量为 1122H：3344H，则相应的中断向量存储在中断向量表中的偏移地址为___(1)___；从该地址开始，连续的

4 个存储单元存放的内容依次为 ___(2)___。

【解】 （1）0060H（=18H×4） （2）44H、33H、22H、11H

13. 单片 8259A 中断控制器可管理 ___(1)___ 级外部中断，使用 5 片 8259A 通过主从级联最多可扩展至 ___(2)___ 级。

【解】 （1）8 （2）36

14. 下面程序为将中断向量存入中断向量表的程序，程序中设置的中断类型号为 ___(1)___，中断向量为 ___(2)___。

```
DATA    SEGMENT
        ORG     34H
VAR     LABEL   WORD
DATA    ENDS
CODE    SEGMENT
        XOR     AX，AX
        MOV     DS，AX
        MOV     AX，1234H
        MOV     VAR，AX
        MOV     AX，5678H
        MOV     VAR+2，AX
CODE    ENDS
```

【解】 （1）0DH （2）5678H：1234H

15. 下面程序为将中断向量存入中断向量表的程序，程序中设置的中断类型号为 ___(1)___，中断向量为 ___(2)___。

```
PUSH    DS
MOV     AX，3000H
MOV     DS，AX
MOV     DX，2300H
MOV     AL，10H
MOV     AH，25
INT     21H
POP     DS
```

【解】 （1）10H （2）3000H：2300H

8.4.5 简答题

1. 微型计算机系统中引入中断有什么作用？

【解】 改变 CPU 对外部设备状态的循环查询方式，使 CPU 从主动查询变为被动响应，从而提高 CPU 的工作效率。

2. 简述子程序与中断服务程序的异同。

【解】 子程序与中断服务程序的异同对比见表 8-7。

3. 简述 8086/8088 CPU 的中断向量表构成及作用。

【解】 内存的 0 段中 1KB 空间（即 0~3FFH）作为专门存放中断向量（即中断处理程序的入口地址）的存储区被称为中断向量表。该区域最多可存放 256 个中断向量，每个中

240

断向量占用 4 字节存储单元，分别存放入口的 2 字节的段基址与 2 字节的偏移量。

4. 试述 8086/8088 CPU 的中断向量表、中断向量和中断类型码之间的关系。

【解】 中断向量存放在中断向量表中中断类型码乘 4 的 4 连续字节单元中。

表 8-7　比较子程序和中断服务程序的异同

比较	子程序	中断服务程序
相同点	均为 CPU 从当前执行的位置转去执行另一段指令，而且会自动获取程序的入口地址并转入	
不同点	在执行子程序前，CPU 会自动保护断点，即对 NEAR 保护 IP，对 FAR 保护 CS 和 IP	在执行中断服务程序前，CPU 会自动保护标志寄存器 FR 及断点的 IP 和 CS
	子程序的入口地址在调用指令中直接获得	中断服务程序的入口地址需要首先获得中断类型码 n，然后在 0 段中的 4×n 处获得
	子程序的返回指令为 RET	中断服务程序的返回指令为 IRET

5. 8086/8088 CPU 中断系统分哪两类？最多可处理多少种中断？

【解】 8086/8088 CPU 中断系统分为硬件中断（又称外部中断）和软件中断（又称内部中断）两类。8086/8088 CPU 最多可处理 256 种类型的中断。

6. 中断控制器 8259A 中 IRR、IMR 和 ISR 3 个寄存器的作用是什么？

【解】

中断请求寄存器 IRR：保存 8 条外界中断请求信号 IR0 ~ IR7 的请求状态。Di 位为 1 表示 IRi 引脚有中断请求，Di 位为 0 表示该引脚无请求。

中断屏蔽寄存器 IMR：保存对中断请求信号 IR 的屏蔽状态。Di 位为 1 表示 IRi 中断被屏蔽（禁止），Di 位为 0 表示允许该中断。

中断服务寄存器 ISR：保存正在被 8259A 服务着的中断状态。Di 位为 1 表示 IRi 中断正在服务中，Di 位为 0 表示没有被服务。

7. 单片 8259A 能够管理多少级可屏蔽中断？若用 3 片级联能管理多少级可屏蔽中断？

【解】 因为 8259A 有 8 位可屏蔽中断请求输入端，所以单片 8259A 能够管理 8 级可屏蔽中断。若用 3 片级联，即 1 片用作主控芯片，两片作为从属芯片，每一片从属芯片可管理 8 级，则 3 片级联共可管理 22 级可屏蔽中断。

8. 外部设备向 CPU 申请可屏蔽中断，但 CPU 不给予响应，其原因可能有哪些？

【解】 CPU 不给予可屏蔽中断响应的原因如下：

1）CPU 处于关中断状态，即 IF = 0。

2）该中断请求已被屏蔽。

3）该中断请求的时间太短，未能保持到指令周期结束。

4）CPU 正在响应非屏蔽中断。

5）CPU 已让出总线控制权（即正在响应 DMA 请求）。

9. 简述 8086/8088 CPU 可屏蔽中断 INTR 的中断过程。

【解】 8086/8088 CPU 可屏蔽中断 INTR 的中断过程包括以下工作：

1）外部设备向 INTR 引脚发送高电平请求信号。

2）若有多个中断请求，则需要优先级排队。

3）若此时中断允许标志 IF = 1，则 CPU 响应中断请求，自动完成如下工作：

● 状态寄存器 FR 进栈保护。

● IF 和 TF 清 0。

● 断点进栈保护。

● 获取中断类型码 n。

● 将 0 段中 4×n 开始，4 个单元内存放的相应的中断向量取出并存入 IP 和 CS。

4）执行中断服务程序。

5）中断服务完成后中断返回，即断点、状态寄存器 FR 从栈区中恢复到原位置。

10. 简述 NMI 和 INTR 中断的异同点。

【解】 NMI 和 INTR 中断的异同点见表 8-8。

表 8-8　NMI 和 INTR 的异同

	NMI	INTR
相同点	均为外部硬中断，均需向 CPU 发出中断请求信号	
不同点	称为非屏蔽中断，不受中断允许标志 IF 的控制	称为可屏蔽中断，受中断允许标志 IF 的控制
	中断请求信号为一上升沿脉冲信号	中断请求信号为高电平信号
	无中断响应信号输出	有中断响应信号 INTA 输出

11. 8259A 有几个初始化命令字？几个工作命令字？在初始化程序中至少要写入几个命令字？

【解】

1）8259A 有 4 个初始化命令字：ICW1、ICW2、ICW3、ICW4。

2）8259A 有 3 个工作命令字：OCW1、OCW2、OCW3。

3）8259A 在初始程序中至少要写入 2 个初始化命令字：ICW1、ICW2。

12. 8259A 在什么情况下使用 OCW2？8259A 在什么情况下使用 OCW3？

【解】

1）在设置 8259A 的中断命令和优先级方式时使用 OCW2。

2）当设置 8259A 的屏蔽方式或读 IRR、ISR 和查询中断状态时使用 OCW3。

13. 8259A 中 ICW1、OCW2、OCW3 中共享同一个地址，如何区分它们？

【解】 ICW1 中 D_4 = 1、OCW2 中 $D_4 D_3$ = 00、OCW3 中 $D_4 D_3$ = 01。

14. 如何将 IF 置成高电平？IF = 1 的作用是什么？

【解】 STI 指令可以将 IF 置成高电平，其作用为允许 CPU 响应可屏蔽中断请求。

15. 试阐述 8259A 的功能及特点。

【解】 8259A 为中断管理器，最多可以管理 8 个中断源，可以单片工作，也可以多片级联，可达到最多管理 64 级中断源。8259A 可以通过内部的 IRR 记录中断源中断请求的状态，可以通过 IMR 屏蔽中断源向 CPU 发出中断请求，内部具有中断优先级排队功能，能够设置屏蔽方式、中断源请求信号形式、中断优先级、中断结束方式等。

16. 8259A 的中断屏蔽寄存器 IMR 与 8086 中断允许标志 IF 有什么区别？

【解】 IF 是 8086 微处理器内部标志寄存器 FR 的一位，若 IF = 0，则 8086 就不响应外部可屏蔽中断请求 INTR 的请求信号。8259A 中的中断屏蔽寄存器 IMR 用来禁止 8 个中断源向 8086/8088 CPU 申请中断。

17. 8259A 初始化编程过程完成哪些功能？这些功能由哪些 ICW 设定？

【解】 初始化编程用来确定 8259A 的工作方式，共有 4 个初始化命令字，分别装入 ICW1～ICW4 内部寄存器，其功能如下：

1）ICW1 确定 8259A 工作的环境：处理器类型、中断控制器是单片还是多片、请求信号的电特性。

2）ICW2 用来指定 8 个中断请求的类型码。

3）ICW3 在多片 8259A 系统中确定主片与从片的连接关系。

4）ICW4 用来确定中断处理的控制方法：中断结束方式、嵌套方式、数据线缓冲等。

18. 8259A 的初始化命令字和操作命令字有什么区别？它们分别对应于编程结构中哪些内部寄存器？

【解】

1）8259A 的工作方式通过数据总线向其写入初始化命令字来确定。初始化命令字分别装入 ICW1～ICW4 内部寄存器，一般系统运行时只需要设置一次。

2）8259A 在工作过程中，可以通过数据总线向其写入操作命令字来控制它的工作状态。操作命令字分别装入 OCW1～OCW3 内部寄存器中。

3）8259A 占用两个端口地址，不同的命令字对应不同的端口，通过特征位或设置顺序来区别对不同的命令字的操作。

19. 下列程序段为 8259A 初始化程序，试分析 8259A 的工作状态。

```
        CLI
        MOV     AL, 1BH
        OUT     42H, AL
        MOV     AL, 1EH
        OUT     43H, AL
        MOV     AL, 1FH
        OUT     43H, AL
```

【解】

1）第一个 1BH 为 ICW1，用于设置 8259A 的工作方式：IR 为电平触发、单片 8259A 工程系统、需要 ICW4。

2）第二个 1EH 为 ICW2，用于设置中断类型码，本片 8259A 的中断类型码为 18H～1FH。

3）第三个 1FH 为 ICW4，用于设置 8259A 工作在特殊嵌套、带缓冲主片、自动中断结束、8086 系统。

8.4.6　应用题

1. 试编制程序段实现将中断向量装入中断向量表。设中断类型码为 08H，中断服务程序的入口地址 CS = 3000H，IP = 2300H。

【解】 中断向量装入中断向量表可以采用以下 3 种方法，即程序赋值法、串操作指令定义法、DOS 功能调用法。

（1）程序赋值法

利用 MOV 指令实现将中断向量装入中断向量表的相应位置，程序段如下所示：

```
PUSH    DS
XOR     AX, AX      ; AX = 0
MOV     DS, AX      ; DS 指向 0000H 段
MOV     AX, 2300H   ; 取中断服务的偏移量
MOV     [20H], AX   ; 20H = 4×08H
MOV     AX, 3000H   ; 取中断服务的段基值
MOV     [22H], AX   ; 22H = 4×08H + 2
POP     DS
```

（2）串操作指令定义法

利用串操作指令 STOSW，将中断向量装入中断向量表的相应位置，程序段如下所示：

```
CLI
SUB     AX, AX
MOV     ES, AX      ; 段地址清零
MOV     DI, 20H     ; 20H = 4×08H
MOV     AX, 2300H
CLD                 ; 设定指针增址
STOSW               ; 装入偏移量
MOV     AX, 3000H
STOSW               ; 装入段基值
STI
```

（3）DOS 功能调用法

利用 DOS 功能调用 INT 21H 中的 25H 号功能，其要求：功能号 25H 存入 AH，中断类型码存入 AL，中断向量的 CS 存入 DS，中断向量的 IP 存入 DX，之后执行指令 INT 21H 即可。程序段如下所示：

```
PUSH    DS
MOV     AX, 3000H
MOV     DS, AX
MOV     DX, 2300H   ; 将中断向量的 CS 和 IP 值赋给 DS 和 DX
MOV     AL, 08H     ; 将中断类型码赋给 AL
MOV     AH, 25H     ; 将 DOS 调用功能号赋给 AH
INT     21H         ; 执行 DOS 中断功能，将 DS：DX 中的值赋给中断类型码
                    ; 所对应的中断向量表中
POP     DS
```

2. 试编制程序实现将 8259A 的中断屏蔽寄存器 IMR 的工作状态读出，并存入 BUF 指定的内存单元中。设 8259A 的口地址为 180H、181H。

【解】 8259A 可以用 IN 指令读中断屏蔽寄存器 IMR，从而获得中断屏蔽的状态。由于 IMR 与 IRR、ISR 和中断识别编码共同占用 1 个偶地址（A0 = 0），区别它们是靠对 OCW3 定义，也就是说，读 IMR 的状态需要两步，首先应写入 OCW3 指明将要读 IMR 的状态，再用 IN 指令从偶地址（A0 = 0）进行读操作。下面为实现读出 IMR 状态的程序段。

```
        ; 设置数据指针
        MOV     AX, SEG BUF      ; 取指针的段基值
        MOV     DS, AX
        MOV     BX, OFFSET BUF   ; 取指针的偏移量
        ; 读 IMR, 并保存
        MOV     DX, 181H         ; 设置奇地址
        IN      AL, DX           ; 取 IMR
        MOV     [BX], AL         ; 存入内存
```

3. 编制程序实现查询 IRR, 如果有中断请求, 则使 BX = 0FFH; 如果无中断请求, 则使 BX = 00H。设 8259A 的口地址为 180H、181H。

【解】 8259A 可以用 IN 指令读中断请求寄存器 IRR, 从而获得中断请求的状态。由于 IRR 与 ISR 和中断识别编码共同占用 1 个偶地址 (A0 = 0), 区别它们是靠 OCW3 的定义, 也就是说, 读 IRR 的状态需要两步, 首先应写入 OCW3 指明将要读 IRR 的状态, 再用 IN 指令从偶地址 (A0 = 0) 进行读操作。下面为实现读出 IRR 状态的程序段。

```
        MOV     DX, 180H         ; 设置偶地址
        MOV     AL, 0000 1010B
        ; 设置 OCW3, 其中 D4D3 = 01 为特征位, 区别于 ICW1 和 OCW2
        OUT     DX, AL           ; D1D0 = 10 为即将读取 IRR 的内容
        IN      AL, DX           ; 取 IRR
        CMP     AL, 00H
        JZ      LP1
        MOV     BX, 0FFH
        JMP     LP2
LP1:    MOV     BX, 00H
LP2:        :
            :
```

4. 试编制程序实现将 8259A 的中断服务寄存器 ISR 的工作状态读出, 并存入 BUF 指明的内存单元中。设 8259A 的口地址为 180H、181H。

【解】 8259A 可以用 IN 指令读中断服务寄存器 ISR, 从而获得中断服务的状态。由于 ISR 与 IRR 和中断识别编码共同占用 1 个偶地址 (A0 = 0), 区别它们是靠对 OCW3 定义, 也就是说, 读 ISR 的状态需要两步, 首先应写入 OCW3 指明将要读 ISR 的状态, 再用 IN 指令从偶地址 (A0 = 0) 进行读操作。下面为实现读出 ISR 状态的程序段。

```
        ; 设置数据指针
        MOV     AX, SEG BUF      ; 取指针的段基值
        MOV     DS, AX
        MOV     BX, OFFSET BUF   ; 取指针的偏移量
        MOV     DX, 180H         ; 设置偶地址
        MOV     AL, 0000 1010B
        ; 设置 OCW3, 其中 D4D3 = 01 为特征位, 区别于 ICW1 和 OCW2
        MOV     AL, 0000 1011B   ; 设置 OCW3, 其中 D1D0 = 11 为即将读取 ISR 的内容
        OUT     DX, AL
        IN      AL, DX           ; 取 ISR
```

```
        MOV     [BX], AL        ; 存入内存
        INC     BX              ; 指针增 1
```

5. 试编制程序实现将 8259A 的中断识别编码的工作状态读出，并存入 BUF 指明的内存单元中。设 8259A 的口地址为 180H、181H。

【解】 8259A 可以用 IN 指令读中断识别编码，从而获得中断识别编码的状态。由于中断识别编码与 IRR 和 ISR 共同占用 1 个偶地址（A0 = 0），区别它们是靠对 OCW3 定义，也就是说读中断识别编码的状态需要两步，首先应写入 OCW3 指明将要读中断识别编码的状态，再用 IN 指令从偶地址（A0 = 0）进行读操作。下面为实现读出中断识别编码的程序段。

```
        ; 设置数据指针
        MOV     AX, SEG BUF     ; 取指针的段基值
        MOV     DS, AX
        MOV     BX, OFFSET BUF  ; 取指针的偏移量
        MOV     DX, 180H        ; 设置偶地址
        MOV     AL, 0000 1010B
        ; 读中断识别编码并保存，口地址仍为 180H，OCW3 中 D2 = 1 为即将读取中断识别编码
        MOV     AL, 0000 1100B
        OUT     DX, AL
        IN      AL, DX          ; 取中断识别编码
        MOV     [BX], AL        ; 存入内存
        INC     BX              ; 指针增 1
```

6. 下面是对一个主从式 8259A 系统进行初始化的程序段。请对以下程序段加上注释，并具体说明各初始化命令字的含义。

主片初始程序：

```
        M82590  EQU 40H
        MOV     AL, 11H
        MOV     DX, M82590
        OUTDX, AL               ; (1)
        MOV     AL, 08H
        INC     DX
        OUTDX, AL               ; (2)
        MOV     AL, 04H
        OUTDX, AL               ; (3)
        MOV     AL, 01H
        OUTDX, AL               ; (4)
```

从片初始化程序：

```
        S82590  EQU 90H
        MOV     DX, S82590
        MOV     AL, 11H
        OUTDX, AL               ; (5)
        MOV     AL, 70H
        INC     DX
        OUTDX, AL               ; (6)
```

246

```
        MOV     AL, 02H
        OUT     DX, AL          ; (7)
        MOV     AL, 01H
        OUT     DX, AL          ; (8)
```

【解】

（1）设 ICW1，中断请求信号为上升沿，级联方式，需设 ICW4。

（2）设 ICW2，中断类型码基值为 08H。

（3）设 ICW3，IR2 与从片的 INT 相连。

（4）设 ICW4，正常的完全嵌套，非缓冲方式；正常中断结束，8086/8088 方式。

（5）同主片 ICW1。

（6）设 ICW2，中断类型码基值为 70H。

（7）设 ICW3，从片 INT 与主片的 IR2 相连。

（8）同主片 ICW4。

7. 8088 系统中有一片 8259A，其占用地址为 0F0H ~ 0F1H，采用非缓冲，一般嵌套，电平触发，普通中断结束，中断类型号为 80H ~ 87H，禁止 IR3、IR4 中断，试写出 8259A 的初始化程序段。

【解】 8259A 初始化编程流程要求，需要按顺序送 ICW1、ICW2、由于是单片，因此不送 ICW3，需要先送 ICW4，然后送 OCW1。注意，只有 ICW1 送入偶地址（0F0H），其余送入奇地址（0F1H）。

初始化程序段：

```
        MOV     AL, 0001 1001B   ; ICW1：电平触发、单片、需要 ICW4
        OUT     0F0H, AL         ; 写入 ICW1
        MOV     AL, 1000 0000B   ; ICW2 = 80H
        OUT     0F1H, AL         ; 写入 ICW2
        MOV     AL, 0000 0101B   ; ICW4：一般完全嵌套、不带缓冲、正常中断结束、8086 系统
        OUT     0F1H, AL         ; 写入 ICW4
        MOV     AL, 00011000B    ; IR₃ 和 IR₄ 中断禁止
        OUT     0F1H, AL         ; 写入 OCW1
```

8. 若 8088 系统在中断服务程序中发中断结束命令，用指令如何实现？这一中断结束命令的作用是什么？设系统中 8259A 占用的地址为 1F0H ~ 1F1H。

【解】 OCW2 = 0010 0000B 中 D5 = 1 为 EOI 中断结束命令，将使中断服务寄存器 ISR 中相应位复位。D4 D3 = 00 表示 OCW2 区别于 OCW3（D4 D3 = 01）和 ICW1（D4 = 1）。

发中断结束命令 EOI 程序如下：

```
        MOV     DX, 1F0H         ; 口地址为偶地址
        MOV     AL, 20H          ; 送 EOI 命令
        OUT     DX, AL
```

9. 试编制程序实现将 8259A 的各种工作状态（包括 IMR、IRR、ISR 和中断识别编码）读出，并存入 BUF 指明的内存单元中。设 8259A 的口地址为 180H、181H。

【解】 8259A 可以用 IN 指令读中断屏蔽寄存器 IMR，从而获得中断屏蔽的状态。可以读中断请求寄存器 IRR，来查看有哪几个中断源在申请中断。也可以通过读中断服务寄存器 ISR

来了解 CPU 挂起了哪些中断。还可以通过查询中断识别编码，实现查询方式的中断管理。IMR、IRR、ISR 和中断识别编码一般需要 4 个地址来区别，但是 8259A 只有 2 个口地址。解决的方法为 IMR 占用 1 个奇地址（A0 = 1），IRR、ISR 和中断识别编码共同占用 1 个偶地址（A0 = 0），而它们的区别是靠对 OCW3 定义。也就是说，读它们需要两步，首先应写入 OCW3 指明将要读谁，然后用 IN 指令进行读操作。下面编程实现读出 IMR、IRR、ISR 和中断识别编码，并存入内存中。设 8259A。

```
        ; 设置数据指针
        MOV     AX, SEG BUF     ; 取指针的段基值
        MOV     DS, AX
        MOV     BX, OFFSET BUF  ; 取指针的偏移量
        ; 读 IMR, 并保存
        MOV     DX, 181H        ; 设置奇地址
        IN      AL, DX          ; 取 IMR
        MOV     [BX], AL        ; 存入内存
        INC     BX              ; 指针增 1
        ; 读 IRR, 并保存, 口地址为 180H
        MOV     DX, 180H        ; 设置偶地址
        MOV     AL, 0000 1010B
        ; 设置 OCW3, 其中 D4D3 = 01 为特征位, 区别于 ICW1 和 OCW2
        OUT     DX, AL          ; D1D0 = 10 为即将读取 IRR 的内容
        IN      AL, DX          ; 取 IRR
        MOV     [BX], AL        ; 存入内存
        INC     BX              ; 指针增 1
        ; 读 ISR 并保存, 口地址仍为 180H, 设置 OCW3, 其中 D1D0 = 11 为即将读取 ISR 的内容
        MOV     AL, 0000 1011B
        OUT     DX, AL
        IN      AL, DX          ; 取 ISR
        MOV     [BX], AL        ; 存入内存
        INC     BX              ; 指针增 1
        ; 读中断识别编码并保存, 口地址仍为 180H, OCW3 中 D2 = 1 为即将读取中断识别编码
        MOV     AL, 0000 1100B
        OUT     DX, AL
        IN      AL, DX          ; 取中断识别编码
        MOV     [BX], AL        ; 存入内存
        INC     BX              ; 指针增 1
```

第二部分 实 验 指 导

第9章 汇编语言程序的建立方法

本章主要以 MASM 6.11 宏汇编为编程环境，介绍汇编语言程序的设计和开发过程，学习用汇编语言编程来解决实际问题的方法，并对 Windows 下汇编语言程序集成开发系统未来汇编 FASM（Future Assembler）的使用方法进行简要介绍。

9.1 汇编语言程序的编程环境

在通用计算机系统上建立汇编语言程序，需要的软件开发环境如下：

1）文本编辑程序 EDIT（或 Windows 下的记事本、Word 等）。

2）汇编程序 MASM（或 TASM. exe）。

3）连接程序 LINK（或 TLINK. exe）。

4）调试程序 DEBUG（或 TD. exe）。

9.2 汇编语言程序的建立过程

汇编程序从源程序的编写到在机器上运行，需要经过如图 9-1 所示的几个步骤。

9.2.1 编辑源程序（建立 ASM 源程序文件）

汇编源程序可调用计算机系统中任一文本文件编辑器来进行编辑和修改。常用的编辑器有 DOS 下的 EDIT 和 Windows 下的记事本、写字板、Word 等，但源文件扩展名必须为 ASM。

这里给出 HELLO. ASM 文件的汇编语言源程序代码：

```
STACK     SEGMENT PARA STACK 'STACK'
          DB       100 DUP（?）
STACK     ENDS
DATA      SEGMENT
```

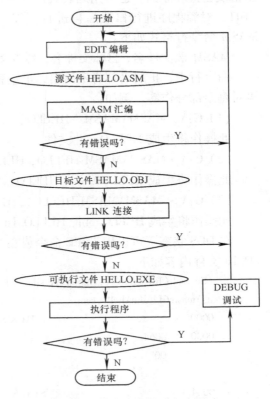

图 9-1 汇编程序的开发流程

```
BUF         DB          'HELLO WORLD! ', '$'
DATA        ENDS
CODE        SEGMENT
            ASSUME CS: CODE, DS: DATA, SS: STACK
START:      MOV AX, DATA
            MOV DS, AX
            MOV         DX, OFFSET BUF
            MOV         AH, 09H
            INT         21H                    ; 显示'HELLO WORLD! '
            MOV         AH, 4CH
            INT         21H                    ; 返回 DOS
CODE        ENDS
            END         START
```

9.2.2 汇编程序（用 MASM 命令产生 OBJ 目标文件）

当源程序编写好后，可用 MASM 命令来汇编该源程序，可得到目标文件（＊.obj）、列表文件（＊.lst）和交叉索引文件（＊.crf）等。如果源程序没有语法错误，那么将生成目标文件（＊.obj），为最终生成可执行文件做准备。如果源程序有错误，则汇编程序将显示出错误位置和原因，也可用列表文件（＊.lst）来查看出错位置和原因，然后调用编辑程序 EDIT，对源程序进行修改后再进行汇编，直到汇编通过，得到没有语法错误的 obj 文件。MASM 命令行格式如下：

MASM 源文件名，目标文件名，列表文件名，交叉索引文件名；

命令行中，扩展名都可不给出，汇编程序会按默认情况使用或产生。行末的分号表示不再对剩余部分作答。例如：

（1）C:\＞MASM\MASM HELLO

此操作将生成 HELLO.obj 文件。

（2）C:\＞MASM\MASM HELLO, HELLO1, HELLO2, HELLO3

此操作将生成 HELLO1.obj、HELLO2.lst、HELLO3.crf 等文件。

（3）C:\＞MASM\MASM HELLO, , , HELLO

此操作将生成 HELLO.obj、HELLO.lst、HELLO.crf 等文件。

在 DOS 状态下可以用 TYPE 命令或在 Windows 下用记事本查看 LST 和 CRF 文件。HELLO.lst 文件内容如下：

```
Microsoft(R) Macro Assembler Version 6.11        08/30/07 13:54:40
c:\masm611\out\hello.asm                         Page 1－1
0000                            STACK SEGMENT PARA STACK 'STACK'
0000     0064[                  DB   100 DUP(?)
         00
         ]
0064                            STACK         ENDS
0000                            DATA          SEGMENT
```

```
0000    48 45 4C 4C 4F 20      BUF          DB    'HELLO WORLD!',' $ '
        57 4F 52 4C 44 21
        24
000D                          DATA         ENDS
0000                          CODE         SEGMENT
                                           ASSUME CS:CODE, DS:DATA, SS:STACK
0000    B8---R        START:                MOV AX, DATA
0003    8E  D8                              MOV DS, AX
0005    BA  0000 R                          MOV   DX, OFFSET BUF
0008    B4  09                              MOV   AH, 09H
000A    CD  21                              INT   21H    ;显示'HELLO WORLD!'
000C    B4  4C                              MOV AH, 4CH
000E    CD  21                              INT   21H    ;返回 DOS
0010                          CODE          ENDS
                                            END    START
```

Microsoft (R) Macro Assembler Version 6. 11   08/30/07 13:54:40

c:\masm611\out\hello. asm   Symbols 2 – 1

Segments and Groups:

Name	Size	Length	Align	Combine	Class
CODE.	16 bit	0010	Para	Private	
DATA.	16 bit	000D	Para	Private	
STACK.	16 bit	0064	Para	Stack	'STACK'

Symbols:

Name	Type	Value	Attr
BUF.	Byte	0000	DATA
START	L Near	0000	CODE

```
        0 Warnings
        0 Errors
```

9.2.3 连接程序（用 LINK 命令产生 EXE 可执行文件）

经汇编以后产生的 OBJ 目标程序文件并不是可执行程序文件，必须经过用 LINK 将一个或几个 ＊.obj 文件（以及可能需要的 ＊.lib 库文件）进行连接，生成一个 ＊.exe 可执行文件，同时可生成内存映像文件（ ＊.map）。LINK 命令行格式如下：

LINK 目标文件名,执行文件名,内存映像文件名,库文件名;

命令行中，扩展名都可不给出，汇编程序会按默认情况使用或产生。若只想对部分提示给出回答，则在相应位置用逗号隔开。行末的分号表示不再对剩余部分作答。例如：

C:\ > MASM\LINK HELLO   ;仅生成 HELLO. exe
C:\ > MASM\LINK HELLO,,   ;生成 HELLO. exe,HELLO. map
C:\ > MASM\LINK HELLO,, HELLO   ;生成 HELLO. exe(默认值)、HELLO. map

同样,HELLO. MAP 文件内容可以用记事本来查看,该文件记录了源程序中 3 个逻辑段的起始地址、终止地址和逻辑段长度等信息:

Start	Stop	Length	Name	Class
00000H	00063H	00064H	STACK	STACK
00070H	0007CH	0000DH	DATA	
00080H	0008FH	00010H	CODE	

Detailed map of segments

...

Program entry point at 0008:0000

9.2.4 执行程序

可执行文件 HELLO. EXE 建立后，就可以在 DOS 下运行。具体操作如下：

    C:\MASM\HELLO

若程序有结果显示，则在屏幕上可以直接看到。若不显示结果，则只能通过 DEBUG 等调试工具来查看运行结果。实际上，大部分程序需要用调试程序来发现和纠正错误，再经过编辑、汇编、链接，最终得到正确的结果。

9.3 调试程序 DEBUG 的使用

DEBUG 程序是专门为分析和调试汇编语言程序而设计的一种调试工具。它能使程序设计者接触到机器内部，具有跟踪程序执行、观察中间运行结果、显示和修改寄存器或存储单元内容、装入或显示、修改任何文件、完成磁盘读/写等多种功能。

9.3.1 DEBUG 程序调用

DEBUG 程序的调用格式如下：

    C:\ MASM\ > DEBUG [drive:][path][filename][. ext][param ...]

其中，[ ] 为可选项，drive 为 DEBUG 将要调试的文件所在的磁盘驱动器。path 是待调试的文件所在的子目录路径，若未指定，则使用当前目录。[filename] [. ext] 是 DEBUG 将要调试的文件，其中 . ext 可为任意文件形式，但通常为可执行文件 ∗. exe 或 ∗. com。param 是待调试程序（或文件）的命令行参数。例如：

（1）C:\MASM\ > DEBUG

该命令行直接启动 DEBUG。

（2）C:\MASM\ > DEBUG HELLO. exe

该命令行启动 DEBUG 程序的同时装入待调试文件，DEBUG 把指定文件调入内存。这时，可以通过各种 DEBUG 命令对该文件进行调试。

当 DEBUG 程序启动后，屏幕上会出现 "－" 提示符，等待输入 DEBUG 命令。

9.3.2 DEBUG 命令的有关规定

DEBUG 各命令均以单个英文字母的命令符开头，然后是命令操作参数。参数与参数之间用空格或逗号隔开，参数与命令符之间用空格隔开，按〈Enter〉键后 DEBUG 命令开始执行。命令及参数的输入可以是大小写字母的结合。按 < Ctrl + Pause Break > 组合键可中止命令的执行。按 < Ctrl + NumLock > 键可暂停屏幕卷动，按任一键继续。所用的参数均为十六进制数，数后不用写 H。

9.3.3 DEBUG 的主要命令

1. 退出 DEBUG 命令 Q

在 DEBUG 命令提示符 " – " 下输入 "Q" 命令，即可结束 DEBUG 的运行，返回 DOS 操作系统。

格式：Q

功能：退出 DEBUG，返回到操作系统。

2. 汇编命令 A

格式：A［起始地址］

功能：该命令允许输入汇编语言语句，并能把它们汇编成机器代码，相继地存放在从指定地址开始的存储区中。参数缺省时，表示从当前地址开始输入汇编语言指令。

3. 显示、修改寄存器命令 R

显示、修改寄存器命令 R 有以下两种格式：

格式 1：R［寄存器名］

格式 2：RF

功能：格式 1 中若给出 16 位寄存器名，则显示该寄存器的内容并可进行修改。其缺省寄存器名，则显示当前所有寄存器内容、状态标志及将要执行的下一条指令的地址（即 CS：IP）、机器指令代码及汇编语句形式，如图 9-2 所示。

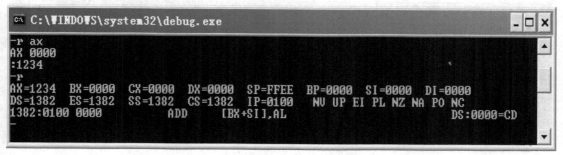

图 9-2　显示并修改寄存器内容

例如，用 – R AX 命令，将显示 AX 的内容，之后可以通过输入新值修改 AX 内容，效果如图 9-2 所示。图 1-2 中显示 AX 初始值 0000H，在冒号 "："后改为新值 1234H。

格式 2 可显示和修改状态标志寄存器 FLAG 的各标志位，其中对状态标志寄存器 FLAG 以状态标志位的形式显示，见表 9-1。

表 9-1　状态标志位显示形式

标　志　名		置位（ =1）	复位（ =0）
溢出（有/无）	OF	OV	NV
方向（减/增）	DF	DN	UP
中断（允许/屏蔽）	IF	EI	DI

标　志　名		置位（=1）	复位（=0）
符号（负/正）	SF	NG	PL
零（是/否）	ZF	ZR	NZ
辅助进位（有/无）	AF	AC	NA
奇偶（偶/奇）	PF	PE	PO
进位（有/无）	CF	CY	NC

4. 显示内存单元内容命令 D

显示内存单元内容命令 D 有以下两种格式：

格式 1：D［起始地址］

格式 2：D［起始地址］［结束地址］

该命令将显示内存单元的地址、内存单元的内容（一行最多显示 16 字节）和与内存单元内容相对应的可显示字符，不可显示的字符以圆点"."表示，如图 9-3 所示。屏幕左边为每行的首地址（段：偏移量）。中间为内容单元内容（十六进制数），右边为相应可显示字符。

格式 1 命令从起始地址开始显示 80H 字节。起始地址缺省时，从上一个 D 命令所显示的最后一个单元的下一个单元开始显示；若以前没有使用过 D 命令，则从 DEBUG 初始化时的地址（段：偏移量）开始。

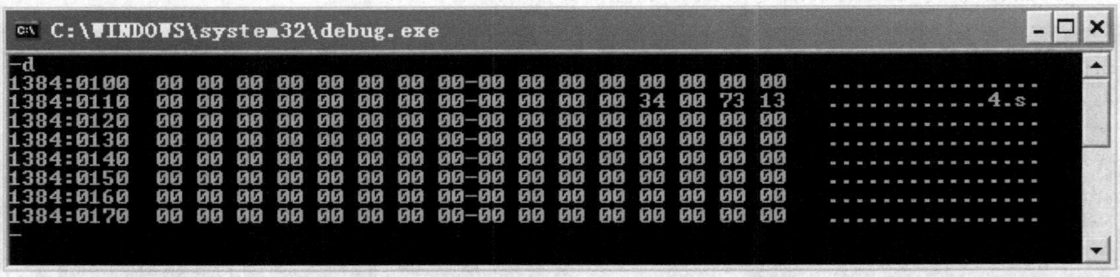

图 9-3　D 命令显示内存单元

格式 2 命令显示该范围内内存单元的内容。在范围中包含起始地址和结束地址。若输入的起始地址中未含段地址部分，则 D 命令认为段地址在 DS 中。输入的结束地址中只允许有偏移量，如：

　－ D 1384：0100 010F

该命令将显示 13940H～1394FH 单元内容。

5. 修改存储单元命令 E

格式 1：E［起始地址］［内容表］

格式 2：E［地址］

功能：格式 1 按内容表的内容修改从起始地址开始的多个存储单元内容，即用内容表指定的内容来代替存储单元当前内容。例如：

－E DS：0100 12 34 'ABC'

该命令表示从 DS：0100 为起始单元的连续 5 个字节单元内容依次被修改为 12H、34H、'A'、'B'、'C'。图 9-4 所示为用 D 命令显示的 E 命令修改后的内存单元内容。

格式 2 是逐个修改指定地址单元的当前内容。例如：

　　　　－E DS：0100

屏幕显示：

1384：0100 12 56

其中，1384：0100 单元原来的值是 12H，56H 为输入的修改值。若只修改一个单元的内容，则按〈Enter〉键即可；若还想继续修改下一个单元内容，此时应按空格键，就显示下一个单元的内容，需修改就输入新的内容，不修改再按空格跳过，如此重复直到修改完毕，按〈Enter〉键返回 DEBUG "－"提示符。如果在修改过程中，将按空格键换成按〈或〉键，则表示可以修改前或后一个单元的内容。

```
C:\WINDOWS\system32\debug.exe                                    _ □ ×
-d ds:0100
1384:0100   12 34 41 42 43 00 00 00-00 00 00 00 00 00 00 00   .4ABC...........
1384:0110   00 00 00 00 00 00 00 00-00 00 00 34 00 73 13   ...........4.s.
1384:0120   00 00 00 00 00 00 00 00-00 00 00 34 00 73 13   ...........4.s.
1384:0130   00 00 00 00 00 00 00 00-00 00 00 00 00 00 00 00
1384:0140   00 00 00 00 00 00 00 00-00 00 00 00 00 00 00 00
1384:0150   00 00 00 00 00 00 00 00-00 00 00 00 00 00 00 00
1384:0160   00 00 00 00 00 00 00 00-00 00 00 00 00 00 00 00
1384:0170   00 00 00 00 00 00 00 00-00 00 00 00 00 00 00 00
```

图 9-4　执行 E 命令后的内存单元内容

6. 跟踪命令 T

格式：T[＝地址][条数]

功能：从给定地址开始连续跟踪 n 条指令后停止，每条指令执行完后均显示寄存器内容、标志位的状态和下一条要执行的指令。其中 n 值由指令条数给出。如果输入 T 命令后直接按＜Enter＞键，则默认从 CS：IP 开始执行程序，且每执行一条指令后要停下来。

7. 运行命令 G

格式：G[＝地址 1[地址 2[地址 3...]

其中，地址 1 给出了运行程序的起始地址，如不指定，则从当前的 CS：IP 处开始运行。后面的地址 2、地址 3 等均为断点地址。若输入的地址只包含地址的偏移量，则 G 命令认为其段地址隐含在段寄存器 CS 中。当指令运行到断点时，就停止执行并显示所有寄存器的当前内容及各标志位状态，同时给出下一条将要执行的指令。例如：

　　　　－G＝1384：0100 0105

该命令表示指令从 1384：0100 开始运行到 1384：0105 暂停。例如：

　　　　－G 0105

该命令表示指令 CS：IP 开始运行到 CS：0105H 暂停。

8. 反汇编命令 U

格式 1：U[起始地址]

格式2：U［起始地址］［结束地址］

功能：反汇编命令是将机器指令翻译成符号形式的汇编语言指令。该命令将指定范围内的代码以汇编语句形式显示，同时显示地址及代码。注意，反汇编时一定要确认指令的起始地址，否则将得不到正确结果。地址及范围的默认值是上次 U 指令后下一地址的值。这样可以连续反汇编。

格式 1 从指定起始地址处开始将 32 字节的目标代码转换成汇编指令形式，若不写起始地址，则从当前 CS：IP 开始反汇编。格式 2 将指定范围的内存单元中的目标代码转换成汇编指令，如：

－U 00 0E

该命令将 CS：00H～CS：0EH 内存单元中的目标代码转换成汇编指令，如图 9-5 所示。

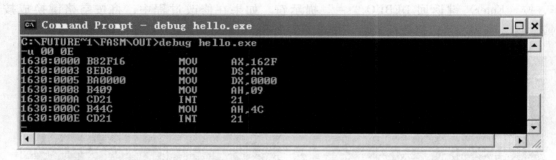

图 9-5　用 U 命令反汇编程序

9.3.4　MASM 6.11 的安装

安装宏汇编系统 MASM 6.11，运行 Setup. exe 文件即启动系统的安装过程。其安装过程与许多系统的安装大同小异，用户根据屏幕提示进行适当的选择即可。值得注意的是，MASM 6.11 除了自带调试工具 CV 以外，还带有 DOS 下的集成开发器 PWB。本章将对 Windows 下的汇编程序集成开发系统未来汇编的使用说明做介绍。

9.4　集成开发系统未来汇编的使用说明

未来汇编 FASM 可以运行在 Windows 98/2000/XP 等环境下，它集成了编辑、汇编、连接、调试等开发需要环境或工具，使汇编程序的开发过程简单明确。未来汇编的主程序界面如图 9-6 所示，其中上面窗口为源程序编辑窗，下面为信息提示窗，工具栏上的快捷键对应了一些菜单项操作。

9.4.1　系统设置

在首次使用时，应对系统进行基本设置。从菜单中选择"选项"→"程序选项"命令，可对目标程序的类型、指令模式、系统路径等进行设置。设置路径时，可以根据需要改变相关文件路径，使用户文件夹易于管理。路径设置好后，若单击"确定"按钮，则设置将被保存。

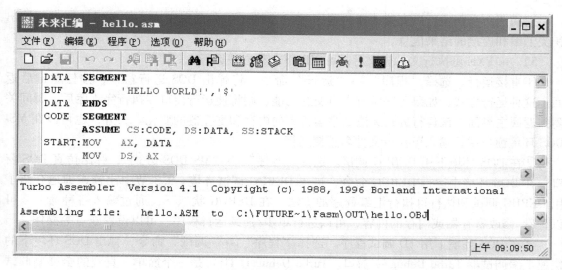

图 9-6　未来汇编的主程序界面

9.4.2　汇编程序开发的基本步骤

利用未来汇编环境开发程序的几个基本操作步骤如下：

1）运行未来汇编。

2）新建文件，录入源程序，录入完成后保存为 ∗.asm 文件。

3）选择"程序"→"编译"命令，开始对源程序汇编。汇编的结果信息将显示在信息提示窗内。图 9-7 所示为正确汇编后的提示信息。

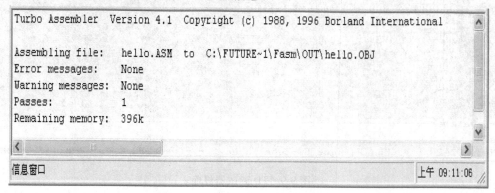

图 9-7　汇编结果提示信息

4）选择"程序"→"连接"命令，对汇编生成的 ∗.obj 目标文件进行连接，生成 ∗.exe 可执行文件。如果连接正确，则会弹出如图 9-8 所示的提示信息。

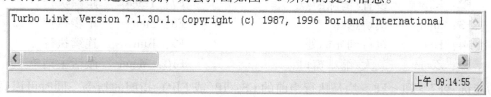

图 9-8　连接结果提示信息

上面两个步骤还可以直接选择"程序"→"建立"命令来完成。信息提示窗也将给出相关汇编和连接的结果信息。

5) ∗.EXE 可执行文件建立后，可用以下 3 种方法运行：

①直接运行。选择"程序"→"运行"命令，将弹出 DOS 运行窗口，按任意键后返回。这种运行方式，如果程序没有人机交互功能，则将使运行窗口在执行完程序后，瞬间关闭并返回主界面。该运行方式无法观察运行中的内存和寄存器的变化。另外，也可以在 MS-DOS 环境窗口中，输入可执行文件名直接运行。

②在 DOS 环境下用 DEBUG 调试。选择"程序"→"MS-DOS 方式"，弹出仿真 DOS 窗口。在 DOS 环境中运行 DEBUG 命令，进入 DEBUG 调试环境。9.3 节中比较详细地介绍了用 DEBUG 调试和执行可执行汇编程序的方法。在 DEBUG 状态下，通过输入各种命令，可以查看/修改寄存器或内存的内容，可以进行单步/连续运行程序、可以设置断点等操作。

③在 DOS 环境下用 TD 调试程序。选择"程序"→"调试"命令，弹出 DOS 环境下的快速汇编调试器 Turbo Debugger 窗口。Turbo Debuger(TD) 是一个简单、直观的全屏幕调试工具，它可以调试多种语言的源程序所生成的执行代码，也可以单步执行、设置断点、显示寄存器内容和查看内存内容等。图 9-9 所示为 TD 调试器界面。

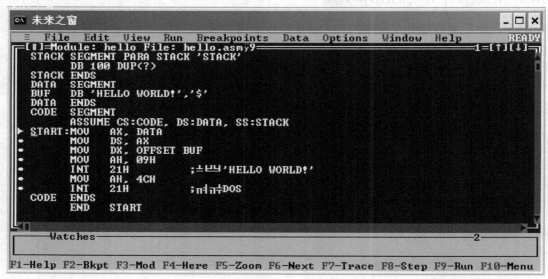

图 9-9　TD 调试器界面

TD 调试器共有 9 个子菜单，10 个功能键，具体如下：

F1：Help	显示帮助窗口		F6：Next	窗口切换
F2：Bkpt	设置/清除断点		F7：Trace	跟踪执行
F3：Mod	模块选择		F8：Step	单步执行
F4：Here	执行到光标处		F9：Run	连续执行
F5：Zoom	放大/缩小窗口		F10：Menu	激活主菜单

功能键 <F7> 和 <F8> 均是执行当前的 CS：IP(或 EIP) 指明的指令，同时可以观察到程序运行中寄存器和内存的变化。而 <F7> 键和 <F8> 键的主要区别在于，前者在遇到子

程序调用时，将进入子程序，仍保持按 < F7 > 键执行一条指令；后者把子程序看作一条指令，快速执行完后继续按 < F8 > 键执行一条指令。

功能键 < F9 > 使程序连续执行，但是不能观察到程序运行中寄存器和内存的变化。

View 子菜单中的 CPU 命令可以打开调试窗口，该窗口划分 5 个显示区。可以同时观察指令执行后的通用寄存器、段寄存器、标志寄存器、内存和栈区等内容，如图 9-10 所示。

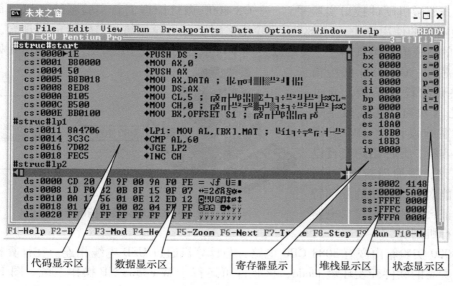

图 9-10　调试窗口

9.4.3　未来汇编的安装

未来汇编程序安装很方便，直接单击安装文件进行安装即可，安装成功后系统共由以下 5 个文件夹组成。

1）Bin：存放 FASM 本身的可执行文件。

2）Inc：存放汇编的包文件。

3）Lib：存放库文件。

4）Out：存放用户连接后的可执行文件。

5）Samples：存放扩展名为 ∗.asm 的汇编语言源程序。

第 10 章　微机硬件接口实验系统介绍

本章介绍微机硬件接口实验平台——GX-8000 微机原理创新实验系统（以下简称 GX-8000 实验箱）的使用方法。GX-8000 实验箱采用了微机原理与接口实验的新理念，既可以采用传统的集成电路接口芯片，又可以将现场可编程门阵列（FPGA）作为 80x86 处理器的外部接口芯片。GX-8000 实验箱采用模块化的设计结构，通过 FPFA 核心模块可以完成数字逻辑、数字系统设计、SOPC 等课程的扩展实验，允许用户自行设计接口电路，添加创新型实验，使用户既能对接口电路的外部特性进行验证，又能了解接口电路的内部运行机制。

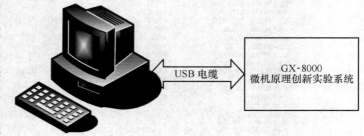

图 10-1　系统实验环境配置图

GX-8000 实验箱内嵌有 8088 CPU 电路，与计算机通过 USB 电缆相连。在计算机上还需安装实验所需的软件开发环境 icode，该软件可运行于 Windows XP 操作系统。图 10-1 所示为系统实验环境配置图。

10.1　系统简介

GX-8000 实验箱上有 FPGA 模块、I/O 译码电路、总线插孔、常用接口芯片、通用集成电路插座等，还有一些外围电路，如开关、LED 显示、七段数码管显示、单脉冲发生电路、时钟产生电路、复位电路、逻辑笔、基本门电路等。

实验箱底板主要有以下功能特点：

- 采用板载独立的 8088 处理器电路。
- 实验平台与计算机采用 USB 连接方式。
- 1 片 8255 并行输入/输出电路。
- 1 片 8253 定时/计数器电路。
- 1 片 8259A 中断电路。
- 1 片 8250 串行口电路。
- 数-模转换：1 路 8 位 DAC 输出（采用 DAC0832）。
- 模-数转换：8 路 8 位 ADC 输入（采用 ADC0809）。
- 4×4 键盘矩阵，8 个逻辑电平开关。
- 16 个 LED 指示灯，8 个共阴极七段数码管，4 个 8×8 点阵 LED（可构成 16×16 点阵）。
- 1 块 2 行×16 字符 LCD 液晶屏。
- 通信接口：1 个 RS-232 接口，1 个 RS-485 接口。

- 3 个通用 IC 插座便于扩展：1 个 40 引脚带锁紧通用插座，2 个 20 引脚通用插座。
- 地址译码电路。
- 逻辑门电路。
- 单脉冲电路（正、负脉冲输出）。
- 时钟源电路。
- 蜂鸣器电路。
- 逻辑笔电路。

10.2 实验台结构

GX-8000 实验箱平面图如图 10-2 所示（见书后插页）。

1. 电源开关

GX-8000 实验箱采用单电源供电，在实验箱左侧有一个电源开关。

2. 总线插孔

总线插孔是实验系统"总线"区域中引出的数据总线信号插孔 D7 ~ D0、地址总线信号插孔 A15 ~ A0、I/O 读信号 $\overline{\text{IOR}}$、I/O 写信号 $\overline{\text{IOW}}$、中断请求信号 INTR 和中断响应信号 $\overline{\text{INTA}}$。

3. I/O 地址译码电路

如图 10-3 所示，实验系统选用的 I/O 地址空间是 280H ~ 2BFH，由 74LS138 芯片的输出端 $\overline{\text{Y0}}$ ~ $\overline{\text{Y7}}$ 提供了 8 条地址译码输出线 $\overline{\text{CS0}}$ ~ $\overline{\text{CS7}}$，这 8 条输出线的 I/O 地址为 280H ~ 287H、288H ~ 28FH、290H ~ 297H、298H ~ 29FH、2A0H ~ 2A7H、2A8H ~ 2AFH、2B0H ~ 2B7H、2B8H ~ 2BFH。8 根地址译码输出线在实验箱"片选"区分别有插孔引出，供实验选用。

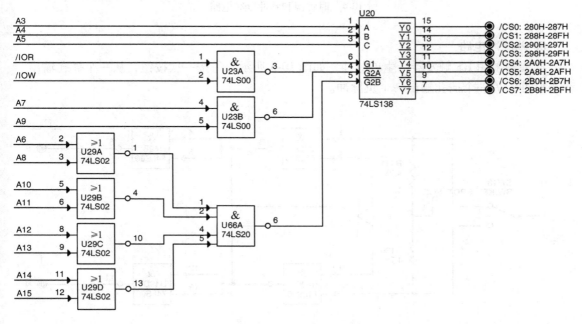

图 10-3　I/O 地址译码电路

4. 复位电路

实验箱上电后，按下复位按钮 RST 后产生一个约 3s 的正脉冲复位信号，供实验箱上其他芯片使用。

5. 时钟源和分频电路

时钟电路如图 10-4 所示，它可以输出 4MHz 的时钟信号，也可以将 fin 输入的时钟信号进行二分频、四分频、八分频……后输出。

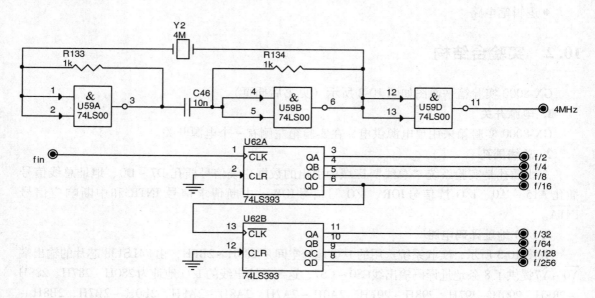

图 10-4 时钟源和脉冲分频电路

6. 单脉冲电路

实验箱采用 RS 触发器产生单脉冲，如图 10-5 所示。每按一次按钮，从一个插孔输出一个正脉冲，另一个插孔输出一个负脉冲。

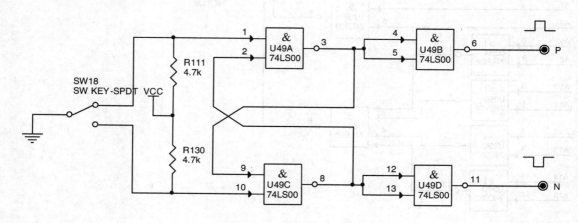

图 10-5 单脉冲电路

262

7. 逻辑笔电路

当输入端 IN 接高电平时红灯 H 亮，接低电平时绿灯 L 亮，电路如图 10-6 所示。

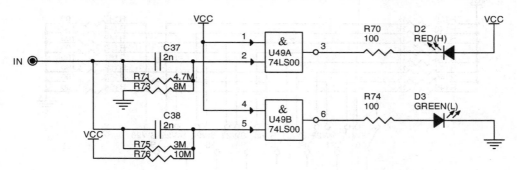

图 10-6　逻辑笔电路

8. 逻辑门电路

实验箱上有一块基本数字电路区域，设有与、或、非 3 种基本门电路，并有一个 D 触发器，可供用户自己搭建实验电路。逻辑门电路如图 10-7 所示。

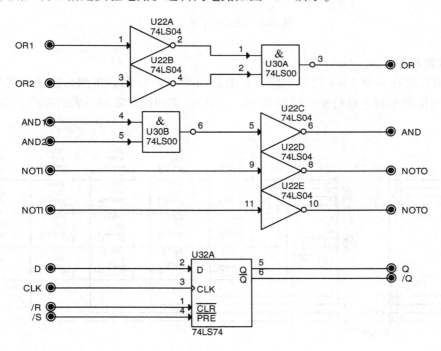

图 10-7　逻辑门电路

9. 逻辑电平开关电路

实验箱右下方有 8 个开关 S7 ~ S0，开关向上拨到 "1" 位置时输出高电平，向下拨到 "0" 位置时输出低电平。电路中连接了保护电阻，使接口电路不直接同 +5V、GND 相连，可有效防止因误操作、误编程损坏集成电路，如图 10-8 所示。

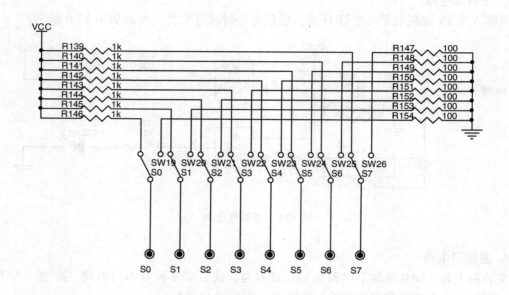

图 10-8　逻辑电平开关电路

10. 键盘矩阵

实验箱右侧有一个 4×4 键盘矩阵，其电路如图 10-9 所示。当列扫描输入信号 Co10 ~ Co13 依次为低电平时，读行输出信号 Row0 ~ Row3，读回值为零的行表示有按键按下。

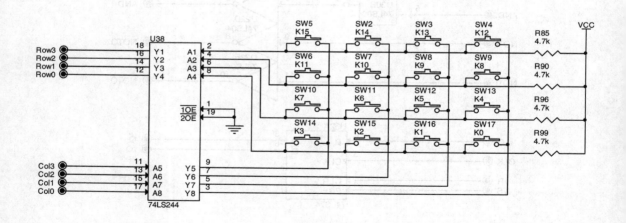

图 10-9　键盘矩阵电路

11. 电位器

实验箱左下角有一个电位器，旋动电位器旋钮，Vout 输出 0 ~ 5V 电压。

12. 蜂鸣器

实验箱左下方有一个无源蜂鸣器,其输入信号由 Pulse in 插孔接入。

13. LED 显示电路

实验箱上有 16 个发光二极管(LED),其电路如图 10-10 所示。LED 输入端为 L15 ~ L0,当输入信号为"1"时对应的 LED 亮,为"0"时对应的 LED 灭。

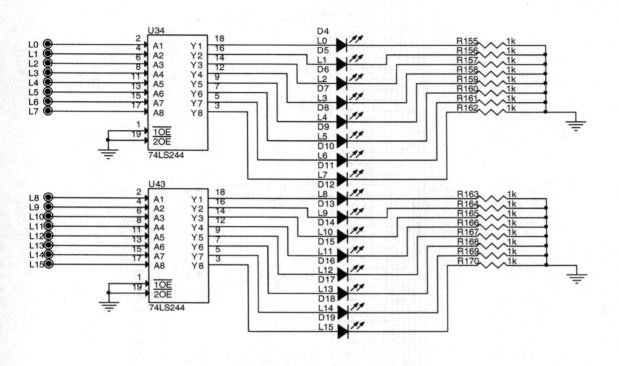

图 10-10　LED 显示电路

14. 七段数码管显示电路

实验箱上有 8 个共阴极的七段数码管,其电路连接如图 10-11 所示。段码输入端是 a、b、c、d、e、f、g 和 dp,8 个数码管的位选信号输入端是 B7 ~ B0。只有当位码为"1"时,段码输入端为"1"的段才会点亮,否则熄灭。

15. 点阵 LED 电路

实验箱上有 4 个 8×8 点阵 LED,可以构成 1 个 16×16 点阵。R0 ~ R15 为行输入信号,C0 ~ C15 为列输入信号。当 Ri 和 Cj 均输入低电平时,对应的第 i 行第 j 列的 LED 点亮。点阵 LED 电路如图 10-12 所示。

16. 液晶屏电路

实验箱右上角有一块可输出 2 行×16 字符的 LCD 液晶屏,拨动液晶屏左侧的开关 SW27,打开或关闭液晶屏背光;旋动液晶屏左侧的电位器 R101,改变屏幕的对比度。液晶屏接口信号引出到了其下方的插孔上。具体的电路连接如图 10-13 所示。

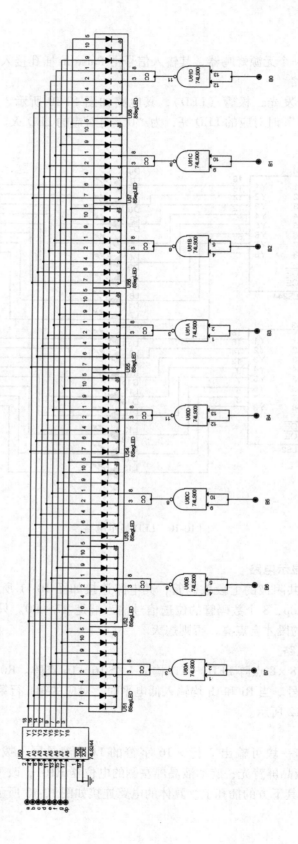

图10-11 七段数码管显示电路

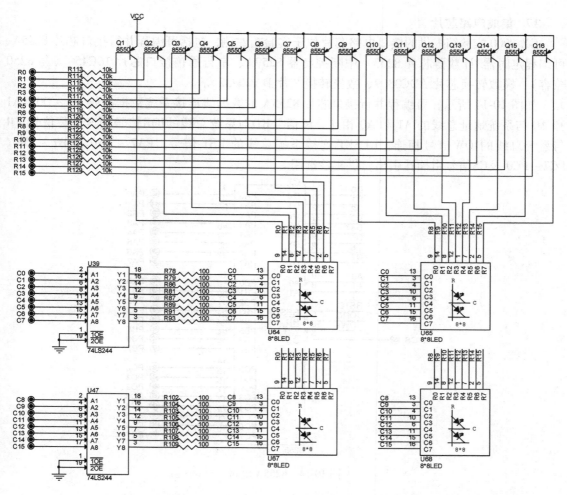

图 10-12　点阵 LED 电路

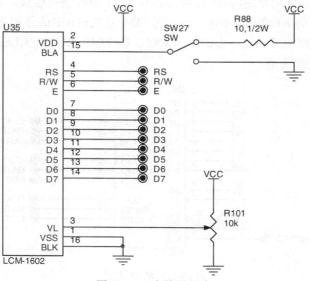

图 10-13　液晶屏电路

17. 集成电路芯片

GX-8000 实验箱提供的接口电路芯片位于实验箱左侧,包括可编程并行接口芯片 8255A、可编程定时器/计数器芯片 8253、中断控制器 8259A、串行通信接口芯片 16C450(与 8250 兼容)、模数转换芯片 ADC0809、数模转换芯片 DAC0832 等。

如图 10-14 所示,可编程并行接口芯片 8255A 的数据线连接系统数据总线 D7 ~ D0,A1 和 A0 与系统地址总线的 A1 和 A0 相连,读信号$\overline{RD}$与系统总线的$\overline{IOR}$信号相连,写信号$\overline{WR}$与系统总线的$\overline{IOW}$信号相连,RESET 连接系统总线的 RST 信号。PA7 ~ PA0、PB7 ~ PB0、PC7 ~ PC0 及$\overline{CS}$信号由插孔引出,供实验选用。

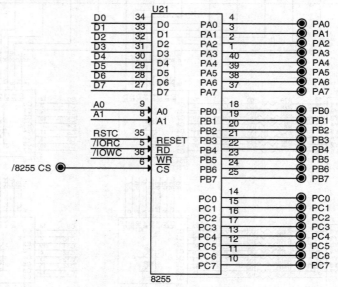

图 10-14   8255A 电路

如图 10-15 所示,可编程定时器/计数器芯片 8253 的数据线连接系统数据总线 D7 ~ D0,A1 和 A0 与地址总线的 A1 和 A0 相连,读信号$\overline{RD}$与总线的$\overline{IOR}$信号相连,写信号$\overline{WR}$与总线的$\overline{IOW}$信号相连。CLK0、GATE0、OUT0、CLK1、GATE1、OUT1、CLK2、GATE2、OUT2 和$\overline{CS}$由插孔引出,供实验选用。

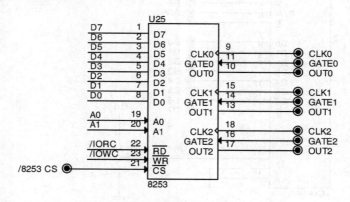

图 10-15   8253 电路

如图 10-16 所示，中断控制器 8259A 的数据线连接系统数据总线 D7 ~ D0，A0 与地址总线的 A0 相连，读信号$\overline{RD}$与总线的$\overline{IOR}$信号相连，写信号$\overline{WR}$与总线的$\overline{IOW}$信号相连。中断请求输入线 IR7 ~ IR0，级联信号 CAS2 ~ CAS0，中断请求输出 INT，中断响应信号$\overline{INTA}$和片选信号$\overline{CS}$由插孔引出，供实验选用。

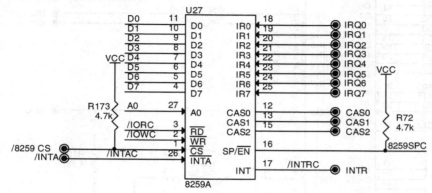

图 10-16　8259A 电路

如图 10-17 所示，串行通信接口芯片 16C450（与 8250 完全兼容）的数据线连接系统数据总线 D7 ~ D0，A2 ~ A0 与地址总线的 A2 ~ A0 相连，读信号$\overline{RD}$与总线的$\overline{IOR}$信号相连，写信号$\overline{WR}$与总线的$\overline{IOW}$信号相连。发送线 TxD、接收线 RxD、中断请求线 INT 和片选信号$\overline{CS}$由插孔引出，供实验选用。

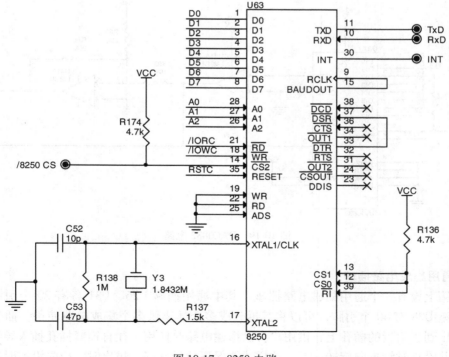

图 10-17　8250 电路

如图 10-18 所示，模数转换器 ADC0809 的数据线连接系统数据总线 D7 ~ D0，A2 ~ A0 与地址总线 A2 ~ A0 相连。模拟信号输入引脚 IN0 和 IN1，转换结束信号 EOC 和片选信号$\overline{\text{CS}}$由插孔引出，供实验选用。

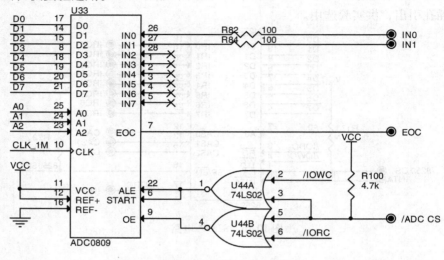

图 10-18　ADC0809 电路

如图 10-19 所示，数模转换器 DAC0832 的数据线连接系统数据总线 D7 ~ D0，写信号 $\overline{\text{WR}}$ 与总线的 $\overline{\text{IOW}}$ 信号相连。双极性转换结果（ -5V ~ +5V）、单极性转换结果（0 ~ -5V）和片选信号 $\overline{\text{CS}}$ 由插孔引出，供实验选用。

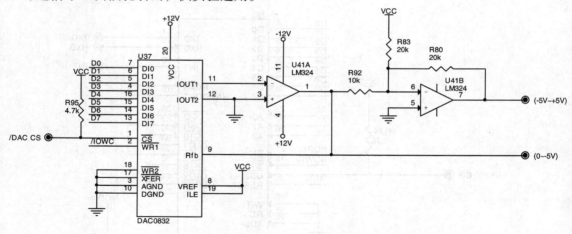

图 10-19　DAC0832 电路

18. 通用集成电路插座

实验箱上设有 3 个通用集成电路插座，其中通用插座 U26、U31 各有 20 个引脚，带锁紧通用插座 U28 有 40 个引脚，可以将其拆分成多个插座供多个集成电路使用。插座的所有引脚都引出到了附近的插孔上，供用户自己搭建电路时使用。往自锁紧插孔插入导线时，应稍加用力并沿顺时针方向旋转一下，这样才能保证接触良好，拔出时，应先沿逆时针方向旋转，待插头完全松开后，再向上拔出导线。

19. RS-232 电路

实验箱右上角提供了一个 RS-232 接口，其电路连接如图 10-20 所示。终端数据发送端 TxD 和数据接收端 RxD 引出到了插孔上供实验时使用，RS-232 信号通过 1 个 DB-9 型连接器 P1 与外部进行连接。

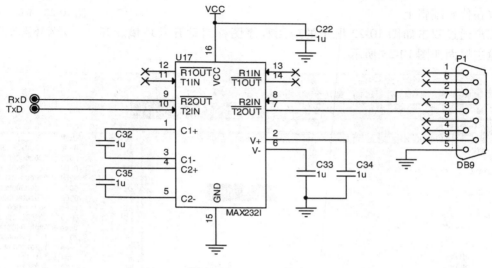

图 10-20　RS-232 电路

20. RS-485 电路

实验箱提供了一个 RS-485 接口，电路连接如图 10-21 所示。数据发送端 TxD、数据接收端 RxD 和数据发送/接收选择信号 R/D 引出到了插孔上供实验时使用，RS-485 查分信号通过连接器 J15 与外部进行连接。

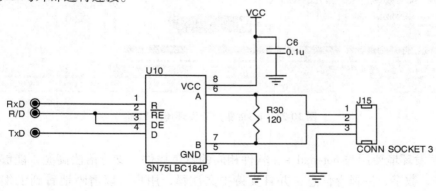

图 10-21　RS-485 电路

10.3　软件开发环境

微机接口实验采用汇编语言编写应用程序，需要在计算机上完成程序的编辑、汇编和连接，生成可执行文件。以上工作均需在 icode 集成开发环境中完成，该环境可在 Windows XP

等操作系统下运行。

icode 是集编辑、编译、链接、下载、调试为一体的 16 位汇编代码集成开发环境，使用 Borland 公司的 TASM5.0 作为后台编译、链接工具。

软件默认的环境配置即可帮助开发人员完成从代码编辑到运行、调试的各个环节，无须进行烦琐的配置操作，使得用户能够将主要精力都放在代码编辑上。

用户通过双击如图 10-22 所示的应用程序图标启动开发环境。开发环境主界面如图 10-23 所示。

图 10-22　icode 软件开发环境图标

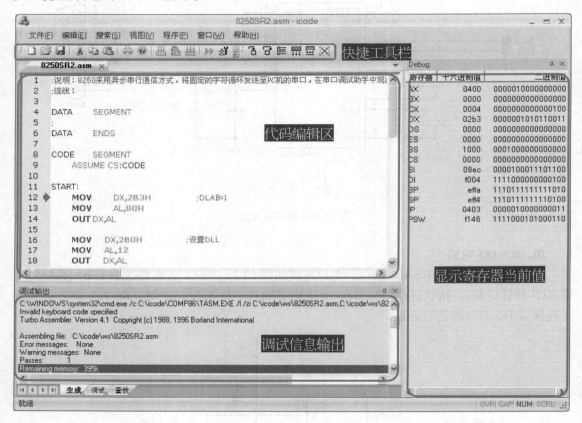

图 10-23　icode 集成开发环境主界面

icode 开发环境使用与 notepad++ 软件相同的着色控件，支持语法高亮，能够区分伪指令、关键字、数字、注释等信息，并且支持中文注释，用户可以清晰地看到汇编代码的结构；开发环境提供了详细的编译、链接等调试信息输出，行号显示功能可以帮助开发人员快速定位错误信息的位置，最大程度地降低代码调试难度，提高工作效率。

主界面上方的菜单栏提供了用户可使用的功能，主要的项目如图 10-24 所示。

开发环境除了提供基本的代码编辑功能（如剪切、复制、粘贴、撤销等）外，还提供了大小写切换、查找、替换、跳转等扩展功能，且相应的功能都支持快捷键操作，可以帮助开发人员进一步提高开发效率。

a)   b)   c)   d)

图 10-24　主要的菜单项

a)"文件"菜单　b)"编辑"菜单　c)"搜索"菜单　d)"程序"菜单

菜单栏下方的工具栏提供了如图 10-25 所示的常用快捷按钮。

图 10-25　工具栏

利用 icode 集成开发环境开发汇编语言程序的基本过程如下：

1）新建文件，输入源程序。由于 icode 支持语法高亮，因此在输入过程中可以发现语法错误。也可打开已有的汇编语言源程序。

2）源程序输入完成后，进行保存，其扩展名必须是 .ASM。实验室计算机安装了硬盘保护卡，建议在 D 盘新建一个自己的文件夹，将文件保存在自己的文件夹中。注意，源文件名长度不能超过 8 个字符，且其存放路径上只能出现字母、数字、下画线。

3）选择"程序"→"编译"命令，或单击快捷工具栏上的"编译"按钮　，对源程序进行汇编，汇编结果将显示在调试信息输出窗口中。如果有语法错误，则可以根据提示进行修改，直至无错，如图 10-26 所示。编译无误后，会在用户存放汇编源文件的路径下自动生成 ∗.lst 和 ∗.obj 文件。

4）选择"程序"→"链接"命令，或单击工具栏上的"链接"按钮　，将汇编生成的 ∗.obj 文件链接生成 ∗.map 和 ∗.exe 文件，其中 ∗.exe 文件就是需要的目标代码执行文件。

5）在实验箱上连接好导线，并将 USB 电缆的一端连接到实验箱左上角的 J84 连接器上，另一端连接到开发主机的 USB 接口上，然后打开实验箱电源开关。

6）选择"程序"→"下载"命令，或单击快捷工具栏上的"下载"按钮　，弹出如图 10-27 所示的对话框。若调试信息输出窗口显示"Download success!"，则表示已经将上面生成的 ∗.exe 文件自动下载到了目标板上。

7）选择"程序"→"执行"命令，或单击工具栏上的"运行"按钮　，便可观察到程序运行的结果。

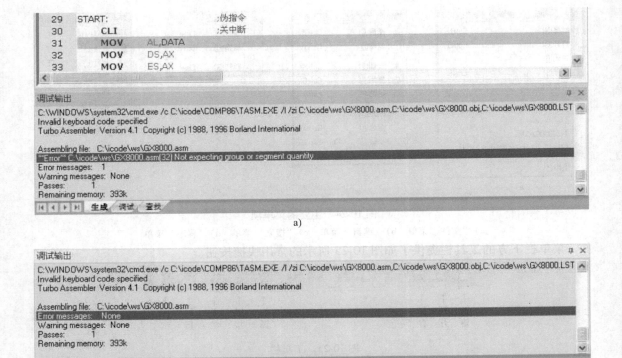

图 10-26　汇编结果提示信息示意图

a) 汇编结果语法出错提示信息　b) 汇编结果正确提示信息

8）若程序运行结果有误，则用户还可通过调试功能进行程序调试。

首先按下实验箱的复位按键 RST，待弹出如图 10-27 所示的对话框后，选择"程序"→"调试"命令，或单击工具栏上的"调试"按钮 ，弹出如图 10-28 所示的调试工具栏，同时在软件主界面右侧出现 Debug 窗口，里面实时显示所有寄存器的值。

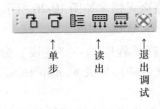

图 10-27　调试口连接成功　　　　　　　　　图 10-28　调试工具栏

单击"单步"按钮 ，逐条执行指令，程序右侧的红色箭头 指向当前执行的指令。单击"读出"按钮 ，在源文件所在的目录下产生一个与源文件同名且扩展名为 dmp 的文件。该文件中列出了将要执行的 128 字节的机器码。

调试结束后单击"退出调试"按钮 。

第 11 章　汇编语言程序设计实验

本章共有十一个实验。实验一为熟悉 8086 指令编程方法及用 DEBUG 调试程序的方法。实验二初步熟悉汇编语言程序的建立方法，熟悉汇编语言的程序框架结构及调试过程。实验三至实验六重点了解程序结构、程序调试方法的应用，以及对内存数据的获取与处理方法。实验七掌握常用的 DOS 功能调用应用方法，学会从键盘获取数据与显示器输出数据的人机交互方法（主要包括 INT 21H 的 1、2、9、10 号功能）。实验八了解 BIOS 系统功能调用方法。实验九介绍了计算机各种数据编码之间的相互转换方法。实验十和实验十一学习汇编语言的综合程序设计方法。

实验一　熟悉 8086 指令编程方法及用 DEBUG 调试程序的方法

一、实验目的

1. 掌握用 DEBUG 调试汇编程序的方法。
2. 学习 8086 微处理器的加法运算、传送等指令的用法。

二、实验内容

1. 学会在 DEBUG 中建立、查看、调试、修改和运行汇编语言程序的全过程。
2. 学会在 DEBUG 环境下调试自己编制的程序。

三、实验预习

1. 仔细阅读实验指导 9.3 节中的"调试程序 DEBUG 的使用"，学会在 DEBUG 中建立、查看、调试、修改和运行汇编语言程序的全过程。

2. 编制程序。

1）编制两个存放在寄存器中的 32 位二进制数相加程序。

2）编制两个存放在寄存器中的 4 位十进制数（BCD 码）相加程序。

3）编制两个存放在内存中的 32 位二进制数相加程序。

四、实验步骤

1. 用 DEBUG 调试程序。

1）运行调试程序 DEBUG。

2）用 A 命令装入所编制的汇编程序 1。

3）用 U 命令查看调入的程序是否正确。

4）用 R 命令查看当前寄存器内容，并将 AX、BX、CX、DX 分别赋值 7E34H、96C3H、96A8H、0F691H（注意数据存放格式）。

5）用 T 命令单步运行程序，观察各条指令执行结果，以及对寄存器、标志位的影响。若发现有编程错误，则应用 A 命令修改程序，重复步骤 3）、4）直至整个程序无误，从而掌握单步运行调试方法。

6）用 R 命令观察运行结果是否正确及标志位的状态（提示：若为无符号数运算其结果

应是什么，若为有符号数运算其结果应是什么）。

7）用 R 命令修改 IP 内容，使其指向程序的第一条指令，并重新给 AX、BX、CX、DX 赋上一组新值。

8）用 G 命令在某处设置断点并运行程序，观察各断点处寄存器、状态位的变化及运行结果，从而掌握设置断点的调试方法。

9）再重新赋一组新值，用 G 命令连续运行程序，观察运行结果。

2. 将程序改为两个 16 位 BCD 码相加，并上机调试。

3. 若加数在内存单元中，则程序将如何编制，试上机调试（注意，用 E 命令将加数装入内存，用 D 命令查看内存）。

五、实验提示

1. 在 DEBUG 中不能用标号、变量名等，当用到转移类指令时，需直接给出目标地址。

2. 在 DEBUG 中十六进制数不加"H"。

3. 调试时需设置一组或多组数据来验证程序。

六、思考题

1. 总结一下无符号数加法运算和有符号数加法运算的各自特点。

2. 总结一下如何对内存数据操作。

3. 总结一下你所使用的 DEBUG 命令。

4. 总结一下调试中所出现的问题。

七、实验报告要求

1. 写出调试正确的程序，并给程序加注释。

2. 写出实验中所记录下的调试数据。

3. 完成思考题。

实验二　熟悉汇编程序的建立及其调试方法

一、实验目的

1. 熟悉汇编语言源程序的框架结构，学会编制汇编程序。

2. 熟悉汇编语言上机操作的过程，学会汇编程序调试方法。

二、实验内容

1. 学习编写汇编语言源程序的方法，了解数据存放格式。

2. 阅读给出的程序，找出程序中的错误。

3. 通过调试给出的汇编语言源程序，了解并掌握汇编语言程序的建立、汇编、链接、调试、修改和运行等全过程。

三、实验预习

1. 阅读实验指导第 9 章的内容，了解汇编语言程序建立、汇编、链接、调试的全过程。

2. 下面的汇编语言源程序有错误，试给程序加注释。通过调试手段找出程序中的错误并修改。写出程序的功能，画出程序流程图。

```
STACKSG:    SEGMENT  PARA  STACK  'STACK'
            DB            256  DUP(?)
```

```
STACKSG     ENDS
DATASG：     SEGMENT  PARA  'DATA'
BLOCK       DW        0，−5，8，256，−128，96，100，3，45，6，512
            DW        23，56，420，75，0，−1024，−67，39，−2000
COUNT       EQU       20
MAX         DW        ?
DATASG      ENDS
CODESG：     SEGMENT
            ASSUME  SS：STACKSG，CS：CODESG
            ASSUME  DS：DATASG
            ORG       100H
BEGIN       MOV DS，DATASG
            LEA       SI，BLOCK
            MOV       CX，COUNT
            DEC       CX
            MOV       AX，[SI]
CHKMAX      ADD       SI,2
            CMP       [SI]，AX
            JLE       NEXT
            MOV AX，[SI]
            DEC       CX
NEXT：       LOOP      CHKMAX
            MOV MAX，AX
            MOV AH，4CH
            INT       21H
CODESG      ENDS
            END       BEGIN
```

四、实验步骤

1. 建立汇编语言源程序，对所建立的汇编语言源程序进行编译、链接。

2. 运行 DEBUG 调试程序，装入被调试程序，用 U 命令查看调入的程序，记录代码段基值和数据段基值，用 R 命令查看并记录当前寄存器内容。

3. 用 D 命令查看并记录内存中数据的存放格式。

4. 用 T 命令单步运行程序，观察各条指令的执行结果，以及对寄存器、标志位、内存单元的影响，若查找出程序中的错误，则用 Q 命令退出 DEBUG 环境，修改汇编语言源程序，重复上述步骤，直至整个程序无误。

5. 若将 LEA SI，BLOCK 语句改为 LEA SI，BLOCK + 2 * COUNT − 2，并将 ADD SI，2 语句改为 SUB SI，2，重新运行程序，观察运行结果。

6. 若重新给出一组数据，则可用 E 命令输入新数据后运行程序，观察并记录运行结果。

7. 若要求找出数据区中的最小数，程序将如何修改，并上机调试。

五、实验习题与思考

1. 在装入被调试程序后，如何知道分配给该用户程序的数据段在内存中的位置。

2. 数据区中以什么形式存放有符号数？

3. 修改前、后的程序在执行时有何区别（提示：观察数据指针的变化）？

4. 程序执行完毕，结果存放在何处？

5. 总结一下 CS，IP，SS，DS，ES 设置的区别。

6. 观察伪指令 PARA 和 ORG 的作用。

六、实验报告要求

1. 写出调试正确的程序，并给程序加注释，画出程序的流程图，写出程序的功能。

2. 写出实验中所记录下的内存数据存放格式。

3. 完成实验习题与思考。

实验三 多项式求值（顺序结构练习）

一、实验目的

1. 掌握顺序结构程序的设计方法。

2. 掌握程序调试方法。

二、实验内容

假设有多项式：$f(X) = 5X^3 - 4X^2 + 3X + 2$，试编制并调试程序，使之实现计算函数 $f(X)$ 的值。

三、实验预习

画出编程流程图，写出符合实验内容要求的汇编语言源程序。

四、实验步骤

1. 建立汇编语言源程序。

2. 汇编、链接汇编语言源程序，生成可执行文件。调试程序，检查结果。

3. 分别用 E 命令修改内存变量 X 为 -1、10、100 时，用 G 命令重新运行程序，观察变量 $f(X)$ 的值。

五、实验提示

1. 可以将 $f(X) = 5X^3 - 4X^2 + 3X + 2$ 表示为 $f(X) = ((5 * X - 4) * X + 3) * X + 2$，X 和 $f(X)$ 为内存变量。

2. 如果计算结果可能超过变量类型定义所能表示的范围，应如何解决？

六、实验习题与思考

1. 对调试结果进行分析，如何改进程序？

2. 试分别用顺序结构和循环结构编程实现多字节相加。设两个 4 字节无符号数分别存放在 FIRST 及 SECOND 开始的两个存储区内，结果存入 FIRST 存储区。例如：2C56F8ACH + 309E47BEH 等于多少？

七、实验报告要求

1. 编写完整的实验程序，画出编程流程图，并给程序加注释。

2. 分析程序运行、调试过程中的现象。

3. 完成实验习题与思考。

实验四　有符号数的表示（分支结构练习）

一、实验目的

1. 掌握分支结构程序的设计方法。
2. 掌握转移类指令的应用方法。

二、实验内容

编制并调试汇编语言源程序，使之实现将字节变量 BUF1 中的以原码表示的有符号数转换成反码和补码，并分别存入 BUF2 和 BUF3 字节单元。

三、实验预习

1. 复习教材中有关转移类指令的功能、格式，以及分支结构程序的设计方法。
2. 画出编程流程图，并按实验内容要求编写汇编语言源程序。

四、实验提示

1. 预定义 BUF1 变量时，要注意原码的存放形式（如 −1 的原码为 10000001B，即 81H）。
2. 正数的原码、补码、反码相等，负数的原码、补码、反码不相等。
3. 对两个数比较大小，应考虑两个数为无符号数或有符号数两种情况下编程是有区别的。
4. 利用转移指令 JG/JGE/JL/JLE 或 JS/JNS 进行分支转移。

五、实验步骤

1. 建立汇编语言源程序，并汇编、链接、生成 *.exe 文件。
2. 进入 DEBUG，对 exe 文件进行调试。
3. 在 BUF1 单元预置一个有符号数，用 G 命令运行程序，记下程序运行后 BUF1、BUF2 及 BUF3 单元的内容，并分析。
4. 用 T 命令运行程序，记下执行每条指令后 IP 的内容和下一条要执行的指令，以及每一次执行转移指令前标志寄存器的内容。

六、实验习题与思考

1. 比较对于无符号数和有符号数，在使用比较指令后可利用转移指令有哪些区别？说明标志位 CF、SF 和 OF 的意义。
2. 总结为什么在设计分支程序时必须解决 3 个问题：判断、转向和定标号。
3. 数 0 的原码、反码和补码表示唯一吗？分别是什么？
4. 特殊数 10000000 在原码、反码和补码中分别表示什么？对无符号数又是多少？
5. 编制并调试汇编语言源程序，使之实现比较内存中两个字节数 DA1 和 DA2，将较大数存入 MAX 单元。
6. 设变量 X(16 位有符号数) 的符号函数可用下式表示：

$$Y = \begin{cases} 1 & X > 0 \\ 0 & X = 0 \\ -1 & X < 0 \end{cases}$$

试编程实现根据 X 的数值求函数 Y，并将 Y 存于字单元中。

1. 编写完整的实验程序，画出编程流程图，并给程序加注释。

2. 分析程序运行、调试过程中的现象。

3. 完成实验习题与思考。

实验五　多位数加法（循环结构练习）

一、实验目的

1. 掌握循环结构程序的设计方法。

2. 通过程序调试，了解循环程序的循环过程，理解 LOOP 指令的功能。

3. 学习并掌握数据传送指令和算术运算指令的用法。

二、实验内容

编制并调试汇编语言源程序，从 DATA1 和 DATA2 单元开始存放两个各为 10 字节组合 BCD 码的十进制数（地址最低处放最低字节），求它们的和，结果存入 DATA3 处。

三、实验预习

1. 复习教材中有关循环程序的内容。

2. 按实验内容要求编写汇编语言源程序。

四、实验提示

1. 因为被加数和加数均以组合 BCD 码表示，所以在加法指令之后需要有加法调整指令 DAA。

2. 应考虑两字节数组中的最高字节相加时有可能产生进位的问题。

3. 程序编程参考流程如图 11-1 所示。

五、实验步骤

1. 建立汇编语言源程序，并汇编、链接程序。

2. 调试运行程序，记录求和运算前后的 DATA1 和 DATA2 的原始数据和结果。

六、实验习题与思考

1. 若做减法操作，程序应如何修改？

2. 总结循环程序的控制方法。

3. 若从 NUM 单元开始有 10 个无符号的字节数据，试编写并调试汇编语言源程序，求这 10 个数的和，结果存入 SUM 和 SUM +1 单元中。

七、实验报告要求

1. 写出正确的汇编语言源程序，并加注释。

2. 列表写出每一次求和运算前后的原始数据和运算结果。

3. 分析程序运行、调试过程中的现象。

4. 完成实验习题与思考。

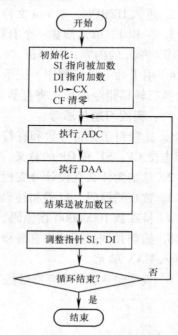

图 11-1　多位十进制数加法程序流程图

实验六　均值滤波（子程序结构练习）

一、实验目的

1. 学会子程序编程结构的使用方法。
2. 掌握子程序调用时参数传递的方法，理解 CALL 指令和 RET 指令的功能。

二、实验内容

编制并调试汇编语言源程序，使之实现均值滤波算法。设有 N 个检测数据，去掉一个最大值和一个最小值，然后求其平均值。

三、实验预习

1. 复习教材中有关子程序结构的内容。
2. 按实验内容要求编写汇编语言源程序。

四、实验步骤

1. 编辑源程序并经汇编、链接生成可执行文件。
2. 选择一组数据，取 N = 5。用 T 命令运行程序，记下执行每条指令后 IP 的内容和下一条要执行的指令，观察子程序调用过程。
3. 选择多组数据，分别运行调试。记录每组数据的运行结果。

五、实验提示

1. 寻找最大值、最小值可采用调用子程序 SMAX 和 SMIN 实现。
2. 主程序和寻找最大值子程序的编程参考流程图如图 11-2 所示。寻找最小值子程序编程流程与寻找最大值子程序相同。
3. 子程序的调用和返回采用 CALL 指令和 RET 指令。

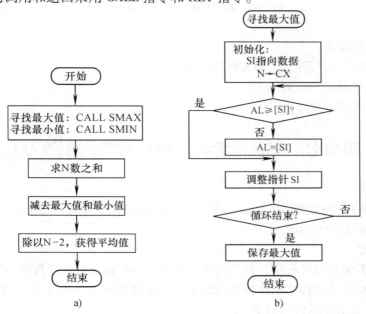

图 11-2　均值滤波程序流程图

a）主程序流程图　b）查找最大值子程序流程图

4. 主程序和子程序之间传递参数的方法有以下 3 种:

1）用寄存器传递，适用于参数个数少的情况。

2）利用数据段存储单元传递。

3）利用堆栈传递参数，适用于参数较多且子程序有嵌套、递归调用的情况。在主程序中先把参数压入堆栈，进入子程序后从栈区弹出。高级语言中的过程参数传递多采用此种方法。

六、实验习题与思考

1. 如果将寻找最大值和最小值用同一个子程序实现，如何修改子程序?

2. 尝试采用不同的参数传递方法调用子程序。

3. 设有一组原始数据 D1, D2, …, Dn, 从第一个数据开始，以每个数据为中心，逐次从实验数据中取 N 个，分别作滤波运算（（∑Di）/n，其中 i = 1，2，3，…，n），所得结果序列即为滤波后数据，如何编写程序。试画出滤波前后的数据曲线图，并加以比较。

提示:

1）对于原始数组，分别在数组前面补上 n/2 个 D1，在数组后面补上 n/2 个 Dn，如图 11-3 所示。

2）因为有 n 次均值滤波，所以主程序应采用循环结构。

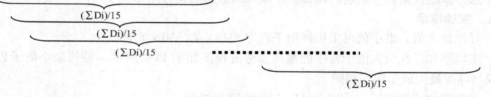

D1,D1, D1,D1,D1,D1,D1,D1,D2,D3,D4,D5,D6,D7,D8,D9,D10,D11,D12,D13,D14,D15,D15,D15,D15,D15,D15,D15,D15

$(\sum Di)/15$

$(\sum Di)/15$

$(\sum Di)/15$ ■■■■■■■■■■■■■■■■■■■■■■

$(\sum Di)/15$

图 11-3　滤波算法示意图（设 n = 15）

七、实验报告要求

1. 编写完整的实验程序，并给程序加注释。

2. 记录每一组数据和运算结果。

3. 完成实验习题与思考。

实验七　字符串查询（DOS 功能调用练习）

一、实验目的

1. 掌握基本的 DOS 功能调用，学会简单的人机信息交互方式。

2. 学习串操作指令的用法。

二、实验内容

编制并调试汇编语言源程序，使之实现：从键盘分别输入目标字符串和待查找的关键字符，采用串搜索指令从目标串中寻找出关键字符。若找到则在屏幕上显示字符"Y"，否则显示字符"N"。要求显示格式如下:

INPUT STRING:

＊＊＊＊＊＊＊＊

INPUT CHARARACTER：

　*

RESULT：

　*

三、实验预习

1. 复习 INT 21H 的 DOS 功能调用方法。

2. 复习串操作指令的用法。

3. 根据实验内容要求及参考流程图编制汇编语言源程序。

四、实验步骤

1. 建立、编辑汇编语言源程序，并经过汇编、链接生成可执行文件。

2. 用 DEBUG 调试、检查、修改程序。

五、实验提示

1. INT 21H 的 DOS 功能调用的关于基本字符、字符串输入和输出功能主要有以下 4 种：

（1）输入字符（01H 号功能）

格式：MOV　AH，01H

　　　INT　21H

功能：从键盘输入一个字符（ASCII 码）送入 DL 寄存器中。

（2）显示字符（02H 号功能）

格式：MOV　DL，<欲显示字符的 ASCII 码 >

　　　MOV　AH，02H

　　　INT　21H

功能：将置入 DL 寄存器中的字符（ASCII 码）送到屏幕显示。

（3）输入字符串（0AH 号功能）

格式：MOV　AX，SEG <缓冲区首地址 >

　　　MOV　DS，AX

　　　LEA　DX，<缓冲区首地址 >

　　　MOV　AH，0AH

　　　INT　21H

功能：从键盘输入一串字符并把它存入用户指定的缓冲区中。缓冲区的第一字节单元为允许输入字符的个数 N，第二字节单元为实际输入的字符个数，第三字节单元开始存放输入字符的 ASCII 码，之后字节单元存放结束标志 0DH，故需要开辟的缓冲区空间应为 N + 3。

（4）显示字符串（09H 号功能）

格式：MOV　AX，SEG <欲显示字符串首地址 >

　　　MOV　DS，AX

　　　LEA　DX，<欲显示字符串地址 >

　　　MOV　AH，09H

　　　INT　21H

功能：将指定的内存缓冲区中的字符串在屏幕上显示出来，缓冲区的字符串应以 "$"为结束标志。

2. 串搜索指令：字符串搜索指令 REPE SCASB 和 REPE SCASW 的功能是将 AL 或 AX 中的字节或字与 ES：DI 所指内存单元中的字节或字相比较，结果影响状态标志寄存器 FR 中的状态位，直到全部字符比较完或找到与 AL 或 AX 内容相同的字符后退出比较。可以用指令 CLD 或 STD 设置方向标志 DF 状态，来规定串操作中的指针变化为增址还是减址。

3. 参考编程流程图如图 11-4 所示。

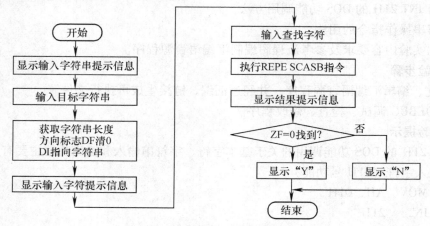

图 11-4　字符串查询程序流程图

六、实验习题与思考

1. 不使用 REPE SCASB 指令，完成实验功能，如何修改程序，并画出流程图。提示：用指令 CMP 或 SCASB 采用循环结构来修改程序。

2. 试编制程序并上机调试，实现从键盘输入两个字符串，并比较它们。如果两个字符串完全相同，则显示 "MATCHED"，否则显示 "NOT MATCHED"。

七、实验报告的要求

1. 编写完整的实验程序，并给程序加注释。

2. 完成实验习题与思考。

实验八　建立窗口并设置光标初始位置实验

一、实验目的

1. 了解 BIOS 调用 INT 10H 的功能。

2. 了解窗口建立、清屏、设置光标位置、设置光标大小的方法。

二、实验原理

1. INT 10H 的 01H 功能——设置光标大小：

AH ＝ 01H

CH（0~4 位）＝光标的开始行

CL（0~4 位）＝光标的结束行

CH 的 5、6 位总为 0，当 CH 的第 5 位 ＝1 时光标消失。

2. INT 10H 的 02H 功能——设置光标位置：

AH ＝02H

BH = 页号（在当前屏幕显示时，BH = 0）

DH = 行号（Y 坐标）

DL = 列号（X 坐标）

3. INT 10H 的 07H 功能——屏幕下滚（即屏幕上内容向下滚动，顶端插入空白行）：

AH = 07H

AL = 滚动行数

BH = 新插入行的属性

CH = 滚动的左上角行号

CL = 滚动的左上角列号

DH = 滚动的右上角行号

DL = 滚动的右上角列号

三、实验内容

1. 建立一个字符方式窗口，其左上角为（10，20），右上角为（50，60）。

2. 将所建立的窗口清屏。

3. 在窗口中的第 0 行第 0 列处设置光标。

四、实验预习

1. 复习教材中有关 BIOS 系统功能调用的内容。

2. 按要求编写程序。

五、实验提示

参考程序流程如图 11-5 所示。

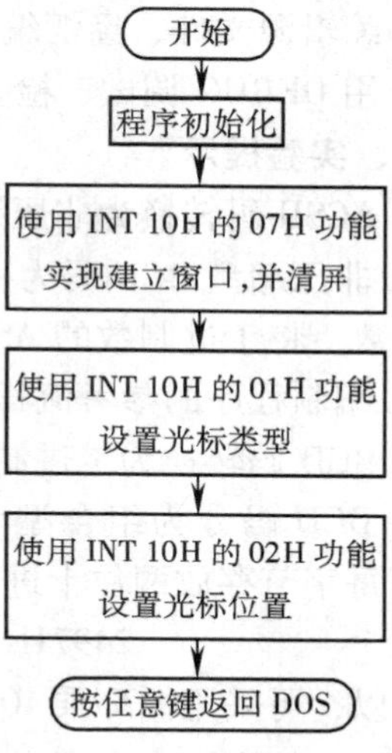

六、实验习题与思考

试编制并调试汇编语言源程序，使之实现在屏幕中心画一个正五角星。

图 11-5　BIOS 功能调用程序流程图

七、实验报告的要求

1. 写出完整的实验程序，并给程序加注释，附上屏幕显示结果图。

2. 完成实验习题与思考。

实验九　数　码　转　换

一、实验目的

1. 掌握计算机常用数据编码之间的相互转换方法。

2. 进一步熟悉 DEBUG 软件的使用方法。

二、实验内容

1. ACSII 码转换为非压缩型 BCD 码。

编写并调试正确的汇编语言源程序，使之实现：设从键盘输入一串十进制数，存入 DATA1 单元中，按〈Enter〉键停止键盘输入。将其转换成非压缩型（非组合型）BCD 码后，再存入 DATA2 开始的单元中。若输入的不是十进制数，则相应单元中存放 FFH。调试程序，用 D 命令检查执行结果。

2. BCD 码转换为十六进制码

编写并调试正确的汇编语言源程序，使之将一个 16 位存储单元中存放的 4 位 BCD 码 DATA1，转换成十六进制数后存入 DATA2 字单元中。调试程序，用 D 命令检查执行结果。

3. 十六进制数转换为 ASCII 码

编写并调试正确的汇编语言源程序，使之将内存 DATA1 字单元中存放的 4 位十六进制数转换成相应的 ASCII 码字符后分别存入 DATA2 为起始地址的 4 个单元中，低位数存在低地址的字节中，并在屏幕上显示出。

三、实验预习

1. 复习教材中有关计算机数据编码部分的内容。

2. 按要求编写程序。

四、实验步骤

1. 编辑源文件，经汇编、链接产生 EXE 文件。

2. 用 DEBUG 调试、检查、修改程序。

五、实验提示

1. ACSII 码转换为非压缩 BCD 码

1）非压缩型 BCD 码为用 1 字节表示 1 位十进制数，其中高半字节为 0，低半字节为该十进制数。将十进制数的 ASCII 码转换为非压缩型 BCD 码只需减 30H。

2）编制程序的参考流程图如图 11-6 所示。

2. BCD 码转换为二进制码

1）BCD 码分为组合型（压缩型）BCD 码和非组合型（非压缩型）BCD 码。组合型 BCD 码每字节存放两位十进制数。组合型 BCD 码表示的数：

$$2497H = (((((2 \times 10) + 4) \times 10) + 9) \times 10) + 7$$

所以，可采用循环乘 10 的结构来完成转换。其中，$10 = 8 + 2 = 2 \times 2 \times 2 + 2$，×2 可以用左移 1 位方法来实现。

2）压缩型 BCD 码用逻辑右移指令 SHR 右移 4 位和用 AND 指令屏蔽高 4 位，从而可以获得个、十、百、千位等。编程参考流程图如图 11-7 所示。

3. 十六进制数转换为 ASCII 码

在计算机中，显示或打印数据时需要将数据转换为 ASCII 码。将十六进制数转换为 ASCII 码需要判断：0~9 时加 30H 得到相应的 ASCII 码，A~F 时加 37H 得到相应的 ASCII 码。

4. 表 11-1 给出了计算机常用的数据编码形式二进制、十六进制、BCD 码、ASCII 码、七段码等对照表。

六、实验习题与思考

1. 编程实现：从键盘上输入两位十六进制数，转换成十进制数后在屏幕上显示出来。

2. 十进制数转换为七段码。

提示：为了在七段显示器上显示十进制数，需要把十进制数转换为七段代码。转换可采用查表法。设需转换的十进制数已存放在起始地址为 DATA1 的区域中，七段码转换表存放在起始地址为 TABLE 表中，转换结果存放到起始地址为 DATA2 的区域。若待转换的数不是十进制数，则相应结果单元内容为 00H。

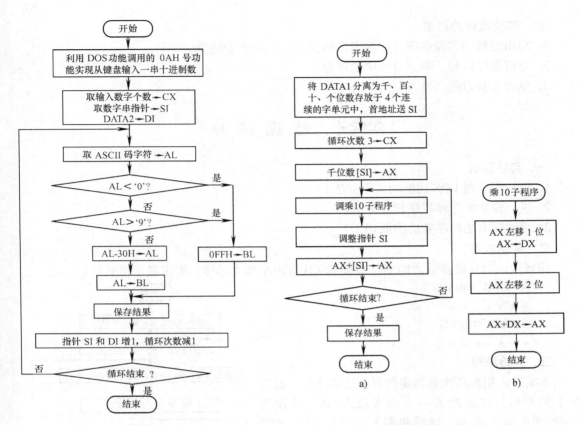

图 11-6 ASCII 码转换为非压缩型
BCD 码程序流程图

图 11-7 BCD 码转换为二进制码
程序流程图

a) 主程序流程图　b) 乘 10 子程序流程图

表 11-1　常用数值对照表

十六进制数	BCD 码	二进制码	ASCII 码	七段码	
				共阳极 （接 +5V）	共阴极 （接地）
0	0000	0000	30H	40H	3FH
1	0001	0001	31H	79H	06H
2	0010	0010	32H	24H	5BH
3	0011	0011	33H	30H	4FH
4	0100	0100	34H	19H	66H
5	0101	0101	35H	12H	6DH
6	0110	0110	36H	02H	7DH
7	0111	0111	37H	78H	07H
8	1000	1000	38H	00H	7FH
9	1001	1001	39H	18H	67H
A		1010	41H	08H	77H
B		1011	42H	03H	7CH
C		1100	43H	46H	39H
D		1101	44H	21H	5EH
E		1110	45H	06H	79H
F		1111	46H	0EH	71H

1. 写出完整的实验程序，并给程序加注释，记录实验结果。

2. 分析程序运行、调试过程中的现象。

3. 完成实验习题与思考。

实验十　数　据　排　序

一、实验目的

1. 进一步掌握 DOS 功能的调用方法。

2. 进一步掌握循环程序设计方法。

3. 理解冒泡法排序算法的原理。

二、实验内容

用冒泡法对从键盘输入的字符串按 ASCII 值由小到大排序。要求显示格式是：

SORTING STRING：

＊＊＊＊＊＊＊

SORTED STRING：

＊＊＊＊＊＊＊

三、实验原理

本实验采用循环次数固定的冒泡法排序法：设有 N 个元素串，首先把第一个元素送入 AL，并设定"当前最小值"单元，然后和剩下的（N－1）个元素值比较，若有一个元素比它小则两个元素互换，（N－1）次比较后，"当前最小值"单元则是 N 个元素中的最小值，之后再把它写回到第 1 个元素的位置中，即冒出了一个最轻的泡。余下（N－1）个元素依次照搬，只是比较次数为（N－2），于是冒出了一个次轻的泡，如此下去，顺序冒出（N－1）个泡后，N 个元素就排序好了。

四、实验预习

1. 复习有关程序结构部分的内容。

2. 按实验内容要求和实验提示编写程序。

五、实验步骤

1. 编辑汇编语言源程序，经汇编、链接产生 EXE 文件。

2. 用 DEBUG 调试、检查、修改程序。

六、实验提示

1. 屏幕上显示提示字符串和从键盘上输入的字符串可以采用 DOS 功能调用的 09H 和 0AH 号功能，使用方法可参考实验六。

2. 可采用双重循环程序结构，参考程序流程图如图 11-8 所示。

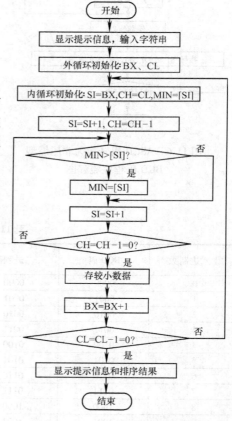

图 11-8　字符串排序程序流程图

1. 若将程序改为主程序和子程序结构，应如何修改？

2. 从键盘输入学生成绩，对于 100 分可用 A 键代替，其余成绩均为两位数，当按下 〈$〉 键时停止输入，在屏幕上显示由高到低排序的成绩，绘制编程流程图并编写程序。

八、实验报告的要求

1. 写出完整的汇编语言源程序，记录实验结果。

2. 分析程序运行、调试过程中的现象。

3. 完成实验习题与思考。

实验十一 数据分类统计

一、实验目的

1. 进一步掌握多重分支程序、循环程序和子程序的设计方法。

2. 进一步掌握汇编语言程序调试的方法。

3. 熟悉数据分类的一种方法。

二、实验内容

编制并调试汇编语言源程序，使之实现统计学生成绩：将内存中 35 个百分制的分数，按 <60、60～69、70～79、80～89、90～99 和 100 共 6 档进行分类，统计出每档的个数及总数，分类统计结果需要在屏幕上显示。显示格式如下：

Scores and numbers：

0～59：＊＊

60～69：＊＊

70～79：＊＊

80～89：＊＊

90～99：＊＊

100：＊＊

Total：＊＊

三、实验预习

1. 复习有关程序结构部分的内容。

2. 按实验内容要求编写汇编语言源程序。

四、实验步骤

1. 编辑源文件，经汇编、链接产生 EXE 文件。

2. 用 DEBUG 调试、检查、修改程序。

五、实验提示

1. 如果需要在屏幕上显示分类后的统计结果，则需要将统计结果转换成 ASCII 码。可以有以下两种处理方法：①将十六进制数的统计结果转换成 ASCII 码；②采用非压缩型 BCD 码计数来获得统计值，再加上 30H 获得 ASCII 码。

2. 显示字符串可以采用 DOS 功能调用 INT21H 的 09H 号功能。

3. 参考程序流程图如图 11-9 所示。

六、实验习题与思考

1. 若要统计 20 个学生成绩中分数为 85 的学生个数，应如何修改程序？

2. 编程实现统计字符串 "Beijing 2008-Olympic Games" 中的大写字符、小写字符和数字的个数，并分别存入 LLETTER、SLETTER 和 DIGIT 单元中。

七、实验报告要求

1. 写出完整的实验程序，并给程序加注释。

2. 分析程序运行、调试过程中的现象。

3. 完成实验习题与思考。

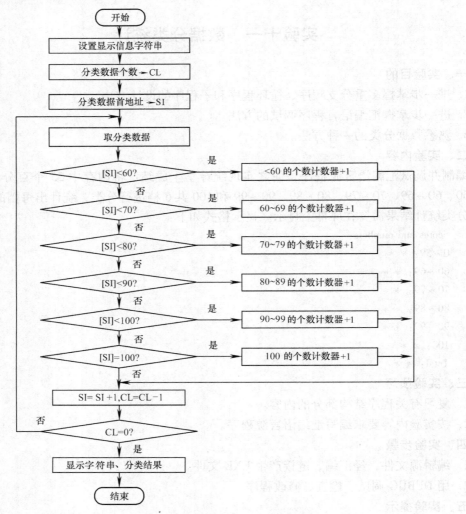

图 11-9　学生成绩统计程序流程图

第 12 章　微机接口设计实验

本章在 GX-8000 实验平台上安排了并行输入/输出接口芯片 8255A、定时器/计数器芯片 8253、中断控制器 8259A 和串行通信接口芯片 8251 等常用接口芯片的基础实验，并在此基础上，通过一个综合设计，使学生掌握一定的解决实际问题的工程实践能力。表 12-1 为 GX-8000 实验系统的接口设计实验内容，教师可以根据实际教学情况进行适当安排。

表 12-1　微机接口实验安排

序号	实　验　题　目		学时	类型
1	8255A 基础实验	实验 1：LED 静态显示	0.5	验证型
		实验 2：开关数显示	0.5	验证型
		实验 3：七段数码管显示	1	设计型
2	8253 基础实验	实验 1：方波发生器	1	设计型
		实验 2：脉冲计数器	1	设计型
3	8259 基础实验	实验 1：按键中断	1	设计型
		实验 2：定时中断（跑马灯）	1	设计型
		实验 3：中断级联（选作）	0	设计型
4	8251A 基础实验	实验 1：RS-232 通信	2	设计型
5	综合设计	选题 1：多彩霓虹灯	4	综合型
		选题 2：秒表（带启停键）		
		选题 3：交通灯（可人工干预）		
		选题 4：直流数字电压表		
		选题 5：简易信号发生器		
		选题 6：电子时钟		
		选题 7：简单计算器		
		选题 8：电子琴		
		选题 9：自命题		

实验一　预 备 实 验

一、实验目的

1. 掌握汇编语言程序的框架结构，复习常用汇编语言指令。

2. 熟悉汇编语言上机操作的过程，掌握汇编程序的调试方法。

3. 激发对接口实验的兴趣。

二、实验内容

1. 编写数据加密程序，具体要求如下：

1）键盘输入任意数字（0~9），加密后屏幕显示，按〈Esc〉键退出。数字0123456789加密后对应为Beijing-U0。

2）使用任一汇编语言程序开发环境编辑、汇编、链接程序，使用调试器单步调试程序，观察寄存器变化。

3）测试：输入自己的学号，观察运行结果并截图。

2. 蜂鸣器驱动程序设计体验，具体要求如下：

1）驱动计算机主板上的蜂鸣器演奏音乐。

2）使用任一汇编语言程序开发环境编辑、汇编、连接并运行程序，聆听音乐，截图。

三、实验环境

1. 硬件：计算机一台。

2. 软件：MASM、LINK、DEBUG工具，轻松汇编。

四、实验步骤

1. 数据加密程序

（1）分析题意，画出程序流程图。

使用查表法，查得输入的数字所对应的加密字符，使用INT 21H功能调用将加密字符显示出来。重复上述过程直至按〈Esc〉键。数据加密程序流程图如图12-1所示。

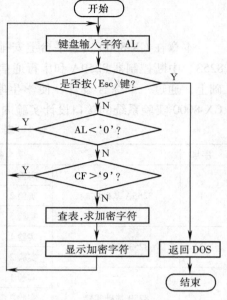

图12-1　数据加密程序流程图

（2）编写汇编语言程序。

使用DOS功能调用INT 21H的7号子功能，从键盘读入字符（无回显），使用INT 21H的2号子功能将加密字符显示在屏幕上。INT 21H这两个功能的使用方法见表12-2。

表12-2　INT 21H 部分功能

功能号	入口参数	返回参数	功能描述	示例
2	AH = 2 DL = 要显示的字符	—	输出单个字符到显示器	MOV　AH, 2 MOV　DL, 'A' INT　21H
7	AH = 7	AL = 输入字符 （ASCII码）	从键盘输入一个字符，不在显示器上显示	MOV　AH, 7 INT　21H

根据图12-1所示的流程图编写程序如下：

```
CODE      SEGMENT              ;定义代码段
          ASSUME  CS：CODE,DS：CODE
ENCODE  DB      'Beijing-U0'  ;定义密码表
START：PUSH    CS
        POP     DS            ;DS = _____
INPUT：MOV      AH,7
        INT     21H           ;_____
        CMP     AL,1BH        ;判断是否按〈Esc〉键
```

```
        JZ      EXIT        ;_____,转移,退出程序
        CMP     AL,'0'
        JB      INPUT       ;_____,转移,重新输入
        CMP     AL,'9'
        JA      INPUT       ;_____,转移,重新输入
        SUB     AL,'0'      ;_____
        LEA     BX,ENCODE   ;BX = 密码表首地址
        XLAT                ;查表,取得对应的密码。功能为:AL←((BX)+(AL))
        MOV     DL,AL
        MOV     AH,2
        INT     21H         ;_____
        JMP     INPUT
EXIT:   MOV     AH,4CH
        INT     21H         ;结束程序,返回 DOS
CODE    ENDS
        END     START
```

要求:

1)在任一文本编辑器中输入上述源代码,以自己学号的后 4 位 +"_1"命名源文件,如 0105_1. ASM。

2)将标有";"的代码行的注释补充完整。

3)回答:

①描述下列指令的功能:

```
CMP     xx,yy
JZ      zz1
JB      zz2
JA      zz3
```

②若不采用换码指令 XLAT, 还可如何查找密码? 试修改上面的程序, 调试通过后将修改的部分写下来。

（3）使用 MASM 汇编源程序，生成 *.obj 文件，再用 LINK 将 *.obj 文件连接成 *.exe 文件。

（4）DEBUG 单步运行程序，观察各寄存器值的变化情况，在源程序中标注出各指令执行后目的操作数的值。

（5）全速运行程序，输入 0123456789，应显示 Beijing-U0，然后输入自己的学号，观察运行结果，并截图。程序运行结果如图 12-2 所示。

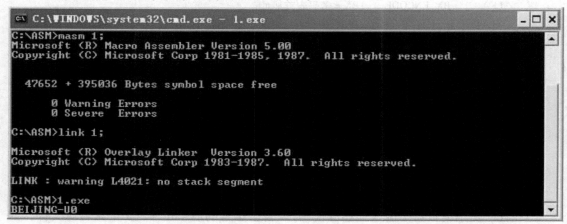

图 12-2　数据加密程序测试结果

2. 蜂鸣器驱动程序

（1）微机主板蜂鸣器接口电路分析。

蜂鸣器是计算机的一个简单输出设备，除了可以进行报警和提示外，还可以通过编程控制加载到蜂鸣器上的信号的频率来演奏乐曲。

在 PC/XT 中，蜂鸣器接口电路由 8255A、8253、驱动器和低通滤波器等构成，如图 12-3 所示。其中，8253 是信号源，8255A 作控制器，驱动器用来增大 8253 输出的 TTL 电平信号的驱动能力，低通滤波器将脉冲信号转换成接近正弦波的音频信号去驱动蜂鸣器发声。

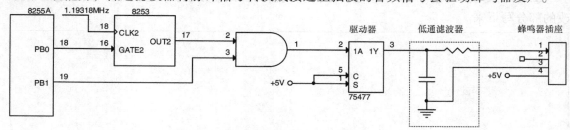

图 12-3　计算机蜂鸣器接口电路示意图

（2）分析控制原理，画出程序流程图。

8253 作为信号源，产生具有一定频率的方波。方波频率不同，驱动蜂鸣器发出的音调高低不同。根据要演奏的音符持续时间改变 8253 的设置，从而演奏出乐曲。

8255 的 PB0 接 8253 的门控信号 GATE2，允许或禁止 8253 计数。8255 的 PB1 接与门的一个输入端，用来对 8253 计数器 2 的输出信号进行控制，当 PB1 = 1 时，8253 的输出信号可以通过与门到达驱动器，再通过低通滤波器滤除高次谐波后送到蜂鸣器，使之发声；当 PB1 = 0 时，计数器 2 的输出信号不能通过与门，因而蜂鸣器不能发声。可以通过设置 8255 的 PB0 和 PB1 来打开或关闭蜂鸣器。

通过以上分析，可以得到如图 12-4 所示的蜂鸣器驱动程序流程图。

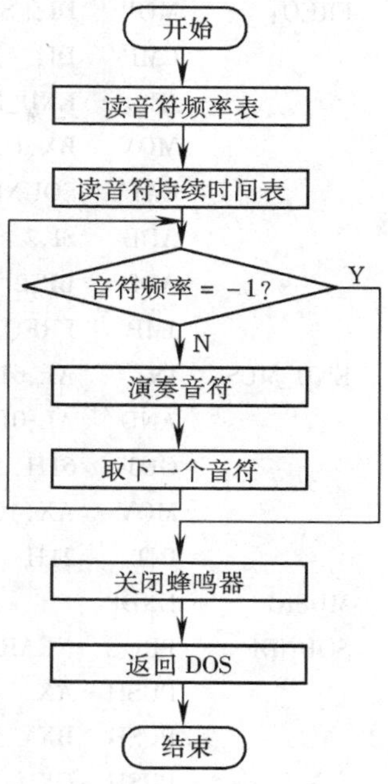

（3）编写汇编语言程序。

汇编语言程序采用分段结构，本程序包括堆栈段、数据段和代码段。数据段用于存放音符频率表、音符持续时间表，代码段为程序主体，完成音乐的演奏。代码段包括两个子过程，其中 MUSIC 为程序主过程，其流程如 12-4 所示；SOUNDF 子过程完成一个音符的演奏，其中包括了对 8253 的初始化和 8255 的端口控制。

图 12-4　蜂鸣器驱动
程序流程图

具体编写汇编语言程序如下：

```
STACKS        SEGMENT   PARA STACK 'stack'      ;定义堆栈段
              DB   64 DUP('stack...')
STACKS        ENDS
DSEG          SEGMENT   PARA 'data'             ;定义数据段
MUSIC_FREQ    DW   330,392                       ;音符频率表
              DW   440,392,440,440,330,294,294
              DW   392,330,392,392,294,262,262
              DW   330,291,330,330,220,294,262,294,294,392,330
              DW   330,330,330,330,392
              DW   440,394,440,440,330,294,294
              DW   394,330,394,394,294,262,262,220,262
              DW   330,294,330,330,220,294,262,294,294,262,220
              DW   220,220,220, -1
MUSIC_TIME    DW   2 DUP(50)                     ;音符持续时间表
              DW   2 DUP(50,25,25),200
              DW   2 DUP(50,25,25),200
              DW   50,25,25,3 DUP(50),3 DUP(25),50,25
              DW   50,50,200,50,50
              DW   2 DUP(50,25,25),200
              DW   2 DUP(50,25,25),100,2 DUP(50)
              DW   50,25,25,2 DUP(50),2 DUP(50,25,25)
              DW   50,50,200
DSEG          ENDS
CSEG          SEGMENT   PARA 'code'              ;定义代码段
              ASSUME    CS：CSEG,SS：STACK,DS：DSEG
MUSIC         PROC  FAR
              MOV   AX,DSEG
              MOV   DS,AX
```

```
          LEA    SI,MUSIC_FREQ          ;LEA 有效地址送寄存器
          LEA    BP,MUSIC_TIME
FREQ:     MOV    DI,[SI];
          CMP    DI,-1                  ;判断读取的 MUSIC_FREQ 是否为 -1
          JE     END_MUS                ;为 -1,则跳转至结束
          MOV    BX,DS:[BP]             ;否则,读取对应的持续时间
          CALL   SOUNDF                 ;调用音符演奏子过程
          ADD    SI,2                   ;指向下一个音符
          ADD    BP,2                   ;指向下一个音符对应的持续时间
          JMP    FREQ
END_MUS:  IN     AL,61H                 ;8255 的 B 口地址为 61H
          AND    AL,0FCH                ;蜂鸣器控制位清 0,禁止
          OUT    61H,AL                 ;向蜂鸣器控制端口写数据
          MOV    AX,4C00H               ;返回 DOS
          INT    21H
MUSIC     ENDP
SOUNDF    PROC   NEAR
          PUSH   AX
          PUSH   BX
          PUSH   CX
          PUSH   DX
          PUSH   DI                     ;压栈保存 AX、BX、CX、DX、DI
          MOV    AL,0B6H                ;写控制字
          OUT    43H,AL                 ;43H 为 8253 控制字端口地址
          MOV    DX,12H                 ;8253 通道 2 的时钟为 1.19318MHz
          MOV    AX,34DCH               ;1193180 的十六进制为 1234DC
          DIV    DI                     ;除以 mus_freq 得到 8253 通道 2 的计数初值
          OUT    42H,AL                 ;将计数初值写入 8253 的通道2,地址为 42H
          MOV    AL,AH
          OUT    42H,AL
          IN     AL,61H                 ;读取 61H 状态
          MOV    AH,AL                  ;给 AH
          OR     AL,3                   ;将其低两位置 1,打开蜂鸣器
          OUT    61H,AL                 ;再将其输出到 61H 端口,蜂鸣器则演奏对应音符
WAIT1:    MOV    DX,100                 ;延时
WAIT3:    MOV    CX,0FFFFH
WAIT2:    LOOP   WAIT2
          DEC    DX
          JNZ    WAIT3
          DEC    BX                     ;BX 为 1 个音符演奏的时间
          JNZ    WAIT1                  ;演奏完了,下一个
          MOV    AL,AH
          OUT    61H,AL
```

```
        POP     DI
        POP     DX
        POP     CX
        POP     BX
        POP     AX
        RET
SOUNDF  ENDP
CSEG    ENDS
        END     MUSIC
```

要求：

1）在轻松汇编中输入上述源代码，以自己学号的后 4 位 + "_2" 命名源文件，如 0105
_2. ASM。

2）认真阅读代码注释。

（4）使用轻松汇编编译、链接源程序。

软件会检查源程序中是否存在语法错误，若有语法错误，则给出出错位置和错误提示信息。根据错误提示信息修改源程序中的错误，重新汇编，直至无错误，最后生成 *. exe 文件。

（5）运行程序，聆听音乐并截图，示意图如图 12-5 所示。

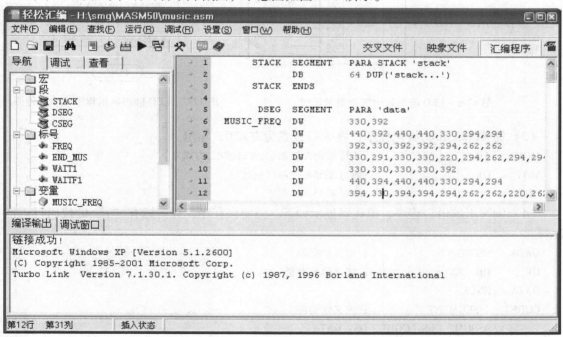

图 12-5   蜂鸣器驱动程序运行示意图

实验二   8255A 基础实验

一、实验目的

1. 熟悉 GX-8000 实验系统。

2. 进一步熟悉汇编语言程序的设计、调试过程。

3. 掌握可编程并行接口芯片 8255A 方式 0 的工作原理和编程方法。

二、实验内容

1. LED 静态显示：在 8 个 LED 上显示组内一个同学学号的后两位对应的二进制数。

2. 开关数显示：使用 8255A 的 A 口和 B 口，将 8 个逻辑开关的状态分别显示在 8 个 LED 上。

3. 七段数码管显示：在 8 个七段数码管上显示组内另一名同学的学号。

三、实验环境

1. 硬件：GX-8000 实验箱、USB 电缆、自锁紧导线。

2. 软件：icode 集成开发环境。

四、实验提示

1. LED 静态显示实验。

（1）若使用 8255A 的 A 口输出学号，则实验连线如图 12-6 所示。

（2）根据实验要求画出程序流程图，如图 12-7 所示。

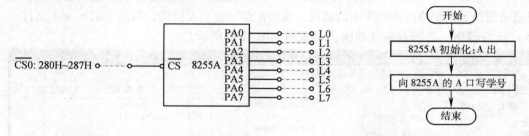

图 12-6　LED 静态显示实验参考连线　　　　图 12-7　LED 静态显示程序参考流程图

（3）完善 8255A 初始化程序：将 A 口设置为方式 0，输出。

```
MOV     AL,_____        ;填写 8255A 控制字:A 口输出,方式 0
MOV     DX,_____        ;填写 8255A 控制口地址
OUT     DX,AL              ;填写 8255A 控制字
```

（4）编写汇编语言程序，源代码提示如下。完善该程序，并为标有"；"的代码行添加注释。

```
DATA    SEGMENT            ; 定义数据段
ID      DB  XX             ; 定义学号变量
DATA    ENDS
CODE    SEGMENT            ; 定义代码段
        ASSUME  CS：CODE, DS：DATA
START：MOV  AX, DATA
        MOV            DS, AX
; ------------------------------------------
; 此处加入 8255A 初始化程序
; ------------------------------------------
        MOV            AL, ID
        MOV            DX, _ _ _ _ _ _ _ _ ;
```

	OUT	DX，AL；
CODE	ENDS	
	END	START

（5）在 icode 集成开发环境中编译、链接、运行该程序，观察程序运行结果。

2. 开关数显示实验。

（1）使用 8255A 的 B 口读入 8 个逻辑开关的状态数据，然后通过 A 口将状态数据输出到 LED 显示。实验连线如图 12-8 所示。

（2）程序参考流程图如图 12-9 所示。

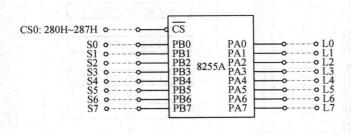

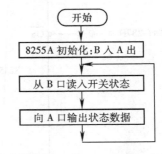

图 12-8　开关数显示实验参考连线　　　　图 12-9　开关数显示程序参考流程图

（3）参考图 12-9 所示的流程图，仿照 LED 静态显示实验程序编写源程序，调试、运行，观察实验结果。

3. 七段数码管显示实验。

（1）根据图 10-11 所示，GX-8000 实验箱上的七段数码管采用共阴极连接，可以得到数字 0~9 所对应的段码，见表 12-3。

表 12-3　共阴极七段数码管段码表

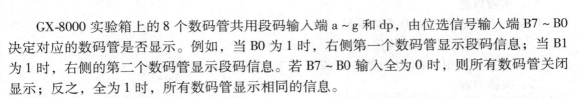

显示的字形	g	f	e	d	c	b	a	段码
0	0	1	1	1	1	1	1	3fh
1	0	0	0	0	1	1	0	06h
2	1	0	1	1	0	1	1	5bh
3	1	0	0	1	1	1	1	4fh
4	1	1	0	0	1	1	0	66h
5	1	1	0	1	1	0	1	6dh
6	1	1	1	1	1	0	1	7dh
7	0	0	0	0	1	1	1	07h
8	1	1	1	1	1	1	1	7fh
9	1	1	0	1	1	1	1	6fh

GX-8000 实验箱上的 8 个数码管共用段码输入端 a~g 和 dp，由位选信号输入端 B7~B0 决定对应的数码管是否显示。例如，当 B0 为 1 时，右侧第一个数码管显示段码信息；当 B1 为 1 时，右侧的第二个数码管显示段码信息。若 B7~B0 输入全为 0 时，则所有数码管关闭显示；反之，全为 1 时，所有数码管显示相同的信息。

为了使 8 个数码管显示不同的字形，同一时刻，只能有一个数码管显示，其他均关闭。

得到的实验连线如图 12-10 所示。

（2）为了在 8 个数码管上得到稳定的显示，需要不断重复刷新显示，程序流程图如图 12-11 所示。

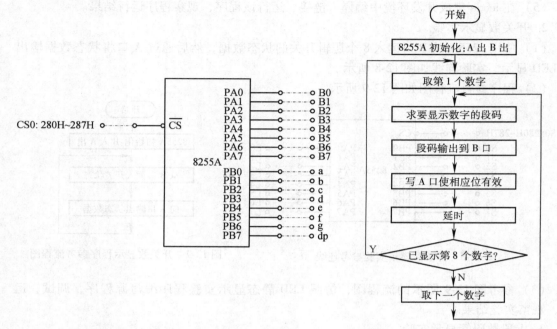

图 12-10　七段数码管显示实验参考连线　　　图 12-11　七段数码管显示程序参考流程图

为了提高程序的通用性，便于程序的修改，在编程时，可以将要显示的 8 位数定义为字节变量，根据变量的值查段码表，得到段码后再输出显示。程序的数据段可定义如下：

```
DATA    SEGMENT                                          ; 定义数据段
LED     DB   3FH, 06H, 5BH, 4FH, 66H, 6DH, 7DH, 07H, 7FH, 6FH   ; 定义段码表
NO      DB   1, 2, 3, 4, 5, 6, 7, 8                      ; 列出待显示的数字
DATA    ENDS
```

查段码表的方法可以参考 12.1 节第 1 个程序的实现方法。

（3）编写汇编语言程序，调试、运行，观察实验结果。总结程序调试经验：在编写动态数码管显示程序时应注意哪些问题？

实验三　8253 基础实验

一、实验目的

1. 进一步熟悉 GX-8000 实验系统。
2. 进一步熟悉汇编语言程序的设计、调试过程。
3. 掌握可编程定时器/计数器芯片 8253 的工作原理和编程方法。

二、实验内容

1. 产生周期为 1s 的方波信号，用逻辑笔观察输出结果。

2. 脉冲计数器：对单脉冲按钮进行计数，按下 5 次，L0 点亮；可重复计数。

三、实验环境

1. 硬件：GX-8000 实验箱，USB 电缆，自锁紧导线。

2. 软件：iCode 集成开发环境。

四、实验提示

1. 产生周期为 1s 的方波信号。

（1）8253 内部有 3 个独立的 16 位的计数通道，单通道最大计数 $2^{16} = 65536$。若使用 1MHz 的时钟产生周期为 1s（频率为 1Hz）的方波信号，计数器的计数初值 N = 时钟频率/输出信号频率 = $10^6 > 65536$，可见，一个通道不够用，可以将两个通道级联起来使用，且两个通道的计数初值 N_1 和 N_2 应满足：

$$N = N_1 \times N_2$$

通过上述分析可得到实验连线如图 12-12 所示。

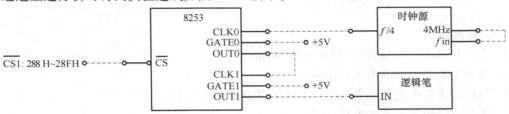

图 12-12　8253 定时实验参考连线

（2）回答：

①8253 的工作方式控制字应设置为多少？

②计数器 0 和计数器 1 的计数初值分别应设置为多少？

（3）完善 8253 初始化程序：

```
MOV   DX,_____    ;填写 8253 控制字的端口地址
MOV   AL,_____    ;填写 8253 控制字,设置计数器 0 的工作方式
OUT   DX,AL
MOV   DX,_____    ;填写计数器 0 的端口地址
MOV   AL,_____    ;设置计数器 0 的计数初值,若初值大于 255,则需要分成 2 字节写入
OUT   DX,AL
MOV   DX,_____    ;填写 8253 控制字的端口地址
MOV   AL,_____    ;填写 8253 控制字,设置计数器 1 的工作方式
OUT   DX,AL
MOV   DX,_____    ;填写计数器 1 的端口地址
MOV   AL,_____    ;设置计数器 1 的计数初值,若初值大于 255,则需要分成两个字节写入
OUT   DX,AL
```

（4）编写汇编语言程序，调试、运行，观察逻辑笔的变化。改变计数器 0 或计数器 1 的计数初值，观察逻辑笔的变化。

2. 脉冲计数器。

（1）若使用 8253 的计数器 0 进行计数，则实验连线如图 12-13 所示。

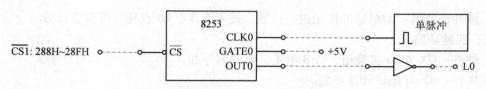

图 12-13　8253 计数器实验参考连线

思考并回答：

①OUT0 输出端为何要加一个非门？

②若 CLK0 端连接单脉冲的负脉冲信号，则实验结果会有何不同？为什么？

（2）编程、调试、运行，并用实验验证上面两个思考题的答案。

实验四　8259A 基础实验

一、实验目的

1. 进一步熟悉汇编语言程序的设计、调试过程。

2. 理解中断系统的基本工作原理。

3. 掌握可编程中断控制器 8259A 的工作原理和编程方法。

4. 掌握中断服务程序的编程方法。

二、实验内容

1. 按键中断实验。

（1）用单脉冲按钮的输出作为中断请求信号。

（2）每中断一次，LED 的状态改变一次。

2. 定时中断实验。

（1）使用 8259A 每秒钟产生一次中断请求。

（2）8 个 LED 循环点亮，循环方式如下：L0→L1→L2→L3→L4→L5→L6→L7→L0→L1→L2→L3→L4→L5→L6→L7；每隔 1s LED 状态变化一次。

3. 中断级联实验（选作）。

（1）两片 8259 通过主片的 IR2 级联。

（2）单脉冲连接到主片的 IR0 上，每中断 1 次，L0 的状态改变 1 次。

（3）周期为 1s 的方波连接到从片的 IR3 上，每中断 1 次，L0 的状态改变 1 次。

三、实验环境

1. 硬件：GX-8000 实验箱，USB 电缆，自锁紧导线。

2. 软件：icode 集成开发环境（注意：中断类型号 1 已被单步中断占用，用户不可使用）。

四、实验提示

1. 按键中断实验。

（1）本中断实验使用实验箱上的中断控制器 8259A 实现。使用前，需对 8259A 进行初始化（即对 ICW1 ~ ICW4 进行设置）。此外，还必须根据硬件连线设置 OCW1，允许该中断请求进入。

（2）在初始化时，还需要将中断服务程序的入口地址写入中断向量表中。参考代码如下：

```
MOV   AX, 0
MOV   ES, AX
MOV   DI, *                    ; * 为中断类型号，由硬件连线决定
SHL   DI, 1
SHL   DI, 1
MOV   BX, SEG ISR             ; ISR 指向中断服务程序的入口地址
MOV   AX, OFFSET ISR
MOV   ES：[DI], AX
MOV   ES：[DI＋2], BX
```

（3）若将 8259A 初始化为了非自动 EOI 方式，则在中断服务程序执行完毕，IRET 指令执行之前，需向 8259A 发送中断结束命令，程序如下：

```
MOV   DX,                     ; 此处填写 8259A 的偶地址
MOV   AL, 20H                 ; 写 OCW2，使 EOI ＝ 1，中断服务结束
OUT   DX, AL
```

（4）参考程序流程图如图 12-14 所示。

（5）编辑、调试、运行程序，观察实验结果。

2. 定时中断实验。

本实验使用 8259A 和 8253 实现，由 8253 产生 1s 的定时输出触发 8259A 产生中断，中断程序设计方法与上一个实验相同，需要加入 8253 初始化部分。

3. 中断级联实验（选作）。

（1）分析题意，画出硬件连线图。

根据题目要求，两片 8259A，主片和从片通过 IR2 级联，对外可提供 15 级中断。由于实验箱只提供了一块 8259A 电路，因此还需在通用插座上扩展一块。实验中，主片采用实验箱提供的 8259A，其电路连接如图 10-16 所示。从片在自锁紧通用插座上扩展，所以包括电

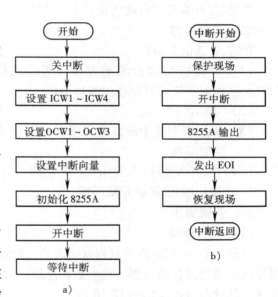

图 12-14　按键中断程序参考流程图
a）主程序　b）中断服务程序

源、地、数据线、地址线、控制线和级联线在内的所有电路全部需要自己用导线进行手动连接。参考电路连接如图 12-15 所示。

（2）在程序设计中，需要对两片 8259A 分别进行初始化，可将主片配置为非缓冲方式、特殊全嵌套、非自动 EOI，将从片配置为非缓冲方式、普通全嵌套、非自动 EOI。注意，主片和从片对 ICW2 的定义格式不同。此外，对于 OCW1 的配置，主片要允许 IR0 和 IR2，从片要允许 IR3。

（3）由于两个外部中断发生时要执行的操作不同，因此需要编写两个中断服务程序。

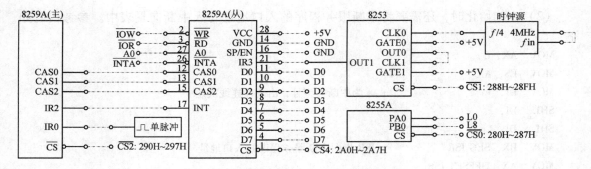

图 12-15　中断级联实验参考连线

实验五　8251A 串行通信实验

一、实验目的

1. 理解异步串行通信的基本原理。

2. 掌握可编程串行通信接口芯片 8251A 的工作原理和编程方法。

二、实验内容

RS-232 通信实验：

（1）计算机与实验箱通过串口进行通信，计算机向实验箱发送字符，实验箱上的 8251A 接收到字符后再原样发回计算机。

（2）通信协议自定。

（3）采用查询或中断方式实现。

三、实验环境

1. 硬件：GX-8000 实验箱，USB 电缆，自锁紧导线。

2. 软件：icode 集成开发环境。

四、实验提示

（1）硬件连线。

8251A 是一个 28 脚的双列直插芯片，插在实验箱的 40 脚自锁紧通用插座上，实验中需用导线手动连接包括电源、地、数据总线、时钟信号、发送线、接收线在内的所需要的所有线路。部分参考连线如图 12-16 所示。

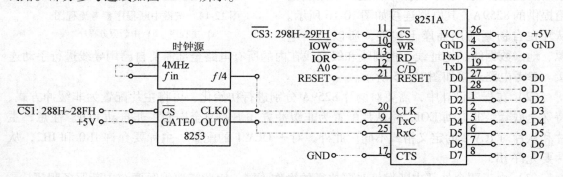

图 12-16　异步串行自环程序部分参考连线

8251A 要实现与计算机通信，需要通过 RS-232 模块将 TTL 电平信号转换为 RS-232 电平信号。部分参考连线如图 12-17 所示。

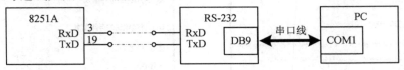

图 12-17　RS-232 通信实验部分参考连线图

若 8251A 采用中断方式与 CPU 交换数据，则还需要将 8251A 的 RxRDY（第 14 脚）信号连接到 8259A 的中断请求输入引脚上。当 8251A 接收到计算机串口发来的字符时，RxRDY 有效，向 CPU 发出中断请求。

（2）程序设计。

参考程序流程图如图 12-18 所示。

在对 8251A 进行初始化操作前必须确保其可靠复位，方法是：向 8251A 控制口连续写入 3 个 0，然后再写入复位命令字 40H。注意，对 8251A 的控制口进行一次写操作，需要 16 个时钟周期的写恢复时间。参考代码如下：

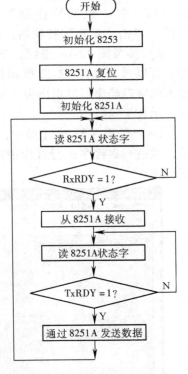

```
MOV   DX, _ _ _ _ _ _ _ _    ; 填写 8251A 控制口地址
MOV   AL, 0
OUT   DX, AL                 ; 向 8251A 的控制口写 0
CALL  DELAY                  ; 延时
MOV   AL, 0
OUT   DX, AL                 ; 向 8251A 的控制口写 0
CALL  DELAY
MOV   AL, 0
OUT   DX, AL                 ; 向 8251A 的控制口写 0
CALL  DELAY
MOV   AL, 40H                ; 写复位命令
OUT   DX, AL
CALL  DELAY
```

其中，DELAY 用于实现延时，其定义如下：

```
DELAY  PROC
       MOV   CX, 02H
       LOOP  $
       RET
DELAY  ENDP
```

（3）测试。

图 12-18　异步串行收发查询方式程序参考流程图

计算机端对串口的发送和接收操作可使用超级终端或串口调试助手实现。超级终端的操作方法如下：

1）选择"开始"→"所有程序"→"附件"→"通讯"→"超级终端"命令，弹出如图 12-19 所示的对话框，在对话框中输入连接的名称，单击"确定"按钮。

2）在"连接到"对话框中选择连接时使用的端口"COM1"，单击"确定"按钮，如图 12-20 所示。

图 12-19　新建超级终端名称

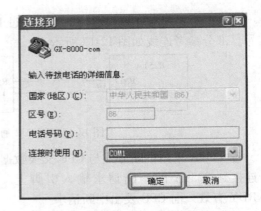

图 12-20　新建超级终端端口选择

3）设置 COM1 的端口属性，如图 12-21 所示。其中"每秒位数"为该串口通信时采用的波特率，前 4 项的设置应与 8251A 初始化时的配置相一致。在"数据流控制"下拉列表中选择"无"。单击"确定"按钮后，连接建立成功。

4）参考图 12-18 连线，下载并运行通信程序，可以看到如图 12-22 所示的运行结果，键盘输入的字符经串口发送出去后又成功接收了回来，并显示在了窗口中。

（4）在程序设计过程中，可以使用单步调试，通过观察程序运行过程中寄存器值的变化调试程序。

图 12-21　新建超级终端属性设置

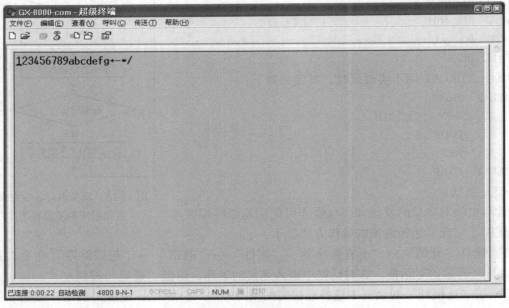

图 12-22　程序运行结果示例

实验六　综合设计

一、实验目的

1. 学会综合运用所学的接口知识。
2. 掌握解决简单实际问题的方法。

二、设计内容

1. 多彩霓虹灯。

（1）LED 以多种方式闪烁（至少 3 种）。

（2）可用按键在多种方式间切换。

2. 秒表。

（1）从 1～60 循环数秒，用两个七段数码管显示当前的秒数。

（2）用按键控制启动或停止。

3. 交通灯。

（1）用实验箱上的 L0、L1、L2、L8、L9、L10 模拟十字路口的交通灯，如图 12-23 所示。

（2）交通灯变化规律。

1）南北路口的绿灯和东西路口的红灯同时亮 5s。

2）南北路口的黄灯闪烁 3 次，同时东西路口的红灯继续亮。

3）南北路口的红灯和东西路口的绿灯同时亮 5s。

4）南北路口的红灯继续亮，同时东西路口的黄灯闪烁 3 次。

5）转步骤 1）重复。

（3）数码管显示倒计时秒数。

（4）可人工干预，干预结束后能返回正常。

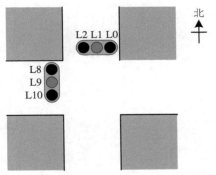

图 12-23　模拟交通灯示意图

4. 直流数字电压表。

将实验箱左下角的电位器输出的 0～5V 的直流电压通过 ADC0809 转换为 8 位数字信号，并将转换结果转换为电压值（四舍五入后保留一位小数）显示在数码管上。

5. 简易信号发生器。

（1）使用 DAC0832 编程产生多种波形（三角波、锯齿波、正弦波等，至少实现两种）。

（2）可用按键选择产生的波形种类。

6. 电子时钟。

（1）用 8 位数码管分别显示小时、"－"、分、"－"、秒。

（2）可用按键设置时间。

7. 简单计算器。

（1）实现加、减、乘、除四则运算。

（2）运算结果显示在数码管上。

8. 电子琴。

7 个按键分别代表电子琴的 1、2、3、4、5、6、7 按键，按下则发出相应的音阶。

提示：每个音阶都有固定的频率，不同频率的方波可以激励无源蜂鸣器发出不同音阶。各音阶标称频率值见表 12-4 所示。

表 12-4 音阶标称频率

音阶	1	2	3	4	5	6	7
频率/Hz	261.6	293.7	329.6	349.2	392.0	440.0	493.9

方波可以使用 8253 来发出，按键后发音时间的长短可以由发出方波的个数来控制。

9. 自命题。

附　　录

附录A　7 位 ASCII 码编码表

ASCII 码	字符	ASCII 码	字符	ASCII 码	字符	ASCII 码	字符
00H	（null）	20H	SP（空格）	40H	@	60H	`
01H	（SOH）	21H	!	41H	A	61H	a
02H	（STK）	22H	"	42H	B	62H	b
03H	（ETX）	23H	#	43H	C	63H	c
04H	（EOT）	24H	$	44H	D	64H	d
05H	（ENG）	25H	%	45H	E	65H	e
06H	（ACK）	26H	&	46H	F	66H	f
07H	（BEL）	27H	'	47H	G	67H	g
08H	（BS）	28H	(	48H	H	68H	h
009	（TAB）	29H	)	49H	I	69H	i
0AH	（LF）	2AH	*	4AH	J	6AH	j
0BH	（HOME）	2BH	+	4BH	K	6BH	k
0CH	（FF）	2CH	,	4CH	L	6CH	l
0DH	（CR）	2DH	–	4DH	M	6DH	m
0EH	（SO）	2EH	.	4EH	N	6EH	n
0FH	（SI）	2FH	/	4FH	O	6FH	o
10H	（DEL）	30H	0	50H	P	70H	p
11H	（DC1）	31H	1	51H	Q	71H	q
12H	（DC2）	32H	2	52H	R	72H	r
13H	（DC3）	33H	3	53H	S	73H	s
14H	（DC4）	34H	4	54H	T	74H	t
15H	（NAK）	35H	5	55H	U	75H	u
16H	（SYN）	36H	6	56H	V	76H	v
17H	（ETB）	37H	7	57H	W	77H	w
18H	（CAN）	38H	8	58H	X	78H	x
19H	（EM）	39H	9	59H	Y	79H	y
1AH	（SUB）	3AH	:	5AH	Z	7AH	z
1BH	（ESC）	3BH	;	5BH	[	7BH	
1CH	（FS）	3CH	<	5CH		7CH		
1DH	（GS）	3DH	=	5DH	]	7DH	
1EH	（RS）	3EH	>	5EH	^	7EH	~
1FH	（US）	3FH	?	5FH	_	7FH	DEL（删除）

附录 B 逻辑符号对照表

名　称	国标符号	曾用符号	国外流行符号
与门			
或门			
非门			
与非门			
或非门			
与或非门			
异或门			
逻辑恒等			
集电极开路的与门			
三态输出的非门			
传输门			
双向模拟开关			
半加器			
全加器			
基本 RS 触发器			

名　称	国标符号	曾用符号	国外流行符号
同步 RS 触发器	IS CI IR	S　Q CP R　Q̄	S　Q CK R　Q̄
边沿（上升沿）D 触发器	S 1D CI R	D　Q CP Q̄	DS Q CK RD Q̄
边沿（下降沿） JK 触发器	S 1J CI 1K R	J　Q CP K　Q̄	JSD Q CK KRD Q̄
脉冲触发（主从） JK 触发器	S 1J CI 1K R	J　Q CP K　Q̄	JSD Q CK KRD Q̄
带施密特触 发特性的与门	&⎍	⎍	⎍

参 考 文 献

［1］ 余春暄. 80×86/Pentium 微机原理及接口技术 ［M］. 3 版. 北京：机械工业出版社，2015.

［2］ 沈鑫剡. 微机原理与应用学习辅导 ［M］. 北京：清华大学出版社，2006.

［3］ 马争，等. 新编微计算机原理解题指南 ［M］. 北京：电子工业出版社，2005.

［4］ 张志良，等. 单片机学习指导及习题解答 ［M］. 北京：机械工业出版社，2013.

［5］ 周明德. 微型计算机系统原理及应用习题解答与实验指导 ［M］. 5 版. 北京：清华大学出版社，2007.

［6］ 陈文革. 微型计算机原理与接口技术题解及实验指导 ［M］. 3 版. 北京：清华大学出版社，2014.

［7］ 何超，等. 微型计算机原理及应用实验与习题解答 ［M］. 2 版. 北京：中国水利水电出版社，2007.

［8］ 匡松，等. 全国计算机等级考试模拟试题与解答 ［M］. 西安：西安电子科技大学出版社，2000.